U0142553

都市水患風險治理：
人文社會之面向

許耿銘 著

Urban Flood Risk Governance:

Perspectives from the Humanities and Social Sciences

五南圖書出版公司 印行

自序

　　以前看到政治人物到宮廟祈福的場景，常會說：「風調雨順、國泰民安」，總覺得是行禮如儀的雞肋臺詞；但在經歷近期的水患治理研究之後才發現，真的會衷心希望風雨及時且適量即可，才能讓國家與人民生活安樂。惟在臺灣或其他國家，水患及其衍生的問題卻未因此減少。

　　即使在撰寫這段文字的當下，斯里蘭卡、埃及、南歐、美國、薩爾瓦多等國，正遭受洪水侵襲；而2019年10月間重創日本關東地區的強颱哈吉貝，有多條河川潰堤與河水越過堤防氾濫的災情。各地淹水所致的傷亡嚴重，究竟是硬體防災工程無法承受雨勢與洪水強度？亦或是軟性的避難策略難以發揮應有的功能？

　　此書是本人近年來部分研究成果的呈現，受益於科技部補助支持的研究計畫，包括：「災害、社會脆弱性與環境正義：台南市水患治理之個案分析」（103-2410-H-024-002-MY2）、「水患災害、風險意識與風險溝通：台南市水患治理之個案分析」（105-2410-H-845-029-MY2），在此要感謝各計畫之張聿婷、蔡雅玥、吳裕泉、邱彥菁、蘇芳儀、林怡廷、梁鈺茹、楊舜名、張凱傑、許秘瑄、陳昱潔等同學，協助蒐集資料、田野調查與問卷分析等各項工作。特別感謝臺南市政府災害防救辦公室侯執行秘書俊彥，對於研究計畫工作之各項協助。而此書的出版當然要感謝兩位匿名審查者針對本書所提出的建議與期許，也要謝謝五南圖書出版公司的劉靜芬副總編輯、林佳瑩編輯與同仁的大力協助，以及何懿玲、羅浚哲、張席亭、李婕楡等同學幫忙校稿，方能讓本書順利付梓。

　　自忖是一位抱持「勤能補拙」精神的學術工作者，因此要特別感謝學界諸多師長、前輩、同儕的提攜、教誨和砥礪，不僅時時給予繼續前進的動力，更讓後學能有向各位師長學習的機會，以及補強自己的不足之處。其中，首需特別感謝中央研究院社會學研究所的蕭新煌教授，他是引領我進入環境保護與風險議題的啟蒙恩師，以及政治大學陳敦源教授對於本研究主題之啟發。其次，感謝臺北市立大學社會暨公共事務學系給予良好的環境，讓我得以在極具人情味的環境中，盡情地享受教學與研究的樂趣，

且能兼顧接送小孩的家庭責任。此外，要感謝國立臺南大學行政管理學系所提供的養分，讓我能在初入學界之際，協助與督促逐步建構基礎，也讓我有機會接觸都市水患研究的課題。

最後，要感謝我的父母、香君、哲維、宸綺，以及姊姊一家人，及其所給予全心的支持、包容與體諒，讓一個雖然年紀漸增，但卻未必能稱職扮演兒子、先生、父親與家人的學術工作者，能夠無後顧之憂地從事教學與研究工作，藉此致上無限的感謝！

這本書的完成，只能代表後學研究階段的一個註腳；但老天爺對於我們的氣候風險之考驗，仍在持續進行中。冀望學術與實務先進無論是對於此書或是爾後的學習過程，皆能不吝指正，亦期待能有更多人關注氣候與水患風險的議題。

許耿銘 謹誌於柏銘書齋

2019.12.25.

目錄

第一章　緒論

第一節　都市治理

　　根據聯合國經濟和社會事務部（United Nations Department of Economic and Social Affairs, UN DESA）編寫的「2018 年世界都市化展望」（World Urbanization Prospects 2018）指出，1950 年有 30% 的世界人口（7.51 億）居住在都市地區，2018 年為 55%（42 億），預估 2050 年都市地區將再增加 25 億人口、占世界人口 68%，其中 90% 的成長是來自於亞洲和非洲。2030 年，預計世界上將有 43 個超過 1,000 萬人口的巨型都市（megacities），而且有八分之一的世界人口居住在全球 33 個巨型都市中。非洲、亞洲和拉丁美洲部分人口不足 100 萬的都市，是預期未來人口增加最為快速的區域（UN DESA, 2018）。

　　遽增的都市人口，除了自然成長外，主要來自其他地區的移入，平均以每星期約 100 萬人的規模往都市遷徙（World Bank, 2011）。隨著人口集中，經濟活動成正向比例增加；經濟活動密度越高，能源的消耗越多；能源消耗越多，對於氣候的影響與受到氣候的影響皆將越為顯著。但是這些都市未必具有因應氣候暖化的能力，亦無法採取有效的減緩和調適行動（Romero-Lankao & Dodman, 2011）。因此，世界中將會有越來越多的人口，受到都市地區氣候變遷的衝擊（De Sherbinin, Schiller & Pulsipher, 2007; UN-HABITAT, 2011）。

　　1992 年第一次召開的地球高峰會（Earth Summit），開始將地方政府作為永續發展（sustainable development）思考的核心，在該會中倡議的「21 世紀議程」（Agenda 21），提出「全球思考、國家計畫與地方行動」（thinking globally, planning nationally and acting locally）的原則，因此地

方政府成為推動環境治理的重要行為者。近年來，吾人已經逐漸領略到氣候變遷對於人類生活所造成的巨大影響，甚且由於都市地區人口與經濟活動集中，都市氣候治理將成為對抗氣候變遷成功與否的關鍵因素之一。

依據行政院主計總處「中華民國統計地區標準分類」，都會區係指「在同一區域內，由一個或一個以上之中心都市為核心，連結與此中心都市在社會、經濟上合為一體之市、鎮、鄉（稱為衛星市鎮）所共同組成之地區，且其區內人口總數達 30 萬人以上。」其中，都會區內之中心都市，須具備下列三項條件：人口數達 20 萬人以上；居民 70% 以上居住在都市化地區內；就業居民 70% 以上是在本市、鎮、鄉工作（行政院主計總處，2019）。

因此「都會區」是由一個位居中心的主導都市（prime city）與其周遭的次要都市或郊區等腹地相連，藉由交通等運輸網絡構成一個相互依存的地理單位（Hamilton, 1999: 5）。而 Keating（2003: 264）認為都市區域可視為一個系統，包含政府和社會的空間結構，需顧及其自主性與行動力。界定都市區域之目的，主要是為了讓政府在此範疇中進行治理（Salet, Thornley & Kreukels, 2003）。在此範疇中，地方政府必須提供基礎設施，例如：學校、醫院、診所、供水與排水、通訊，以及道路和橋梁等（IFRC, 2010）。

都市的發展是現代社會都市化過程中的重要特徵，希望都市治理體制能以有效率、且有回應的方式，協助調和區域內的各種目標。隨著全球化的趨勢，都市已經突破既有的行政疆界，改變原有的府際互動型態，更使得都市中的空間與組織重構。因此都市治理必須面對存在多元差異的系絡，地方政府應強化彼此之互動關係，建立協力合作的機制。

故而，Healey 等學者（2002）提出應：1. 瞭解都市治理的關鍵性環境；2. 理解重要結構或特有的程序與步驟，以及對於相關變數的評估；3. 發展具取代性的都市治理網絡或價值；4. 促進、創新與建構生產力的自我治理能力；5. 運用合作的觀點，使都市成為一個學習的場域，並廣泛運用各種都市節點的途徑；6. 運用利害關係人的集體取向與軌跡，建立公共資源的領域範疇；7. 發展創新的治理機制或工具。甚且，國內學者（黃書

禮等，2018）亦建議「都市化的驅動力與影響」、「都市化對環境系統的影響」、「環境變遷對都市系統的影響」、「都市對環境變遷的因應與成效」等議題，皆涉及都市與環境變遷的交互作用與反饋過程，需透過都市治理方式予以解決。此外，在全球治理的現狀中，學者強調都市須扮演重要參與者的角色，以及能夠對於全球風險和威脅做出回應的重要性（Vaz & Reis, 2017: 14），進而形成全球地方化（glocalization）的思考邏輯。

不過，隨著全球暖化日趨嚴重，且都市受到氣候變遷的影響，常見暴風雨、水患、火災和土石流等災情（Douglas et al., 2008; UNISDR, 2012）；而都市聚集大多數的人口與經濟活動，地方政府必須拓展與升級基礎建設與服務措施，以降低前述災害所造成的影響，成為氣候治理的主要區域。故而，都市儼然發展成為氣候治理的基地，藉此能夠加速政府部門推行相關政策，因此都市治理對於因應全球氣候風險之問題，實有其重要性（Castán Broto, 2019）。

第二節　都市氣候治理

全球暖化背景下的極端氣候現象，在各地時常發生。然因全球有約75%的人口，居住於占地球表面不到1%面積的都市地區，卻消耗75%的能源、排放80%的溫室氣體（Bicknell et al., 2009; IEA, 2008; Newman, Beatley & Boyer, 2009）。正由於人口密集，所以都市不但是溫室氣體主要的貢獻區域，也同時遭受氣候風險所影響（Hallegatte & Corfee-Morlot, 2011: 2）。故而，「地方環境行動國際委員會」（International Council for Local Environmental Initiatives, ICLEI）倡議應以都市作為節能減碳的重要行為者（ICLEI, 2009），藉由ICLEI專家與地方政府合作，推動能夠反映地方利益的政策，並將全球政策應用於都市發展（ICLEI, 2019）。在國際上可見越來越多的都市針對氣候暖化推行減緩與調適政策，並與不同利害關係人進行跨域合作。

聯合國大會在1990年決議設立「政府間氣候變化綱要公約談判委員

會（Intergovernmental Negotiating Committee, INC）」，並授權起草關於氣候變化公約條文及所有必要的法律文件。該委員會於 1992 年通過「聯合國氣候變化綱要公約」（United Nations Framework Convention on Climate Change，以下簡稱 UNFCCC），並於 1994 年 3 月 21 日正式生效（外交部，2014a）。其間先後通過一些重要文件，包括：2009 年 12 月 7 日至 18 日舉行的 UNFCCC 第 15 次締約方會議及「京都議定書」第 5 次締約方會議，最主要任務是確定 2012 年到 2020 年因應全球暖化的永續發展規劃，並制訂「哥本哈根協議」（Copenhagen Accord）。又如：2015 年 12 月在巴黎召開的 UNFCCC 第 21 屆締約方會議中所通過之「巴黎協定」（Paris Agreement），期望讓地球氣溫的上升幅度，控制在與前工業時代相比最多攝氏 2 度內的範圍，且應努力追求前述升溫幅度標準續減至攝氏 1.5 度內的更嚴格目標（外交部，2014b）。該協定要求已開發國家需提供資金，幫助開發中國家減少溫室氣體排放，並有能力面對全球氣候變遷所帶來的後果；也讓各國以每五年為週期，訂定自己的減排目標（Intended Nationally Determined Contribution）。

　　依據多層次治理的概念，前述的各種國際規章，皆需在不同政府層級實施氣候政策加以落實（Schreurs, 2008）。在此權力轉移的過程中，都市政府的責任越來越大，於是新的氣候治理模式應運而生。根據聯合國政府間氣候變遷專門委員會（Intergovernmental Panel on Climate Change，以下簡稱 IPCC）第五份氣候變遷評估報告（IPCC Fifth Assessment Report，簡稱 AR5），因應氣候變遷的作法，目前主要包括減緩（mitigation）和調適（adaptation）等兩大面向。「減緩」是以人類行為的干預，減少溫室氣體的來源與排放，或將其以碳匯的方式，降低全球溫室氣體濃度；「調適」是透過調整人類當前的生活及社會運作方式，以因應氣候變遷的環境狀態，減少全球暖化對於人類社群不可避免的負面衝擊，進而開發與提供正面效益的機會。

壹、減緩面向

　　都市氣候治理重視跨域合作，以減緩的措施而言，UNFCCC 鼓勵有詳細能源使用資料的國家，依據「部門方法」（sectoral approach）的分類方式統計，並按照 IPCC 指南中的報告格式提報該項統計結果。「部門方法」目前使用於所有 OECD 的國家及部門數據完整之開發中國家，根據此項方法統計的結果，將作為 OECD 國家二氧化碳排放指標跨國比較之基礎，我國亦採用其估算各項溫室氣體的排放（經濟部能源局，2019：2）。所謂「部門方法」，主要包含下列四者（IPCC, 2014: 20-26）：

一、能源供給（energy supply）

　　在過去的 10 年期間，溫室氣體總排放量增加的原因，主要為能源需求增加。因能源供給而直接排放的溫室氣體，預估於 2050 年的排放量將會較 2010 年增加將近 3 倍。現階段可再生能源的技術，已有新的進展且達到一定的成熟度；若能減少溫室氣體的排放，將有利於人類健康和達成減緩措施之相關政策目標。

二、能源終端使用部門（energy end-use sectors）

　　能源終端使用部門大致上可區分為三類，包含：運輸、建築、工業。首先，以運輸部門而言，由於區域間的差異性會影響減緩方案的選擇，而且眾多措施的成本效益不盡相同，若以 2010 年為基期，2030 年的能源使用效率和車輛性能，大約能改善 30%～50%。其次，就建築面向觀之，倘若遵照建築規範和設備標準，再加上妥適的室內設計與空間規劃，建築的減緩措施應該是相當具有效益的方法。再者，由於工業碳排放量占全球的 30% 以上，若能減少投資成本與增加資訊流通的狀況，應能達成減緩措施的目標。

三、農業、林業和其他土地利用（agriculture, forestry and other land use, AFOLU）

應試圖在永續發展的情境下減少溫室氣體的排放，例如：加強農業管理、森林保護、減少水土流失、培養有機土壤等，將可在減緩氣候暖化的過程中發揮關鍵性作用。而採取永續發展的土地治理方案，更可為整體經濟帶來正面的效益。

四、人居環境、基礎建設以及空間規劃（human settlements, infrastructure and spatial planning）

都市化已成為全球發展的趨勢，一系列有效實現多樣性和整合土地利用的政策，將能增加人居環境的舒適性、基礎建設的可及性，以及空間規劃的妥適性。即使全球許多都市刻正執行氣候變遷相關的減緩政策，但其確實降低碳排放量的程度仍有待商榷。因應氣候變遷相關措施的有效性，相當程度取決於都市的治理能力是否充足。

UNFCCC 要求各締約方共同採行 IPCC 指南的部門方法，其原意是希望統一計算方式，確保各國國家清冊中排放統計的一致性、透明性及可比較性，避免重複計算。惟我國「溫室氣體減量及管理法」所提之部門，已依照國內現況與管理需求再行分類，因此與 IPCC 指南所列之部門不盡相同。依照「溫室氣體減量及管理法」第 9 條規定，中央目的事業主管機關應根據推動方案訂定部門溫室氣體排放管制行動方案，並據以落實執行溫室氣體減量工作，而國家能源、製造、運輸、住商及農業等各部門之中央目的事業主管機關訂定之所屬部門別行動方案，其內容包括該部門溫室氣體排放管制目標、期程及具經濟誘因之措施，例如：能源部門、製造部門、運輸部門、住商部門、農業部門以及環境部門（行政院環保署，2019）。

貳、調適面向

　　根據 IPCC 第五次評估報告指出，自 1950 年以來，已發現到許多極端天氣和氣候現象的變化，科學界也觀察到許多地區的強降雨次數有增加的現象。因此對於政府而言，規劃氣候變遷調適策略已顯得越來越重要。有些國家開始確認中央政府與地方政府之間的責任歸屬與分工合作，例如：義大利和芬蘭採取補貼計畫和賦予地方政府更有彈性的作法，荷蘭則將權力和資源轉移至地方政府。此外，政府在擬訂因應氣候變遷的策略時，也會考慮不同區域生態社會系統的動態性和複雜性，例如：雪梨政府特別針對海平面上升和暴風雨等兩種氣候現象擬訂調適策略。依照學者（Revi et al., 2014: 564）的建議，擬訂都市調適策略必須關注四大重要課題，包括：

1. 世界上未來大多數人口，將屬於低收入和中低收入；
2. 氣候變遷可能會加劇社會中的貧窮與不正義問題；
3. 低收入居民和地方組織之間的互動關係，對於提出因應對策非常重要；
4. 運作良好的多層次治理，將有助於擬訂調適策略。

　　調適的措施，可再細分為預防性（anticipatory）及反應性（reactive）策略。預防性調適策略之目的，是為了預防氣候變遷造成衝擊所採取的策略；反應性調適策略之目的，是降低氣候變遷造成災變之後的傷害所採取的策略。目前我國政府所經常面對的衝擊挑戰與對應之策略目標，包括下列幾項（行政院經濟建設委員會，2012）：

一、災害

　　衝擊與挑戰：降雨強度增加，提高淹水風險及導致嚴重之水土複合型災害；侵臺颱風頻率與強度增加，衝擊防災體系之應變與復原能力。

　　策略目標：經由災害風險評估與綜合調適政策推動，降低氣候變遷所

導致之災害風險，強化整體避減災之調適能力。

二、維生基礎設施

衝擊與挑戰：重要維生基礎建設（能源供給設施、供水及水利設施、交通設施、通訊系統）因區位不同，所受災害類型及損失亦不相同。

策略目標：提升維生基礎設施在氣候變遷下之調適能力，以維持其應有之運作功能，並減少對社會之衝擊。

三、水資源

衝擊與挑戰：降雨型態及水文特性改變，提高河川豐枯差異及複合型災害風險；氣候及雨量改變，影響灌溉需水量、生活及產業用水量，使得水資源調度困難，河川流量極端化下，河川水質亦受影響。

策略目標：在水資源永續經營與利用之前提下，確保水資源量供需平衡。

四、土地使用

衝擊與挑戰：極端氣候，使環境脆弱與敏感程度相對提高，凸顯土地資源運用的安全性與重要性等。

策略目標：各層級國土空間規劃均須將調適氣候變遷作為納入相關的法規、計畫與程序。

五、海岸

衝擊與挑戰：海平面上升，原有海岸防護工程、景觀及資源遭受破壞，並造成國土流失等。

策略目標：保護海岸與海洋自然環境，降低受災潛勢，減輕海岸災害

損失。

六、能源供給及產業

衝擊與挑戰：能源需求發生變化，可能無法滿足尖峰負載需求；各產業之能源成本與供應遭受衝擊；企業之基礎設施受氣候變遷衝擊，引發投資損失或裝置成本增加。

策略目標：發展能夠因應氣候變遷的能源供給與產業體系。

七、農業及生物多樣性

衝擊與挑戰：溫度升高，降雨量不足等；打亂作物生長期，農產品產量及品質面臨不確定性，危及糧食安全；漁業生產量亦受影響等；環境變化，亦影響生態系原有棲地，造成生物多樣性流失等。

策略目標：發展適應氣候風險的農業生產體系與保育生物多樣性。

八、健康

衝擊與挑戰：溫度上升，增加高傳染性疾病流行的風險，亦增加心血管及呼吸道疾病死亡率，加重公共衛生與醫療體系負擔。

策略目標：有效改善環境與健康資訊彙整體系，以提升全民健康人年，希望降低每五年氣候變遷相關之失能調整人年 5%。

然而，即使地方政府是調適策略中重要的關鍵節點，但其仍受到許多挑戰。例如：資源與技術能力不足，導致缺乏氣候風險相關的數據分析，甚至現存的部分氣候分析模型，建議應降尺度到都市的層級（王思樺等，2016）；目前研擬的許多調適策略，皆針對特定的區域性災害風險，但其未必與氣候風險有直接關係（Bulkeley, 2010）。儘管部分研究已針對氣候變遷造成的經濟影響進行分析，惟在理論研究或政策應用方面，仍存在著許多尚未解決的問題，其中部分問題涉及碳稅與排放二氧化碳所需付出的

社會成本（Agliardi & Xepapadeas, 2018: 3）。然而，針對氣候變遷的潛在性影響評估，必須謹慎地權衡成本和效益，且需辨別不易貨幣化的成本效益，方能妥適擬訂因應氣候變遷的相關政策（Rothman & Chapman, 1993: 88-89）。故而，都市氣候之數據分析，須進行時間尺度與地理空間的整合，亦應將區域利益和氣候政策成本納入考量。

從長遠的角度來看，針對加強地方氣候行動的政策，各國政府可推動改革策略，以協助都市朝向更具韌性而努力，包含：1. 能力架構：將更多的責任分配給地方政府；2. 政策：對優先部門進行政策改革，以促進都市氣候行動（例如：土地使用、交通、建築、廢棄物和能源）；3. 財務：將氣候變遷因素納入金融體系和公共管理（ICLEI, 2018）。

由於當今都市氣候治理涉及許多複雜的因素，充滿不確定性環境的限制條件，在此相互交錯的關係中，絕非單一政策或方案可獨立解決，也容易造成治理失靈的現象。即使政府部門認為已建構出最為妥適的治理模式，亦無法確保必能達到預期的政策目標。事實上，都市氣候需仰賴多元的治理模式，相互分享和學習都市氣候治理領域的經驗。例如：地方民間團體會透過推廣與倡議的方式，試圖影響政府部門的決策；而都市內部與都市之間，會經由網絡進行資訊共享（Kernaghan & Da Silva, 2014）。由此可知，都市面對氣候治理須扮演重要的角色（Massey, 2005），亦可在氣候治理範疇內採取跨域合作的方式（Andonova, Betsill & Bulkeley, 2009）。故而，究竟採用何種組合的都市氣候治理模式以作為因應之重要機制，實值得吾人再三審思與探討。

第三節　都市氣候風險治理

壹、重要性

世界氣象組織（World Meteorological Organization, WMO）表示，2019 年 7 月是有史以來最熱的月分（WMO, 2019）。而極端氣候所導致

災害（如：熱浪、乾旱、森林火災、熱帶氣旋、龍捲風、冰雹、水患和風暴）的頻率和強度，也正逐次加重（National Geographic News, 2011）。根據 2019 年世界經濟論壇發布的風險報告，無論是以風險發生的「可能性」或是造成的「衝擊性」來看，與氣候變遷相關的風險持續高居前五名，並且在前五名中超過一半（World Economic Forum, 2019: 15）。由於氣候變遷所致的風險，對於人類社會、經濟和環境的影響與日俱增，且無論是否為溫室氣體的主要排放行為者都將無一倖免，因此人類必須盡快制訂與執行相關政策以資因應。

　　當前因應氣候變遷議題的策略，主要著重於國際和國家面向。例如：「峇里島路徑圖（Bali Road Map）」在 2007 年 12 月於印尼峇里島舉行的第 13 屆締約方會議（The 13th Conference of Parties, COP13）和「京都議定書」之第 3 次締約方會議（The 3rd Meeting of Parties, MOP3）獲得通過，並據此制定「峇里行動計畫」（Bali Action Plan）。「峇里行動計畫」為應對氣候變遷制定路線圖與減少碳排放的長期目標，旨在透過合作行動，有助於確保未來的氣候安全，確立減緩與調適並重之風險治理（UNFCCC, 2007）；世界氣候研究計畫（World Climate Research Programme, WCRP）與國際全球變遷人文社會計畫科學委員會（International Human Dimensions Programme on Global Environmental Change, IHDP），針對全球氣候風險的議題提供重要的建議。又如：Eckstein、Hutfils 與 Winges（2018）公布 2019 全球氣候風險指數（Global Climate Risk Index 2019），發現低度開發國家遭受氣候的影響，通常比已開發國家高；在面對 2017 年的大西洋颶風季，高收入國家比以往更加明顯地感受到氣候變遷所造成的影響。

　　相對於國際與國家層級之因應策略，由於都市是較為接近民眾的政府層級，但亦為民眾與商業活動聚集之處，能源的使用量相對較高，溫室氣體的排放量與比例也相對較多；而都市區域開發與人口稠密等因素，致使其較容易成為氣候變遷衝擊的重大災區，因此須積極推動因應氣候風險的政策（Lutsey & Sperling, 2008: 674; Dodman, 2009: 198; ICLEI, 2018）。即使推動氣候風險治理有其阻礙之處，部分都市仍以無悔的態度開始採取行動（Kousky & Schneider, 2003: 360）。

　　現有的都市氣候風險治理框架，由於學者考量社會公平、經濟發展和環境保護的要素不同（Volenzo & Odiyo, 2018），致使在建構的步驟與內容存在差異，但其多數是採取由下而上的分析觀點，以利運用於都市的特定狀況（Kwadijk et al., 2010）。在應對當前和未來氣候風險之相關行動中，都市管理者需同時考量立法、政策、法律框架、風險控管準則等治理方法，全面性瞭解氣候風險、脆弱性、減緩、調適、復原等治理課題，採取預防原則減少對於人類和自然的風險（Fisher, Jones, & Von Schomberg, 2006），以實現永續發展的目標（United Nations, 2015）。

　　甚且，根據內政部消防署（2019）公布 1958 至 2019 年臺灣地區天然災害損失之統計資料，若檢視每年所發生的颱風及豪雨事件，發現造成水患的個案次數有上升之趨勢。而 2009 年造成臺灣人民嚴重傷亡的八八風災，民眾仍是餘悸猶存、膽顫心驚。職是之故，地方政府與居民亟需瞭解其所在地區未來氣候風險的特徵與態樣（Cash & Moser, 2000; Vogel et al., 2007），並確定都市氣候風險所凸顯的脆弱程度，據此成為爾後減緩和調適氣候風險之治理重點項目。

貳、內涵

　　當前許多都市面對氣候風險時，主要採取減緩與調適兩種因應政策。依照我國「溫室氣體減量及管理法」的規範，減緩是指以人為方式減少溫室氣體排放，或增加溫室氣體碳匯。調適則是指人類系統，對實際或預期氣候變遷衝擊或其影響之調整，以緩和因氣候變遷所造成之傷害，或利用其有利之情勢。

　　現階段有許多不同行動者所採取的減緩策略，是希望促使溫室氣體能接近零排放。不過實施減緩策略，將造成技術、經濟、社會和制度等方面的挑戰（IPCC, 2014），特別是因為氣候風險會提高環境的脆弱度，因此需要搭配推動調適政策（Gallopin, 2006）；甚且在減緩與調適的策略中，應以環境正義的原則，保護身處自然脆弱環境或具有社會脆弱因素的群體，以整體地強化人類面對氣候風險的韌性。調適與減緩政策的功能有

部分類似之處，可以與多元部門整合，而得以創造出綜效（Kriegler et al., 2012; O'Neill et al., 2014）。為使調適政策與減緩政策能發揮良好之綜效，學者提供以下之建議（Ngum et al.,2019: 133）：

1. 成立技術委員會，針對調適政策與減緩政策提供建議；
2. 促進私部門的投資與贊助；
3. 制定相關有效的計畫方案；
4. 利害關係人必須參與每個階段與項目的討論；
5. 必須和有經驗的行為者互相分享知識，並建立夥伴關係之網絡連結。

　　各式各樣因全球氣候變遷所致的風險問題接踵而至，許多社會科學家關注全體人類所面臨的新挑戰。其中，Beck（1992）所主張之「風險社會」觀點，引發吾人對氣候風險治理的關心。主要係因為氣候與環境所致的風險具有「迴力棒效果」（boomerang effect），風險會分配給全球中的每位居民，因此必須共同面對此風險現實。即使人類想採取控制環境的方式，但其作用到環境的力量，卻可能會對於環境更不友善，其力道將反過來加諸在人類自己的身上，反而將招致更大的環境反撲（顧忠華，2001：7）。因此，吾人應以反身治理之思維，整體性地回應氣候風險。

　　職是之故，IPCC 於 2014 年出版之第五次評估報告（AR5）之第二工作小組的摘要報告中提到（IPCC, 2014），都市氣候變遷相關的風險正在增加，包括海平面上升、高溫、極端降雨、內陸和沿海水患、土石流、乾旱、缺水以及空氣汙染，皆會對人體的健康和國家經濟與生態系統造成負面的影響；其中，「風險」成為 AR5 核心概念的評估要素之一，認為和氣候相關的風險，乃是源自於災害、暴露度和脆弱度之間的相互作用。

　　關於氣候風險的探討，常會涉及脆弱性的概念，其意指容易有損失、受到損壞或遭受不利的影響；而調適能力被定義為適應外在環境風險與面對後果的能力，其必須因地制宜，亦與資源可及性、學習能力與治理措施有關，並且與韌性之間具有互相增強效果的關係。倘若將減緩、調適、韌性等風險管理要素相互結合，將能夠協助找出因應氣候風險之有效途徑

（Gupta et al., 2010; IPCC, 2014）。

　　甚且，人口隨著經濟發展逐漸向都市聚集，因此都市氣候風險治理會涉及廢棄物管理（Babaee et al., 2019）、防洪措施（Shih, Kuo & Lai, 2019; Dwirahmadi et al., 2019）、水源用水（Bei et al., 2019）、區域交通（Rodriguez, Oteiza & Brignole, 2019; Jia, Ma & Hu, 2019）、地下水道規劃（Hsie, Wu & Huang, 2019）、道路汙染（Raeesi & Zografos, 2019）、電力供給（Yıldız, Olcaytu & Sen, 2019）等議題。然而，無論上述何種議題，其目的皆是為了透過氣候風險治理的綜合分析，探討相關架構與概念的應用狀況和限制，期能對於都市氣候風險治理之內涵有所瞭解。

第四節　都市水患風險治理

　　由於全球環境變遷、氣候異常，使得災害發生的頻率與強度增加，高脆弱地區的風險也相對提高（Linnerooth-Bayer & Amendola, 2000）。自 1901 年開始，北半球中緯度陸地平均降水量呈現增加的趨勢（IPCC, 2013）；降水量一旦增加，就可能造成當地水患的問題。

　　以 2019 年而言，水患場景經常在世界各地出現。首先，於 1 月下旬，澳洲東北部地區降下大雨，造成戴恩樹河（Daintree River）打破 118 年來的水患紀錄，24 小時降雨量超過 300 毫米，水位上升到 12.6 公尺，使得農民受困、部分社區與外界隔絕（The Guardian, 2019）。6 月底，日本九州南部降下大雨，宮崎縣蝦野市末永降雨量高達 682.5 毫米、鹿兒島縣薩摩川內市入來町為 536.5 毫米，創下當地觀測史上 7 月分降雨量紀錄，造成河川氾濫、土石流等災情，熊本、宮崎、鹿兒島等三縣，至少 121 萬人接獲疏散警告（楊明珠，2019a）。孟買於 6 月底、7 月初遭受豪雨肆虐，造成 27 人死亡、78 人受傷，航班、鐵路等交通中斷（康世人，2019）。日本九州於 8 月底受到線狀對流發展的影響導致大雨成災，日本氣象廳對佐賀、福岡和長崎發布大雨特報，且評估災害達「警戒 5」的最嚴重情況，有 73 萬人接獲撤離指示（楊明珠，2019b）。

　　針對環境災害的議題，已由過去探詢衝擊環境的取向，再增加脆弱度與韌性的觀點（林冠慧、吳珮瑛，2004）；而脆弱度與韌性的研究，也由環境保護、生態系統等主題，漸漸跨越至災害管理等領域（Vogel et al., 2007）。不過，傳統對於自然災害的脆弱性探討，往往忽視於社會面向所造成的影響；但近來社會層面的因素逐漸受到重視，如 Cutter（1996）建議從社會面向之觀點，探討一地區面對災害之社會脆弱性（social vulnerability, SV）。

　　進言之，針對氣候風險所可能導致的各項災害事件，及其隨之產生新興而急迫的社會問題，例如：水災、旱災、生物多樣性流失、公共設施意外破壞、社會不公平、階級對立、環境災民、意外死亡和流行疾病等，就有必要進行相關因果性研判，並分析各種應變策略（Thomalla et al., 2006）。甚且，環境風險所致的高社會脆弱地區，已經不僅限於在地理條件上的邊緣區域；即使是都市化程度較高、基礎設施較為完備的地區，其既有的都市活動與設施、土地使用形式、都市自然系統與整體空間體系，亦已面臨全新的風險與挑戰。事實上，社會因素與環境保護之間，是存在互為因果的辯證關係。部分都市政府基於其面對環境風險的威脅加劇，因而提高防救災政策於治理中的優先順序。

　　若以上述觀點檢視臺灣現況，根據世界銀行（World Bank）的「天然災害熱點：全球風險分析」（Natural Disaster Hotspots: A Global Risk Analysis）報告指出，臺灣同時暴露在三種以上的天然災害之土地面積為 73%，同時面臨三種以上災害威脅的人口也將近 73%，是世界上容易受到天然災害威脅的地方之一（Dilley et al., 2005）。參照災害流行病學研究中心（The Centre for Research on the Epidemiology of Disasters, CRED）的國際災害資料庫（international disaster database）（CRED, 2015），其中與氣候風險較為直接相關、且可能造成臺灣人民生命與財產威脅的災害類別，分別是水文與氣象等項目。

　　根據科技部「臺灣氣候變遷推估與資訊平台」統計臺灣過去的氣候變化，發現於 1897 至 2009 年的總雨量年際變化幅度越趨增加（臺灣氣候變遷推估與資訊平台，2019）。陳亮全等（2011：323）綜合降雨指標分

析，發現 1979~1999 年極端強降雨颱風的頻率，約 3~4 年發生一次左右；
2000~2009 年發生頻率增加為平均每年發生一次。若以臺灣降雨指數分析
雨量的長期變化，發現過去 100 多年內整體年總雨量的情形，大致呈現
1920 年至 1960 年間雨量較多、1960 年至 1990 年雨量較少、1990 年代中
期後（特別是 2000 年後）又開始明顯增加的變化。此種年代際變化趨勢，
除呈現在年總值上，也出現在極端降雨的個案發生次數。在雨量方面，受
到侵臺颱風影響的日數從 1970 年至 2010 年間有增多趨勢，極端強降雨事
件和雨量亦與日俱增（許晃雄等，2017）。而在水利署的頻率分析中，結
果顯示有多站降雨量重現期超過 200 年以上，甚至出現高達 2000 年重現
期以上（經濟部水利署，2009：3-4）。由前述各項統計結果顯示，臺灣
受到重大颱洪災害頻率與強度正在增加中。

　　此外，臺灣將近 80% 的人口聚集在都市地區，且多數位於靠近沿海
及臨近河川的地區，原本就屬於易致災的位置。若假設目前脆弱度、暴露
量與調適能力等社經環境驅動因子皆不改變，僅考量降雨量的氣候驅動因
素之情境，臺灣未來極端降雨頻率與強度可能增加；而極端暴雨事件造
成的河川洪水溢淹、都市積淹水等災害風險也可能會增加（童慶斌等，
2017：25-55）。

　　嚴重的水患會對於都市各種基礎設施造成影響，例如：排水與汙水
收集、衛生環保、電力供應、自來水供應等都將遭受損害，甚至造成都市
機能運作癱瘓。近年來，臺灣都市化快速發展，都市的建築物、道路、基
礎設施大幅擴增不透水層面積，改變原有天然植被型態，降低土壤儲水與
入滲能力，增加地表逕流。都市人工排水系統取代原有自然水道，使地表
逕流快速匯集到下游，縮短洪峰到達河川下游地區之時間，且增加洪峰流
量。同時將原有河川或渠道加蓋，填平自然濕地與埤塘，降低自然環境的
滯洪能力（中央研究院，2011：19-20）。

　　臺灣都市在面臨降水過量、颱洪災害頻率與強度增加等自然條件之
下，再加上人為不當的都市擴張、植被改變、土地超限利用、調整水體，
致使造成內外水宣洩不及、水流溢淹或排洪能力受損等災情，提高水患發
生機率，進而危害人類生命財產和生存環境。由於氣候變遷引發水患的機

率升高，可能超過既有都市防洪系統的負荷程度，將使都市氣候風險治理更顯現其重要性。

　　甚且，由於都市實存的社會脆弱程度不同，當受到水患影響時，會產生不同的社會衝擊；相對地，在面對水患所須採取的策略上，因為都市的社會韌性態樣不同，也將出現不同的因應模式。惟都市發展常傾向於建立與認知其為一個同質性的空間，較少考量都市內部與居民之間的差異（Rahder & Milgrom, 2004），如種族、階級、性別、身心障礙等群體未必會受到重視。近年來，與水患相關的都市社會問題、因應水患的都市社會韌性對策，甚至相關社會運動，逐漸受到學術界與實務界的注意。因此，針對水患災害的相關研究，已開始重視人文社會層面的因素（Cutter, 1996）。

　　特別是在國內外如莫拉克颱風、珊迪颶風等相繼造成嚴重災害之後，臺灣更加注重對於水患所造成的新興社會問題，亦認為亟需關切都市水患風險治理所面對的壓力和衝擊。由於水患災害可能因為人類發展過程的缺失而增加，高暴露量與脆弱度通常是發展過程失衡的結果。如果能在進行國家發展及產業規劃時，將災害風險的人文社會面向納入考量，或是採取水患風險治理之調適策略，並針對都市脆弱區域及群體實施相關行動方案，政府將能更有效管理水患風險。

第五節　本書之研究目的

　　人類文明的演進是為了永續發展，乃是在環境中獲取並利用資源以求生存，進而建構舒適生活，不僅須要適應自然環境之外，也須要改變自然環境。過去社會科學界對於臺灣地區的研究，相對忽略自然環境在人類發展過程中的作用與影響；而自然環境的變遷，以及人類與環境之間的互動關係，往往是形塑一地人文景觀與歷史發展的重要動力，是故在進行自然環境研究時，人文社會科學的角色亦不容忽視。

　　在水患風險的衝擊與挑戰之下，海島型生態的臺灣都市社會問題，將

會迥異於以往，且與西方國家大相徑庭。社會組成的不一，將面臨到不同程度的脆弱性，而產生類型殊異的社會問題，並且需要不同的策略加以因應。故而，我國行政院於 2012 年 6 月 25 日核定「國家氣候變遷調適政策綱領」，並積極地擬訂減緩與調適策略，以期健全與提升國家調適能力，降低社會脆弱度；此外，擬透過「地方氣候變遷調適計畫」，強化地方政府因應水患風險的韌性與量能（行政院經濟建設委員會，2012）。

誠如 2010 年 10 月 21 日出版的 Nature 第 467 期，即以「Cities lead the ways in climate-change action」為題，並由 Rosenzweig 等學者（2010）撰文，呼籲科學家應更積極投入以都市為範疇的研究，據以協助因應氣候風險世界的來臨。惟在臺灣近期的相關研究中，較多關注於水患風險所導致的自然災害衝擊與相關防治工程，相對較少關注人文社會層面的問題；即使部分論及水患影響臺灣社會層面的研究，但較屬於國家整體的觀察，較少討論都市層級水患風險治理之相關政策（陳亮全等，2011）。

整體而言，由於水患對於都市所帶來的災害，具有時間與空間上的高度風險，因此都市必須具備相關的機制與能力以資因應。在公共治理與「巴黎協定」的架構中，政府必須以「由下而上」的決策模式廣納社會公民參與，以決定減緩、調適、韌性等各種治理行動。由此可知，風險治理的動力是源自於民眾，公民成為治理行動的主角，而政府逐漸從治理方案的決定者轉變為執行者。水患風險雖是屬於全球性議題，但仍要藉由地方行動者才得以落實；因此都市水患風險治理，是將全球問題與在地行動予以緊密連結。而水患議題的全球性知識，過去多以自然科學的方式予以探索，但自然科學的研究成果未必容易運用於人類實存的生活場域，因此應以人文社會的層面加以分析。誠如 Lustsey 與 Sperling（2008）、Jasanoff（2010: 241-243）指出全球層次的自然科學知識，應該將其與在地層次的人文社會銜接。故而，本書希冀透過由下而上、在地性與人文社會的觀點，審視臺灣的都市地區，因應水患之自然災害和社會問題的實況，並同步探析國家和地方的現有政策，以期協助建構更臻妥適之調適策略。

第二章　理論基礎與分析架構

世界人口有一半以上居住在都市之中（United Nations, 2014），但都市又處於水患風險挑戰的第一線。水患風險對於都市環境的壓力，主要是來自於其增加老年人、病人和年輕人的健康威脅；更為頻繁和強烈的旱澇問題，影響水資源的供應；海平面上升和颱風，將影響沿海都市的人口和基礎設施（IPCC, 2007）。在此同時，由於都市是排放溫室氣體的主要行為者，因此也應積極對抗全球氣候變遷所致的水患風險（Stern, 2007; IEA, 2008）。

第一節　都市風險治理相關架構

由於都市正面臨氣候所致的風險，都市應如何面對之治理方式相形重要。以下針對國際間較為重要的都市風險治理架構，依照時間先後順序，說明其內容與要素。

壹、風險治理：向整合性途徑邁進

一、緣起

國際風險治理委員會（International Risk Governance Council，以下簡稱 IRGC）為 2003 年於瑞士日內瓦成立的一個非營利性獨立組織。該委員會成立的宗旨，主要是希望支持政府、企業、非政府組織和其他行為者，檢視吾人所面臨的風險，以及這些風險對於人類健康、安全、環境、經濟和社會所造成的危害，透過探索全球風險治理的未來和設計創新的治理策略，增加認識和管理風險的內涵，規劃與執行有效的風險治理策略，降低決策者和公眾之間在科學與技術發展的知識落差，並培養民眾對風險治理

的信心（IRGC, 2006: 5）。

　　IRGC 於 2006 年出版「風險治理：向整合性途徑邁進」白皮書（IRGC White Paper No.1: Risk Governance-Towards an Integrative Approach），是希望在歐盟所提出之風險治理概念上，建立一個具有整體性和結構化的風險治理架構，可以藉由該架構檢視風險問題以及與其相關的治理流程和結構。此外，該架構有助於提供政策建議，這些建議一旦實施，將可以改進風險識別、評估、管理、監測和溝通的方式。據此，可以提供 IRGC 與其他機構，為制定風險綜合評估和管理策略時，能具有綜合性的指導方針。

　　全球性的相關風險，例如：源自一個地區、卻跨越區域疆界的跨界風險（如：空氣汙染）；同時來自於許多國家、更引發全球範疇的國際風險（如：造成氣候變遷的溫室氣體排放）；每個國家都可能會出現類似形式、但須要透過國際協調予以回應的風險（如：航空安全）。IRGC 提出的風險治理架構，為調查和處理風險問題的相關行為者，提供一個共同的分析結構。該白皮書提出的風險治理概念和架構，並非侷限在政府或國際組織如何應對風險，而是同時包含企業、公民社會等各種角色及其互動。此一架構能夠提升 IRGC 運用之概念、分析架構和指導方針的清晰度、一致性和透明度，確保各種方法在風險治理中的可行性，以提升風險治理的能力，從而為 IRGC 服務之對象（如：風險管理人員和決策者）提供一套科學合理、經濟可行、具有法律和道德的正當性，以及在政治上可接受的建議（IRGC, 2006: 17）。

　　IRGC 的主要職責之一，是提供處理新興風險的專業知識和實用建議，OECD 將其界定為系統性風險（OECD, 2003），其意指在社會、金融或經濟後果與風險之間所增加的相互依賴性，將對於人類健康和環境帶來風險的影響。在國內和國際層面上，系統性風險同時受到人類行為改變和擴大的自然事件，經濟、社會和技術發展，以及相關政策行動等之影響，因應這些新的相互關聯和依存的風險，須要一種新的風險治理形式。甚且，面對系統性風險，必須彙整來自於地理或功能上不同來源的風險資訊，並應以全觀型的方法辨識災害，針對風險評估、關注評估、可容忍性和可接受性予以判斷（IRGC, 2006: 19），進而採取風險管理。

二、重點

　　IRGC 的風險架構,為風險領域提供兩項重大創新貢獻,第一為加入社會背景的考量,第二為重新分類風險知識。首先,在採納社會背景之創新性方面,除了風險評估、風險管理和風險溝通等要素外,也希望參酌社會背景的因素,成為制定風險決策的參考條件之一。其中,社會背景包括處理風險的不同行為者之結構和相互作用、行為者的不同風險意識,及其可能的風險後果。此外,須留意在風險過程中的體系或組織,所具有的社會與政治影響力;亦即風險治理應關注該體系或組織,具備有效風險治理的能力為何。將行為者背景與風險治理予以連結,反映出風險治理主體須要權衡風險,亦呈現出風險效益評估的重要性(IRGC, 2006: 11)。

　　其次,風險治理架構對於風險知識予以分類,該分類是基於對每種特定風險的不同知識狀態,將風險分成簡單的、複雜的、不確定的與模糊爭議等四種類型。依據建立風險因果關係的困難程度、該因果關係的可靠程度、風險對受影響者實際影響的程度、判斷處理風險與否的價值觀,而對風險進行特徵描述(IRGC, 2006: 12)。針對每種風險類型,再延伸風險評估和管理方式,以及決定利害關係人參與的層級與形式,並建議適當的方法和工具。

　　該風險治理架構蘊含三項價值基礎,分別是(IRGC, 2006: 12):1. 風險治理若要能產生適當的決策並產出結果,則須要考慮風險的「事實」和「社會文化」層面。雖然事實層面包含可衡量的結果,且根據潛在的正面和負面結果及其發生的可能性來討論風險,但社會文化面向強調,當加入價值觀和情感等因素時,應如何評估特定的風險;2. 治理過程必須有包容性,以永續和可接受的方式應對風險,確保所有利害關係人在治理過程的初期,即能有意義地參與治理過程,尤其是公民社會的參與;3. 考量價值觀的重要前提,且能反映在該風險治理架構之治理原則,包括:透明性、有效性和效率、課責性、策略重點、永續性、公平和公正、尊重法治,所選擇的解決方案具有政治和法律的可實現性,以及在道德和公眾層面可被接受的必要性條件。

　　IRGC 提出的綜合性風險管理架構，分為三個主要面向：「預先評估」（pre-assessment）、「風險衡量評估」（appraisal）與「風險管理」（management）。而在「風險衡量評估」和「風險管理」面向中間的進階工作，是「風險特徵的描述與評估」（IRGC, 2006: 12），而此取決於負責評估或管理的人員，是否能夠妥適地執行相關任務，並據以判斷結束評估或開始管理。

　　風險管理架構亦包括「風險溝通」（risk communication），且在每個面向中影響風險的解決和處理，並且串聯所有面向。IRGC 認為要建立一個全面性的、公眾知情的（informed）、對價值敏感的（value-sensitive）風險管理過程，須要系統性彙整風險評估、風險意識和風險結果，以納入風險衡量評估的範疇（IRGC, 2006: 65）。因此，建議將風險管理架構中的所有資訊，據此評估風險的可容忍性，以及設計和衡量降低風險的方案。

貳、地方政府與氣候變遷治理

一、緣起

　　大氣中的溫室氣體，部分來自於個人、地方、區域、國家和國際各層級的人類活動。氣候變遷與如何應對隨之而來的環境風險，已經成為這個世代的重要問題之一。而在學術界和實務界，氣候變遷也逐漸被視為一個都市須面對的議題。

　　Bulkeley 與 Kern 於 2006 年所發表的「地方政府與德英兩國氣候變遷治理」（Local Government and the Governing of Climate Change in Germany and the UK）一文，乃是運用其在此主題的一項合作計畫成果為基礎，該計畫主要探究德國和英國地方政府參與氣候治理模式的現況。

　　兩位學者的分析，超越傳統研究地方政府的正規型態，改採多元模式。在該文中，作者認為引介多元氣候治理模式，可以增強吾人對地方氣候治理方式與遭遇問題的理解。

二、重點

根據 Bulkeley 與 Kern 於 2006 年發表的研究，他們發現氣候變遷治理模式出現新興型態，包括：不同治理層級間的轉變與關係、治理模式之間複雜的相互作用，兩者皆呈現都市氣候治理在實務上呈現不同形式的治理態樣。這些不同氣候治理模式，反映出參與管理的過程和權力的動態（Bulkeley & Kern, 2006: 2242）。

（一）自主治理（self-governing）

在自主治理的模式中，有一套內部治理程序、不受外力干涉，由市政府決定自己體制、行政架構與實務、政策和活動。這是最為簡單易行的治理型態，也是許多都市常見的模式。在一個都市之中，有許多能源消費的需求，可以透過相關政策的變動，為地方經濟造成影響（Bulkeley & Kern, 2006: 2244）。例如：許多都市皆希望能夠提升能源效率，改變能源使用方式，採購一定比例的再生能源，建立整合式再生能源系統，添購以天然氣為燃料的汽車。

都市之所以採取自主治理的部分原因，是來自於國際組織或標準的要求，並與地方政府因應氣候變遷的發展架構予以連結，不過目前是以自願性活動為主。自主治理已經成為都市建構氣候政策初期階段的重要措施，也有益於地方層次推動應對氣候變遷的政策。惟因地方政府自己因使用能源所排放的溫室氣體，約只占都市排放量的 1% 至 5% 左右（Bulkeley & Kern, 2006: 2245），故而都市尚須同步採取其他治理模式的氣候政策。

（二）提供服務（provision）

提供服務，意指藉由政府預算來供應財貨或服務。直到 19 世紀中葉，許多市政府開始提供能源、交通、飲水、廢棄物處理等服務。當市政府在公用事業擁有多數持股，便可直接影響電力供給、調整地區熱能系統、結合能源與冷卻系統的運作，推動提升能源效率和再生能源技術的

投資案件，甚至將這些計畫與民間投資方案結合（Bulkeley & Kern, 2006: 2245）。以此觀之，地方政府能夠控制基礎建設的發展，並影響大眾消費與廢棄物的實務處理工作，以限制溫室氣體的排放。可將此種氣候變遷的治理方式，稱為提供服務。基礎建設與服務的提供，即為市政府得以影響個人習慣與未來發展的歷程。

然而，能源市場的自由化與國際化，使得此類服務措施難以發揮，這種困境在歐盟尤其明顯。各成員國基於歐盟的規範，必須實踐電力自由化之目標，也讓公部門的影響力更難發揮。主要是因為隨著公用事業設施部門自由主義浪潮的興起，許多市營事業機構在 1990 年代開始民營化，並造成得以直接提供服務的項目減少。在電力自由化趨勢的阻礙下，慕尼黑市政府透過民間電力公司，在電費中提撥部分資金以鼓勵再生能源發電方案，如太陽能光電板的裝設計畫。海德堡出售公用事業的股份，將所得資金設立一個再生能源基金，用於推動永續能源計畫（Bulkeley & Kern, 2006: 2246）。此種藉由提供服務的治理模式，對於都市結構、基礎設施以及消費選擇都會產生影響，從而影響都市能源的生產和使用方式，以及隨之而來的溫室氣體排放問題。

（三）權威（authority）

權威模式與市府氣候治理的法律角色密切相關，尤其是在能源、運輸與都市計畫的政策領域，市政府可以運用其合法權力制定法律，以管制或懲罰的方式減少溫室氣體的排放。例如透過授權，可以在中央政府和國際組織的同意下，於增加能源效率與標準的環境系絡中，由市長自己決定增加分散式再生能源的生產方式（Bulkeley & Kern, 2006: 2248）。不過這些強制作為可能只產生小部分的效應，也因為採行相關環保作為，成本較高，會增加企業主負擔，所以常遭遇企業界的挑戰。

例如：為緩解交通壅塞，1997 年制定的「減少道路交通法」（Road Traffic Reduction Act），向乘車者徵收交通擁擠費，希望減少空氣汙染與交通堵塞，增加大眾運輸的收益，並增加不同交通運具的替代方案，該

計畫成功地抑制市中心的車流量，並引起其他都市仿效學習（Bulkeley &
Kern, 2006: 2248）。然而，這個機制並未明顯真正地減少溫室氣體的排
放，主要是因為交通擁擠費雖然會促成在部分都市地區於交通運輸模式上
的改變，但是根據相關數據的研判，只產生一些邊際效應，特別是該機制
所涵蓋的範圍太小，以致於無法產生具有顯著性且長期性的效果。不過，
企業界對於收費機制，是抱持較為支持的態度。

　　故而，即使法律具有明確的規範與功能，但在市府因應氣候變遷的措
施上，仍會受到區域或其他計畫的限制；而且為減少溫室氣體排放，還須
考量不同行為者之間的權力與責任等關係。

（四）創能治理（enabling）

　　當地方政府逐漸增加其他行為者在公共財方面的創能角色時，提供服
務與控制的治理模式會相對較不重要。當創能型治理模式出現時，地方政
府會鼓勵採取公私協力的夥伴關係，或是為特殊政策目的鼓勵其他行為者
參與時，提供採取行動的財務誘因（Bulkeley & Kern, 2006: 2249）。創能
型治理模式，不只是對於地方政府減少正式權力的回應，更能在公共事務
於窒礙難行之際，逐漸增加中央政府的授權。

　　創能模式涉及的面向相當多元，舉凡市政府舉辦的公共教育、環境意
識的提升與促進性活動皆屬之。在英國，市政府必須與地方策略夥伴共同
合作，建立地方區域協議，發展出地方社群策略，常見案例即為服務外包
業務（Bulkeley & Kern, 2006: 2249）。

　　創能模式的效用為取代賞罰機制，形成採取行動的實質性誘因。創能
的相關活動，常透過宣導與鼓勵活動，激發其他行為者提出氣候治理之主
張。除了各種宣導活動之外，地方政府還須發展外部關係，同時促成利害
關係人彼此協力合作。職是之故，市政府必須建立各種公私協力關係，才
能提供所須的各種服務與基礎設施（Bulkeley & Kern, 2006: 2249）。

參、都市氣候變遷脆弱性與風險評估架構

一、緣起

　　都市氣候變遷研究網絡（The Urban Climate Change Research Network，以下簡稱 UCCRN）是由一群研究人員所組成，致力於為世界各都市的決策者，提供對抗氣候變遷、且具備科學循證的資訊，目標是幫助都市制定有效的氣候變遷減緩和調適政策。UCCRN 開發一個包含都市內部和跨都市的多層次模型，亦包括不同都市發展程度與規模之間知識共享的多元互動。特別是在減緩溫室氣體排放和調適氣候變遷方面，該模型建議亟須在近期內對氣候變遷採取因應行動。

　　UCCRN 的第一個重要出版物，即為「氣候變遷與都市：都市氣候變遷研究網絡第一份評估報告」（Climate Change and Cities: First Assessment Report of the Urban Climate Change Research Network, ARC3），此份報告集結來自全球 50 個都市的 100 名學者之 4 年努力，也是首次針對氣候風險，進行全球跨學科、跨區域、具備科學基礎的評估，側重於如何利用氣候科學和社會經濟研究，探討都市對氣候災害的脆弱性，以及都市如何提高其在不同時間尺度上，應對氣候變遷的調適和減緩能力等相關政策機制，並建構出都市氣候風險架構（Rosenzweig et al., 2011）。

　　在該報告的第二章「都市、災害與氣候風險」（Cities, Disasters, and Climate Risk）中，提出都市氣候風險治理的建議架構「都市氣候變遷脆弱性和風險評估架構」（urban climate change vulnerability and risk assessment framework），是都市整合氣候變遷因應策略的必要工具。此一架構除了關注氣候變遷在都市層次所造成的災害特質，也強調都市在氣候變遷過程中較為脆弱的群體、地區與部門，進而評估都市之調適能力。Mehrotra 等學者（2011）認為，多面向的氣候風險評估架構，是在都市發展規劃中，整合氣候變遷回應策略的必要工具。此外，都市也必須從氣候風險評估所得資訊中，尋求最適當的減緩與調適策略之搭配模式。

二、重點

政府間氣候變遷專門委員會（Intergovernmental Panel on Climate Change, IPCC）、世界資源研究所（World Resource Institute）、經濟合作暨發展組織（Organization for Economic Cooperation and Development, OECD），都特別強調對於氣候災害和脆弱性，以及地方政府調適能力和減緩策略等部門別分析的必要性。吾人迫切須要瞭解與氣候變遷相關的風險，因為它們涉及不同類型的都市（如：沿海與非沿海、已發展與發展中）、不同部門別（如：能源，運輸、供水等基礎設施）、不同服務對象（如：對於貧困人口或老年人會產生不同的影響，該群體將比其他都市人口更容易受到傷害）、不同社會服務（如：健康和環境管理）。同時，將經濟影響造成的不確定性納入評估，尤其是差異性較大的發展中都市更值得關注（Mehrotra et al., 2011: 20）。

都市關注的重點，應該包括風險意識、成本效益評估、調適性分析、影響評估等，進而可以採用無悔的調適方案，以利增強都市面對氣候風險的韌性。事實上，都市氣候變遷的經濟成本應該包含不確定性，並評估部門內、部門間、系統性風險等項目，以解決直接和間接的經濟影響。為了進一步探討都市氣候風險評估的現有做法和潛在方案，學者探討災害、脆弱性、調適能力之定義，並研究其特徵與彼此間之交互作用（Mehrotra et al., 2011: 20-22）：

（一）災害面向

Mehrotra 等學者（2011）於氣候風險構面所提及之災害面向，包含熱浪、乾旱、內陸洪水、沿海都市的水患，以及海平面上升等類型，後續能夠持續追蹤的變數包含：溫度、降雨、海平面。簡言之，造成全球極端氣候現象之要素為「水」與「溫度」。

災害因素提供一系列氣候變遷的訊息，並得以瞭解可能對特定都市治理產生影響的壓力。我們可以從全球氣候模型和區域氣候報告的趨勢與

推測中，辨識這些可能性的災害。吾人必須關注氣候平均值變化、極端氣候的頻率和強度變化等氣候指數之情況，以進行短、中、長期的觀察預估（Mehrotra et al., 2011: 18）。

其中，氣候平均值變化對於都市的基礎建設與發展具有重要性的長期意涵，惟因這些數值是呈現漸進式的變化，雖然比較不容易被留意，但也會對都市的基礎建設及發展帶來深遠的影響，不應受到忽視；而極端氣候的頻率和強度變化（Mehrotra et al., 2011: 16），經常成為都市減災計畫的重要參考依據，相對較容易受到關注。

再者，分析特定都市的氣候變遷訊息，可以從溫室氣體排放情境和全球氣候模型模擬中獲得。因此須分析每種災害的長期和短期氣候參數的變化，以及相關極端氣候事件的頻率和強度，而氣候變遷情境可以對未來潛在氣候條件提供合理的解釋（Parsons et al., 2007）。在整個風險評估架構中，氣候災害要素之作用，即在於將各種氣候變遷資訊，有系統地整理並轉化為都市所面臨的潛在關鍵問題。

整體而言，因為都市本身既是災害的生產者，也是這些災害的接收者，所以須要理解災害與都市之間複雜的交互作用。例如：海平面的上升，增加都市易受水患影響或損害的狀態。又如：熱島效應和全球暖化皆可能增加都市的環境溫度，一種是從都市內部產生的，另一個是都市外部所導致（Mehrotra et al., 2011: 21）。

（二）脆弱度面向

脆弱度被定義為「都市易受氣候變遷所造成不利影響的程度」，包含氣候變異度和極端氣候事件的影響程度（IPCC, 2007）。脆弱度取決於都市的外顯物理性和潛在社會經濟結構條件，都市的社會經濟組成狀況則決定其敏感程度。其中，影響脆弱性的變數，例如：距離海岸或河流遠近的地理位置、土地面積、海拔高度、人口規模與密度、年齡、性別、經濟發展、貧困人口比例、勞動力組成以及基礎設施的品質。經濟合作與發展組織（Hunt & Watkiss, 2007）認為在不同的氣候變遷情境之下，可藉由檢視

如區位、經濟與規模等不同變數，以瞭解都市的脆弱性（Mehrotra et al., 2011: 21）。

　　進言之，都市所處的位置將會是判斷受到氣候變遷災害影響的重要因素之一，特別是該都市地區倘若靠近海岸、湖泊或河川等大型水體，或其他具備水文物理條件的景觀或自然地理位置，皆會使該都市容易受到氣候變遷的影響。其次，決定都市脆弱程度的社會因素，包括人口規模與組成、密度、都市規模、基礎設施的品質、建築環境的類型和品質、監督管理、土地使用、治理結構等。再者，須要確認貧困人口與都市非貧困人口相對脆弱度的關鍵因素（UN-HABITAT, 2003; 2008），主要是因為該群體相對無法獲致較佳的供水狀況、衛生條件、充足生活空間、結構健全的住所及其所有權。

（三）調適能力面向

　　調適能力主要包括都市及其行動者的制度屬性，決定其應對潛在氣候變遷影響能力的程度，並提供衡量制度結構、個人才能、可用資源、資訊流通、分析能力的方法，以及協助地方政府、企業、公民社會、非營利組織、學術機構等行為者提升因應氣候變遷的意願。而其中可能會影響都市調適程度的變數，包括政府機關的調適計畫與變革推動者的動機。因此，調適能力並不假設都市及其系統是處於一種穩定狀態，應衡量都市因應的能力和意願，並更積極應對氣候變遷所帶來的壓力（Mehrotra et al., 2011: 21）。

　　由此可知，調適能力是都市的重要利害關係人應對氣候變遷影響的能力和意願，取決於變革促進者的意識程度、能力高低與意願強弱。一種快速衡量組織調適能力的方式，就是綜合分析都市氣候風險的治理能力，以及檢視相對應的調適和減緩措施。因此，政府、企業、非政府組織和社區團體等行為者的反應、意願、能力與相關措施，對於評估都市調適能力是相當關鍵的（Mehrotra et al., 2011: 22）。

肆、都市風險評估架構：瞭解都市的災害和氣候風險

一、緣起

　　「都市風險評估架構：瞭解都市的災害和氣候風險」（Urban Risk Assessments: Understanding Disaster and Climate Risk in Cities）一書，是由世界銀行出版，是針對都市面對氣候變遷計畫的一部分。其中，都市風險評估（urban risk assessment, URA）的制定，是聯合國人類住宅區規劃署（United Nations Human Settlements Programme, UN-Habitat）、聯合國環境規劃署（United Nations Environment Programme, UNEP）和世界銀行在都市聯盟（Cities Alliance）的支持下，所共同完成的合作方案（Dickson et al., 2012: xiii）。

　　該書提出一個進行都市風險評估的架構，主要在於完成都市風險評估，並尋求都市對於自然災害和氣候變遷如何因應的共識。此一評估架構可以提供給下列不同對象參考：1. 都市管理者、市長，以及參與都市發展規劃的決策者；2. 市或區之都市實務工作者與技術人員；3. 國際組織（Dickson et al., 2012: 1）。

二、重點

　　都市風險評估是一個具有彈性的方法，有助於瞭解都市遭受災害和氣候變遷所帶來的風險。都市風險評估架構根據可運用的財政資源，以及與災害有關的人口資訊和機構能力，來決定如何應用的方式。此項評估是透過分階段的方法，每個評估級別與任務的複雜程度有關，都市管理者可以從中選擇適當的要素，分別從個別和整體的觀點，增強對都市中特定風險的理解程度。此種研究途徑，主要在於評估快速發生的災害，如水患或土石流，或是如乾旱、海平面上升等長期之氣候趨勢（Dickson et al., 2012: 24）。

　　此一評估方式奠基於三大要素（制度、災害影響和社會經濟面向），

亦皆區分每項要素的複雜程度（初級、二級和三級）（Dickson et al., 2012: 24）。研究架構之主要目的，在於確定未來災害和氣候變遷造成潛在損失之類型、強度以及位置，同時須考量制度的角色與居民的社會經濟條件等要素，以瞭解政府是否須負責管理因災害和氣候變遷所引起的風險，進而確認可能受到不利影響的脆弱族群，並探究他們的調適能力。

基於都市的總體目標和資源分配，都市風險評估能夠以不同的複雜程度進行評估。事實上，每個都市都是獨一無二的，但是對於如何增強因應自然災害和氣候變遷的韌性能力方面則具有不同的需求，各自發展的施政重點亦不盡相同。有些都市可能會強調改善建築環境，其他都市可能認為須改善制度，提升減災的能力。一般而言，都市規模、人力資源多寡、政治自主性、領導能力、財務狀況等皆是推動市政發展時，所須納入考量的優先事項與潛在方向。各大都市依據其財政能力與需求，都市管理者可以選擇最適當的風險評估層級（Dickson et al., 2012: 28）。

首先，在初級階段，評估工作能夠協助都市：1. 辨別易受災地區和應對氣候變遷造成的挑戰；2. 規劃備災和救災計畫。其次，在二級階段，評估將可促進：1. 設置初步的預警系統；2. 估計災難期間損失的能力；3. 提升促進災害風險管理政策和協調的能力；4. 規劃和實施結構與非結構工具以降低風險；5. 以社區為基礎的復原和調適計畫。再者，於三級階段，評估能提供：1. 運用評估風險的工具，幫助都市制定災害和氣候風險管理的政策和計畫，包括成本效益分析工具用於結構和非結構性投資；2. 先進的預警系統；3. 災害應對能力；4. 大規模調適計畫（Dickson et al., 2012: 28）。

都市風險評估可以作為策略性都市規劃和政策過程的開端，以便將其納入現有都市管理工具和功能的系絡中。論者建議執行都市風險評估，可以採取以下步驟（Dickson et al., 2012: 31-33）：

（一）回顧現有的情況

1. 檢視現有國家法律和管理架構中與災害和氣候風險評估的相關內

　　涵。

2. 建構執行都市風險評估的體制架構，包括設立一個由主要利害關係人所組成的指導委員會和進行風險評估的技術團隊。

3. 確定風險評估的目標和層級。

4. 確定要評估都市的區域和範圍。

5. 根據風險評估的等級，決定所須之評估資訊、財務和技術。

6. 利用所須的財務、技術和資源進行風險評估。

（二）建立意識和公眾諮詢

　　市政府應認知到公眾參與都市風險評估的價值，以利強化其執行和監督，並協助確認可行的減災計畫。除此之外，與社區團體和非政府組織合作，為都市風險評估提供必要的參與和投入，不僅對於產生數據和相關圖資具有重要性，且能夠協助辨別風險和脆弱性。公眾諮詢將得以支撐評估調查的可信度，提高對風險的認識，並協助確認減少社區脆弱性的潛在行動。

（三）執行與傳播風險評估

　　選擇適當風險評估層級的細節，包括災害影響、制度、社會經濟等三大項。一旦有來自每個要素的調查結果，就有必要採取傳達資訊的方式，向利害關係人傳播訊息。

（四）評估可接受風險的程度

　　一旦風險評估完成，市政府可以忽略風險或決定透過以下方式管理風險：1. 控制產生新興風險的過程和行為；2. 減少現有風險；3. 為風險事件預做準備。風險管理不能單獨由都市管理部門負責，同時應該讓民間社會參與。據此，針對可接受風險的程度進行辯論則顯得十分重要，討論結果將影響最後的決策。都市風險評估的公眾諮詢，是有助於瞭解和界定可接

受的風險程度。

（五）實施和監督都市風險評估

一旦建立都市風險評估機制，可能有必要制定法律和制度，提供授權執行機構和監督行動之基礎。在每個規劃週期結束或在災難發生之後，應檢查行動計畫的有效性，據以增修政策或行動計畫。而監督風險評估之指標，可用於確認強化都市韌性的進展情況。

伍、「2015-2030仙台減災綱領」

一、緣起

近年來，災害時常發生且造成重大傷亡，使得民眾、地方和國家的安全受到威脅。特別是在地方與社區的層級，新興的災害風險與持續升高的災害損失，造成經濟、社會、健康、文化與環境的影響。

聯合國國際減災策略組織（UNISDR）（2015: 13）認為依地域範疇而言，引發災害風險的因子可能具有地方性、國家性、區域性或全球性，但在決定和執行減災策略時，須瞭解災害風險有其地方的特性。因此，在區域、次區域和跨區域的合作，是支持各級政府達到減災目標的重要關鍵，包括支持地方政府、社區、企業的減災工作。雖然中央政府在啟動、指導和協調等工作上扮演重要的角色，但仍須在適當範疇授權給地方政府和社區。

甚且，自 2005 年通過兵庫行動綱領以來，各級政府在降低災害風險上皆有所努力與獲致成果。為了更全面且有效地維護健康、文化、社會、經濟和生態系統，並進而強化韌性，針對災害風險進行預先評估、規劃和減災工作，確實是刻不容緩。各級政府皆須負擔預防和減少災害風險的主要責任，而降低與管理災害風險，則有賴於各級政府內部和政府間等利害關係人的協調機制，並要求地方層級機構的參與，與公私部門之共同協力，以確保和強化相互合作與互補的角色（UNISDR, 2015: 9-10）。

　　2015 年 3 月在日本宮城縣仙台市舉行的第 3 屆世界減災會議，通過「2015-2030 仙台減災綱領」（Sendai Framework for Disaster Risk Reduction 2015-2030），強調 2015 至 2030 年期間，應將減少災害衝擊及生命財產損失，作為重要的減災目標。此綱領乃植基於「建立更安全世界的橫濱戰略：天然災害預防、整備及減災之指導方針及行動計畫」（the Yokohama Strategy for a Safer World: Guidelines for Natural Disaster Prevention, Preparedness and Mitigation and its Plan of Action）與「兵庫行動綱領」（the Hyogo Framework for Action）（UNISDR, 2015: 10），訂定未來 15 年的減災協議，主張必須持續強化各層級政府的減災治理能力，改善災前整備、災時應變的協調能力，在強化合作模式的原則下，透過災後復原與重建達到「更耐災的重建」（build back better）之目的（國家災害防救科技中心，2015：9）。

　　整體而言，「2015-2030 仙台減災綱領」希望在未來實質減少個人、企業、社區、國家的災害風險及損失，特別在於生命、生計、健康、經濟、物質、社會、文化和環境資產等項目。為達成預期的目標，須追求以下的成果：透過從經濟、結構、法律、社會、健康、文化、教育、環境、科技、政治和體制上的整合措施，並加強應變及復原重建的整備，以預防新興及減少既有的災害風險與脆弱度（UNISDR, 2015: 12）。

二、重點

　　在前述之基本背景下，仙台減災綱領分列應努力之七項目標與四項優先行動方案，茲分述如下。

（一）七大目標

　　七大目標分別為（UNISDR, 2015: 12）：1. 降低因災害造成的死亡率；2. 減少因災害影響的人數；3. 減少災害造成的直接經濟損失；4. 減少災害對關鍵基礎設施的破壞與基本服務的中斷；5. 增加具有國家和地方減災策

略的國家；6. 大幅強化開發中國家的國際合作；7. 改善民眾對災害的早期
預警系統和風險評估資訊之可及性和管道。

（二）四項優先行動

　　為完成上述七項目標，且考量兵庫行動綱領的經驗，必須採取聯合且
聚焦之行動，因此倡議四個優先推動項目：明瞭災害風險；利用強化災害
風險治理來管理災害風險；投資減災工作以強化韌性；增強防災整備以做
出有效回應，並在重建過程中達成「更耐災的重建」。每項優先工作，又
各有細項工作。這四項優先工作之執行方法不盡相同，但最終目標都是為
了減少災害所造成的實質損失（陳可慧等，2016），藉以達成永續發展的
防災效益。此四大優先工作之間雖存在層級關係，但強調應使用治理概念
建構雙向溝通平臺。以下將進一步說明四個優先推動項目之內容（國家災
害防救科技中心，2015：9-20）：

1. 明瞭災害風險

　　在災害風險管理的政策和實踐上，應全方位地瞭解災害風險，包括：
脆弱性、能力、人與資產的風險程度、災害特點和所處環境；並可運用這
些知識，以利於災前風險評估、防災與減災、制定與執行適當的災害整備
與有效的災害應變措施。

2. 利用加強災害風險治理管理災害風險

　　各層級的災害風險治理，對於確實、有效地進行災害風險管理非常重
要。須要在部門內部和各部門之間，有明確的目標、計畫、職權範圍、指
南、能力，和跨部門的指導和協調，以及利害關係人的參與。實須強化災
害風險治理，重視災害預防、減輕災害衝擊、災前整備、災害應變、災後
重建與生活重建等工作，並可藉此促進各機制間和跨機構的合作與夥伴關
係，以實行減災與永續發展的策略。

3. 投資減災風險工作以強化韌性

　　公私部門在防減災工作的投資，可透過結構性與非結構性的措施，對

於加強個人、社區、國家之經濟、社會、衛生和文化韌性是至關重要。上述措施既符合成本效益，並有助於挽救生命、預防和減少損失，以及確保有效的復原重建，也是促進創新、成長以及創造就業機會的驅動因素。

4. 增強防災整備以強化應變工作，在重建過程中達成「更耐災的重建」

災害風險不斷增加，其中包含民眾與資產的風險暴露程度提高，再加上從過往災害經驗中所學習的教訓，顯示須要為應變更加強化災害整備，針對預期的事件採取行動，以及將減災納入應變工作，並確保得以在各層級中有效展現應變與復原能力。透過公開地倡議及推廣性別平等，與普遍可用於應變、復原及重建等措施，是賦予和增強女性和身心障礙者防災能力的關鍵因素。由過往的災害顯示，在災害於復原及重建階段，做好災前的準備是實現災區可以做到「更耐災重建」的契機，相關工作包含透過將減災策略納入各項發展措施中，使國家和社區民眾具備韌性。

陸、都市氣候風險治理相關架構之比較

在此簡述與綜合分析上述國際間較為重要的都市氣候風險治理之相關架構，首先，國際風險治理委員會於 2006 年出版之「風險治理：向整合性途徑邁進」白皮書，提出風險治理的過程，建立一個綜合、整體和結構化的風險治理架構，並區分為五個主要階段：預先評估、風險衡量評估、風險特徵之描述和評估、風險管理以及風險溝通，可以藉由該架構檢視風險問題以及與之相關的治理流程和結構。

其次，Bulkeley 與 Kern（2006）的「地方政府與德英兩國氣候變遷治理」一文，主要將地方政府因應氣候變遷的政策模式，區分為自主治理、權威、提供服務與創能治理等，並針對英德兩國都市之政策模式現況予以分類說明，但未能進一步說明應該如何整合為較為妥適的都市氣候風險治理的架構。

再者，UCCRN（2011）出版的「氣候變遷與都市：都市氣候變遷研

究網絡第一份評估報告」，綜觀過去與都市氣候治理相關之文獻，主張的分析架構為：1. 災害；2. 脆弱性；3. 調適能力等三個構面，是唯一涵蓋且分述三大面向構成要件的整合型都市氣候風險管理架構之研究（Klein, Nicholls & Thomalla, 2003: 37; 蕭新煌、許耿銘，2015：65）。不過，此份報告雖然分別敘述三個都市氣候治理的重要面向，但並非採取風險觀點；甚且在其論述過程中，三者之間有相互重疊之處，致使無法清楚論述個別要素之間的差異性。

　　此外，世界銀行（2012）出版「都市風險評估架構：瞭解都市的災害和氣候風險」一書，提供三大要素（制度、災害影響和社會經濟面向），亦皆區分每項要素的複雜程度（初級、二級和三級），形成一個兩主軸面向的矩陣概念。但每項要素的複雜程度，必須進一步透過計算方能予以分級。

　　最後，第 3 屆世界減災會議公告的「2015-2030 仙台減災綱領」，主張各級政府皆須負擔預防和減少災害風險的主要責任，強調各級政府內部和政府間等利害關係人的協調機制，要求地方層級機構的參與，與公私部門之協力合作，可視為全觀型災害風險治理之架構。惟因該架構為顧及不同層級之觀點，致使從層級區分上較為粗略，且詳列太多政策工具與方案。

　　綜上所述，本書將採取 IRGC 風險治理架構，並以預先評估、風險衡量評估、風險特徵之描述和評估、風險管理以及風險溝通等五個面向，作為本書後續章節安排之依據。

第二節　風險治理：整合性之架構

　　IRGC 認為風險不是真實外顯的現象，而是來自於人類心智安排和重新組合現實世界中所接收到資訊的產物。人們透過觀察現實環境中的經驗，連結心理概念和現實而形成風險。因此人類心理層面的結構，對於風險的看法有重大影響。

　　風險由人類所創造和選擇而成，雖然社會隨著時間的改變，累積對事件和活動潛在影響的經驗和知識，但人們無法預測所有潛在的情境，也會擔心活動或預期事件的所有潛在後果。同樣地，我們不可能匯集所有可能的方案，致使面對值得考慮和忽視的東西將出現選擇性。吾人成立專業組織來監測環境，以尋找未來問題的線索，並對未來潛在的災害提供早期預警。這種選擇過程是受到文化價值、組織制度、財政資源和系統性因素所影響。以下將進一步分別說明，IRGC 風險治理架構五個面向之實際內容。

壹、預先評估（pre-assessment）

　　IRGC 的架構從預先評估風險開始，此將開啟建構風險概念、早期預警和處理風險準備等工作。預先評估涉及相關行動者和利害關係人，以便掌握有關風險的各種觀點、相關機會以及解決風險的潛在策略（IRGC, 2017: 11）。

　　預先評估之目的，是匯集利害關係人的各種議題，以及社會中可能與某一風險相關的現有指標、慣例或常規。但這些指標、慣例或常規，可能會貿然地就先限縮風險的範圍，或決定何者會被視為風險。對於不同的行為者而言，其所界定風險的內涵可能會有所差異。

　　因此預先評估的第一步，要先形成風險的架構，亦即不同觀點如何對議題概念化。而這過程特別需要相關的利害關係人，分享有待探討風險議題的見解，並提升參與者對風險意識歧異的認識，重視參與者就風險問題達成共識（IRGC, 2017: 11）。參與者為達成共識，須要瞭解產生風險的活動或事件之基本目標，並願意接受風險對該目標的可預見影響。

　　由於將系統性地檢視風險相關行動，首先須要分析主要的政治與社會行為者如何選擇風險，以及將哪些形式的問題認定為風險。以技術方面而言，此即為形成風險架構，並包含選擇和解釋相關風險議題的現象。

　　此過程涉及政府部門、風險和機會的生產者、受風險和機會影響者，以及感興趣的旁觀者等，而且通常在構建議題時，行為者間因為對於何謂風險有不同的界定與態度，彼此之間會有衝突出現。故而，大多數的風險

架構，亦已成為治理的一部分。在風險預先評估面向，可以區分為以下四項重要工作（IRGC, 2006: 24-26）：

　　首先，選擇何種風險，取決於兩個條件：第一，所有參與者都須要同意基本目標（通常是指法律規定）；第二，所有參與者須要同意，受到風險衝擊的影響，可由現在的知識推論獲得（確定是否造成危害，以及在何種程度上影響預期的目標）。在此初步分析的過程中，意見差異可能是由於價值衝突或是相互矛盾的證據所造成的。行為者的價值觀將決定目標的選擇，而證據則影響因果關係的選擇；在風險治理的分析時，兩者都須要進行適當的調查。因此瞭解影響不同利害關係人的利益、觀念和關注的價值觀，以及確定這些問題可能如何影響或如何受到影響的方法尤為重要，並留意特定風險的爭論為何；最後應以專業的方式，對於這些影響進行實際測量。

　　預先評估面向的第二步驟為早期預警和監測，目的在於確定是否存在風險的線索，該步驟亦調查體制內有無用監測環境早期預警信號的制度方法。即使對於如何建構風險議題已有共識，但應如何監測環境中的風險線索，卻尚存諸多急待處理的問題，這些問題主要肇因於彙整和解釋風險線索時缺乏相關制度，致使在尋找早期風險線索和採取行動之間的溝通不足。

　　第三步驟則是預先篩選，探討對於災害或風險進行初步調查的普遍作法，並根據優先排序方案和現有的風險處理模型，預先定義風險評估與管理路徑。公共風險監管者常透過預先篩選機制，將風險分配給不同的機構，或把風險透過先期風險判斷流程預先定義。若發現風險似乎不如預期嚴重，可能足以簡化後續進行風險評估的流程；若是發現處於即將到來的危機情況下，可能須要在進行評估之前，先採取風險管理措施。故而，完整的分析應該包括對風險的篩選審查、對不同途徑的風險評估和管理分析，希望藉由掌握相關的規範、調查方法、統計，或選擇降低風險選項時運用的科學慣例，導引進行評估的過程。

　　預先評估的第四個步驟，是選擇風險科學評估的主要假設、慣例和程序規則。IRGC 強調，評估應在具有事前知情與實證判斷等科學社群與

風險評估者共同建構的基礎上進行。具體工作內容包括選擇慣例和程序規則，如確立科學模型的假設和參數，目的在於奠定評估風險與社會關注之基礎。

　　風險評估的基礎，是系統性地使用以機率為主的分析，並在過程中不斷改進的科學方法。例如，機率風險評估，包括故障樹分析、事件樹分析、情境建構、地理資訊系統的分布模型、人機介面模擬等工具。而數據處理通常採用推論統計，並根據決策分析程序加以組織。開發與運用這些工具，是為了產生與因果關係有相關性的知識，估計這些關係的強度，呈現不確定性和模糊性，並以質化或量化的形式，描述風險管理的重要屬性（IRGC, 2006: 27）。

　　整體而言，預先評估包括須涵蓋利害關係人和社會對於風險的各種可能觀點，界定須要檢視的問題，並形成評估和管理風險的基準。此外，應該包含現有的風險指標、常規和慣例，而此有助於縮小風險的處理範圍，以及應解決的方式（IRGC, 2017: 13）。

貳、風險衡量評估（risk appraisal）

　　「風險衡量評估」是 IRGC 風險治理架構中的第二面向，包括須要蒐集描述風險特徵、評估以及風險管理所須之所有知識要素，以決定是否應該冒險或管理風險，並思考如何用以預防、減緩、調適或分擔風險的選項（IRGC, 2017: 13）。為了讓社會對風險做出謹慎的選擇，僅考慮科學風險評估的結果是不夠的。無論社會是否選擇接受某項風險，透過風險衡量評估都必須能清楚呈現評估的資料，包括倘若要承受風險，應如何減少或抑制該風險所造成的影響。

　　因此，為了理解各利害關係人和公民團體的關切，風險衡量評估包含風險意識、科學對風險的評估、風險後果影響的資訊，以及科學對經濟損失、法律責任、社會衝擊等問題的評估，亦包括風險的社會動員潛力、造成社會反對或抗議的可能程度。甚且，風險所引發的問題，與描述風險、評估風險、擇取降低風險的選項相關，並有助於釐清風險的可能衝擊；前

述資訊使得風險管理者能在廣泛的基礎上進行更為明智的判斷，以設計適當的風險管理方案。

　　此面向重要工作，應包含對風險是否會造成人體健康和環境的損害進行科學評估，以及衡量與風險相關的社會與經濟衝擊。評估過程應該以科學分析為主，包括自然科學、技術科學與社會科學，而此為 IRGC 風險治理架構和傳統風險管理模式不同之處。

　　「風險衡量評估」涵蓋兩個部分：一是風險評估（risk assessment），即為探究潛在的災害來源、不確定性與可能後果所結合的知識。自然與技術科學家運用專業知識，評估可能引發風險的概率分布。風險評估把知識的產生與特定風險元素連結，同時計算風險、暴露性，或是必須保護的價值和資產之脆弱性所產出之風險，以機率模擬結果的形式呈現。

　　第二個部分是「社會關注評估」（concern assessment），此項評估是自然和技術科學家利用專業的方法，估計風險可能引起的傷害；其次，社會和經濟學家辨識和分析個人或社會的風險相關問題，例如：民眾過去的受災經驗、風險意識、情緒或價值等，主要探索利害關係人對風險的情感、期待、恐懼、憂慮、價值觀等感受，運用因果相關性的系統分析，具有補充風險評估結果的作用。據此，吾人可以使用社會科學的方法，例如問卷調查、焦點團體座談、計量經濟分析、總體經濟模型、或利害關係人參與的聽證會；亦可藉由大數據或社群媒體等方式，匯集多元化的資料類型，而此乃超越傳統科學風險評估之處（IRGC, 2017: 13-15）。

　　根據風險評估的結果與個人和社會問題的辨識，將進一步調查和計算風險的社會和經濟影響。在此須特別注意對於財務和法律方面的影響，例如：經濟損失和負債，以及政治動員等社會反應。風險的社會強化（social amplification of risk）之概念與災害相關事件所在之環境系絡的交互作用，會提高或削弱個人和社會對風險的認知，進而形塑其行為。相對地，這些行為模式將對社會或經濟影響產生第二次的影響，例如導致民眾對體制信心的減損，遠遠超出對人類健康或環境的直接傷害，如責任、保險費用、對政府失去信心或疏離社區事務。這種強化的影響，可能引發對其他機構要求增加制度性的回應；反之，若是風險的社會弱化效果，則可再斟酌考

量採取保護措施。無論是強化或是弱化的二次效應，都須要關注誰應承擔成本、責任與後果的問題（IRGC, 2006: 35）。

參、風險特徵的描述與評估（risk characterization and evaluation）

「風險特徵的描述與評估」是 IRGC 風險治理架構中的第三個面向，由風險特徵的描述與風險評估兩部分所構成。處理風險中最為重要的部分，是將風險評估結果與特定標準進行比較，描述和證明對於特定風險的重要性、可容忍性和可接受性之判斷過程（IRGC, 2017: 17）。「可容忍性」，是指某類事件或行動因能帶來利益，而被視為值得去追求。但為了減低事件或行動所帶來的風險，在合理範圍內仍要為減低風險而付出額外努力；亦即透過具體措施或行動，減少和限制風險可能造成的不良後果。「可接受性」，是指事件或行動的風險很低，負面影響有限，面對這類風險無須額外採取降低或緩解風險的措施。

若以純粹的自然災害而言，這兩個概念乍看之下似乎不應該存在，因為人類無法容忍或接受這些風險。然而，人類活動確實藉由改變脆弱性和暴露方案，以減緩自然災害的影響。由於風險是脆弱性的一個函數，因此對於選擇保護措施的可容忍性和可接受性的判斷就能顯出有其意義。故而，可容忍性和可接受性之間的區別，可以應用於不同的風險來源。

為判斷一項風險是屬於不可容忍的、可容忍的，或是可接受的類型，可以用風險導致後果的嚴重程度與風險發生機率予以區隔，以及協助判斷後續對不同緊急類型的風險採取相應的管理方案。可容忍性和可接受性的高低，可以在風險類型中呈現不同意義，例如：難以忍受的風險、須要進階管理的可容忍風險、可接受、或風險可以忽略不計等類型。

然而 IRGC 在此指出，要確定不可容忍風險與可容忍風險之間的界限，以及可容忍性風險與可接受性風險之間的界限，是整個風險治理中最為困難的地方。無論選擇哪種方法來區分可容忍性和可接受性，都取決於各種不同的知識來源。而這些步驟將使用各種不同來源的知識，包括從風

險評估獲得的風險估計（risk estimates）資料，以及評估過程中的其他評估數據。

　　現有的風險分類，在決策的定位上存有很大差異，這些決策涉及可接受性和可容忍性的內涵。正因為決策定位屬性的差異，導致風險分類可能被視為風險評估、風險管理，或是政策方案的評估，遠遠超出風險可容忍性或可接受性的考量範疇。

　　判斷風險的可容忍性和可接受性的過程，可以分為兩個不同的組成部分：「風險特徵描述」和「風險評估」。第一步：「風險特徵描述」，蒐集具有實證基礎的各種資料，以便對風險的可容忍性和可接受性做出必要的判斷。風險特徵描述工作包括風險點評估、社經衝擊與潛在後果的情境分析、安全因素建議、目標變異、符合法律規定的相容性、風險比較、風險權衡、確認風險評估與風險意識間的落差、對公平性的潛在傷害、提出符合法令要求的合理準則等相關工作。這也是為何在風險質化分析過程中，須要一個跨學科的團隊。在風險特徵描述過程中，科學家須設計一個有關風險的「多準則」概況，對風險的嚴重性做出判斷，並應對風險有哪些可能潛在的選項提出建言。

　　第二個步驟是「風險評估」（risk evaluation）。此項工作的主要目標，是在測試風險對生活品質的潛在影響，討論經濟和社會的不同發展方案，採取平衡的觀點評估論證要素，分析可容忍性和可接受性，並須對以價值為基礎的各種資料進行判斷。主要目的是希望能平衡利弊，以判斷對風險的可容忍性與可接受性程度、測定對基本生活條件的衝擊影響、討論經濟和社會不同的發展可能，公平檢視論證和各自主張的證據。

　　不過，只有在可容忍性或可接受性受到質疑、且社會面臨重要利害關係人之間的重大衝突時，才須要採取此種精細的程序。若是如此，利害關係人和公眾的直接參與，將成為成功風險治理的先決條件。由於風險特徵描述和評估是緊密相關的，若能同時執行這兩個步驟，應該是明智之舉。

　　在風險評估過程中，會建構許多風險知識，該知識對於辨識風險為複雜性、不確定性、模糊性，或是不同元素組合是重要的，如此有助於規劃利害關係人如何參與風險治理過程，也可以幫助評估者和管理者分配判斷

任務（IRGC, 2017: 17-18）。如果既有的風險具有低不確定性或幾乎沒有任何含糊之處，是可以讓評估團隊主導可容忍性和可接受性的判斷過程；相反地，如果風險的特徵是具有高度不確定性，而且導致對社會出現高度多樣化的解釋，則建議由風險管理者推動判斷的程序。

此外，風險的特徵可能會隨著時間的遞移而發生變化，因此時間因素應該被納入考慮。甚且，風險管理須要事先仔細判斷決策者和利害關係人是否可以接受風險，故而必須同時考量社會價值、經濟利益、政治考慮等多元因素的全面評估（IRGC, 2017: 20）。

肆、風險管理（risk management）

「風險管理」是 IRGC 風險治理架構中的第四個面向，主要是設計並執行相關行動或應對風險所須的補救措施，以避免、減少和轉移風險。這面向應再考量從「風險衡量評估」中獲得的資料，再次檢視對風險之可接受性與可容忍性的判斷結果，作為風險管理過程中確認潛在方案之用。

風險管理首先檢視所有相關資訊，特別是綜合風險評估中的相關資訊，包括風險評估和關注評估，後者是基於風險意識、經濟影響評估和社會回應風險來源措施的科學描述。這些資訊是綜合風險描述與評估的分析，而成為評估和選擇風險管理方案的基礎。由於風險管理須要事先仔細確認決策者和利害關係人是否可以接受風險，如果不可接受，降低風險的措施可能更容易被採行。為了做出判斷，基於風險評估和關注評估的證據，必須與社會、經濟和政治等因素的全面性評估結合。經過這些考慮，風險管理提出三個可能的風險評估結果（IRGC, 2017: 20）：

1. 無法容忍的情況

這意味著無論其風險來源是否可被排除（如：技術或化學品），或者在不得不的情況下（如：自然災害），須要減少脆弱性並採取暴露管制措施。

2. 可容忍的情況

是指須要採取適當和充分的風險管理措施來解決的風險，亦即在合理的範圍內投入資源，以其他方式減少或處理風險。風險管理是一個涉及規劃和執行避免、減少（預防、調適、減緩）、轉移或保留風險所需的行動和補救措施的過程。這可以由公部門（如：管制機構）、私部門（如：公司風險管理者）或兩者公私協力合作完成。

3. 可接受的情況

這意味著風險很小，甚至可能被認為是微不足道的，任何減少風險的努力都是不必要的。但藉由保險分擔風險或在自願的基礎上採取行動，以進一步降低風險，仍值得努力。

所有利害關係人都同意特定風險情況應符合分類要求，但各行為者對其他人所進行的分類，還是可能會出現質疑的衝突情況。而彼此間出現衝突的程度，是選擇適當的風險預防或降低風險工具的驅動因素之一。致使對於風險管理過程的系統分析，建議須關注因風險的可接受性和可容忍性之界定而存在的爭議。

在無法容忍的風險中，風險管理者應選擇預防性策略，以其他活動取代有危險的行動，從而產生相同和相似的利益。然而，須確保替代性方案不會引入更多的風險或不確定性。在可接受性風險的情況下，由私部門採取降低風險的方式，或尋求保險以擔負潛在但可接受的損失。

如果將風險歸類為可以容忍，或者對於風險是否為可容忍或可接受還存在爭議時，風險管理者須要設計和執行相關行動，促使這些風險可被接受。若不可行，則在風險溝通的協助之下，風險管理者須要傳達訊息，使這些風險更接近於可被接受的程度。

此面向的工作主要有：確認和產生管理選項，一般通用的風險管理措施包括風險規避（risk avoidance，指一開始就避開或退出風險所在）、風險減低（risk reduction，指透過適宜的技巧或管理降低風險及其機率）、風險轉移（risk transfer，指支付合理成本將風險移轉到其他特定個人或組織上），以及風險自留（risk self-retention，指自身全權承擔風險所造成的損失）。

雖然風險來源和社群處理風險的組織文化，常致使風險評估的建構方式存在明顯差異。不論建構風險評估的樣貌為何，此部分工作都包括三個核心步驟：災害辨識與估計、暴露和脆弱性的評估、風險結果評估；亦即根據已辨識的風險特徵、暴露、脆弱性評估，對於每個風險的機率與其影響程度進行估算。

這三個步驟中的關鍵是區分災害和風險，且對於災害和風險都須建立因果關係以進行辨識，並確定因果關係的強度。對風險的評估，取決於對風險進行暴露評估和脆弱性評估的結果。暴露評估係指量測或估計災害與人類、生態系統、建築物等目標的接觸；脆弱性則是描述因暴露而造成傷害標的之不同程度。

伍、風險溝通（risk communication）

「風險溝通」是 IRGC 風險治理架構中的第五個面向，在整個風險管理過程中相當重要。它不僅使利害關係人和公民社會，能夠理解風險評估和風險管理的結果和決策之基本概念，也應該幫助他們做出有關風險的明智選擇；當其參與風險決策時，可以平衡與個人利益、關注、信念和資源相關的風險知識（IRGC, 2006: 15）。為了串連整個風險治理架構與核心，IRGC 增加對每個風險治理流程成功都至關重要的三個要素：開放、透明和包容性溝通，突顯利害關係人參與評估和管理風險的重要性，以及須要充分考慮風險和決策的社會脈絡之方式處理風險。

在許多傳統的風險管理過程中，溝通的作用就是解釋風險管理政策決定的基本原則。現今的風險溝通，是在科學家、風險評估者、風險管理者、政策制定者、企業或公眾等不同群體之間，交換或共享風險相關數據、資訊和知識的過程（IRGC, 2017: 27）。首先，它使風險評估和管理人員能夠針對其任務和職責，在內部溝通中形成共識。其次，風險溝通促使利害關係人和公民社會，在外部溝通中能夠理解風險管理的內涵和理由，讓利害關係人得以為風險治理做出貢獻，認識到他們在風險治理過程中的角色，並藉由建構審議式的雙向過程提供發言權。

　　因此，有效的風險溝通可以促進對衝突觀點的理解，提供解決衝突的基礎，並建立對評估和管理風險及相關問題的制度信任。此外，風險溝通可能對社會應對風險的準備程度產生重大影響。風險溝通必須在整個風險過程中，要求風險評估者與管理者之間、科學家與政策制定者之間、學科之間和跨機構之間的資訊交流（IRGC, 2006: 15）。溝通在 IRGC 架構中是核心要素，在風險管理的每個面向都相當關鍵。職是之故，從開始進行風險管理之際，即須採取風險溝通，而非是已經獲致風險管理方案之後，才開始與利害關係人進行交流、說明與教育。

　　當前的風險溝通強調雙向溝通，其中風險管理者與民眾都希望參與社會學習過程。這種溝通工作的目的，是藉由回應民眾和利害關係人的關切以建立相互信任的基礎。風險溝通的最終目標，是協助利害關係人理解風險評估結果和風險管理決策的概念，並幫助他們做出平衡的判斷，以反映其自身利益和價值觀。實際上，當風險被認為是複雜、不確定或模棱兩可的時候，風險溝通的良好做法，是提早採取溝通工作，可以協助利害關係人對他們關心的事項，做出明智的選擇並建立長期互信（IRGC, 2006: 54）。

　　風險溝通意味著風險專業人員，應對於向民眾提供資訊扮演更為重要的角色，並將其視為學習的過程。因此，標的團體之關注、觀念、經驗和知識，得以指導風險專業人士對於風險主題的選擇。風險溝通者的任務不是決定人們須要知道什麼，而是回答民眾想知道的問題。風險治理鼓勵科學家、風險溝通者和管理者，在風險溝通中發揮更加重要的作用，因為有效的風險溝通，可以協助推動風險管理計畫（IRGC, 2006: 57）。

第三節　本書研究架構

　　IRGC 風險治理架構為風險評估與管理者提供指導，俾利以公平有效的方式識別、分析、理解與解決風險。風險治理架構可以幫助機構組織執

行其任務，並設計自己的特定架構，以因應他們所屬部門或組織的脈絡和特點。該架構是模組化的，與其他風險管理模型是存有相容性與互補性。

　　此架構可視為風險治理的原始模型，也可當作一套動態指南，適用於全面性、包容性和靈活性地執行風險治理流程。特別是，它建議跨越不同治理層級的知識和行動之整合，藉由結合社會價值、關注和風險意識，超越傳統的風險分析和管理。透過研究各個受影響的利害關係人之間的相互作用，協助實現有效的風險治理策略（IRGC, 2017: 33）。據此，本文即以 IRGC 風險治理架構為基礎，對應預先評估、風險衡量評估、風險特徵之描述和評估、風險管理與風險溝通等面向，聚焦於該面向之重點，作為本書各章論述之根據。

第四節　本書章節介紹

　　本書共分為八章，第一章為緒論，分別說明都市氣候、都市氣候風險、都市氣候風險治理、都市水患風險治理等與本書相關之重要概念，並闡述本書之主要目的。

　　第二章為理論基礎與分析架構，主要分從國際間較為重要的都市風險治理相關之架構，依照時間先後順序，說明其內容與要素，主要包括國際風險治理委員會（IRGC）之「風險治理：向整合性途徑邁進」白皮書、Bulkeley 與 Kern 的「地方政府與德英兩國氣候治理」、UCCRN 的「氣候變遷與都市：都市氣候變遷研究網絡第一份評估報告」、世界銀行出版的「都市風險評估架構：瞭解都市的災害和氣候風險」，以及第 3 屆世界減災會議後公告之「2015-2030 仙台減災綱領」。最後，根據各架構之優劣，決定本書之主要架構。

壹、預先評估

　　隨著公共治理和民主社會的發展，若依照 IRGC 整合性架構的「預先

評估」面向，應採取風險管理的前置工作，再加上不確定性及複雜之因素，故須鼓勵相關利害關係人參與。在此過程中，須要利害關係人分享對於風險議題的理解，並提升參與者的風險意識，重視所有參與者對於風險問題之觀點，甚至是瞭解他們的觀點如何影響其對於風險問題的定義和架構（IRGC, 2017: 11）。

　　特別是當都市面對複雜難解的水患問題時，政府過去常倚重專家學者的意見，做為風險管理決策參考之依據。惟因水患災害不僅是政府部門、專家學者、非政府組織關心的重點，公民社會的成員亦皆同處該環境系絡之中，應該一起重視並試圖改善，以瞭解和解決風險有關的各種觀點、機會與潛在策略，減少因風險意識與認知的歧異，致使在後續之策略上產生衝突。因此，需於進行風險管理之前進行事先分析及充分討論，藉此擬訂妥適的應對策略。

　　身為民主國家的臺灣，近來漸增民眾參與政策的機會；在思考都市水患風險相關因應政策與策略時，除了須兼顧經濟成長、環境保護、社會正義與國際責任等因素之外，在調適與減緩政策的執行上，尚須仰賴民意支持（施奕任、楊文山，2012：51）。因此環境風險評估，不僅應借助不同領域的專家、民間團體的專業性，尚須擴大邀請公民參與，表達其在環境風險中之感受及觀點（洪鴻智、王翔榆，2010：100）。

　　職是之故，第三章主要關注於論者倡議應於公共事務中，充分參採人民的意見。近年來在環境風險治理議題上，公民角色亦逐漸受到重視，鼓勵公民一同參與環境活動，並協助改善政府之風險治理。特別是探討民眾因都市水患災害而日漸提升的風險意識，能否激發公民參與環境事務的意願，且在都市水患風險治理中，民眾參與公共事務之實況又是如何，乃是本章探討的重點。因此筆者分別採用問卷調查與深度訪談，希望瞭解政府官員、學術機構、非營利組織、里長及一般民眾，參與都市水患風險治理之實存現象。

貳、風險衡量評估

　　根據 IRGC「風險衡量評估」之主要內容，須觀察不同的政治與社會行為者會如何選擇風險，以及將哪些問題認定為風險，進而決定是否應該採取預防、減緩、調適或分擔風險的行為（IRGC, 2017: 13）。甚且，風險衡量評估須考量風險的社會強化因素，與災害相關事件的社會脈絡之交互作用（IRGC, 2017: 20）。

　　風險衡量評估之標的，包括對於風險意識、風險後果之資訊、社會衝擊等，也應估計個人或社會等面向問題，如過往受災經驗、價值觀等；風險事件與心理、社會、制度和文化因素的相互作用，可以增強或減弱個人和社會的風險意識，並影響因應風險的行為。

　　為比較不同社會文化背景要素的影響，瞭解不同環境脈絡下，人們經由風險衡量評估所產生之結果，因此第四章選定在都市中常見水患災害的臺南與曼谷作為研究對象，希冀透過不同屬性的都市，檢視民眾面對水患的風險意識、人民與政府的風險溝通，及其採取之調適行為等面向。

參、風險特徵的描述與評估

　　於「風險特徵的描述與評估」面向上，IRGC 強調除了計算自然和技術科學對風險來源可能引起的傷害之外，尚須辨識和分析個人或社會整體所面對風險的相關問題，並將風險評估結果進行比較，以確定風險的重要性、可接受性和可容忍性。

　　風險特徵的描述與評估之過程，是藉由判斷風險和管理風險的可接受性和可容忍性而做出決策，而評估通常從社會、技術、經濟、政治或策略等面向進行判斷和選擇，並考量道德、規範和社會價值觀等因素，以兼顧社會需求、環境影響、成本效益分析和風險收益平衡等面向（IRGC, 2017: 20）。

　　Murphy 與 Gardoni（2008:81）認為評判風險的可接受性和可容忍性，需基於對潛在風險的社會衝擊之判斷或個人能力的預期；Marske（1991）

表示風險的可接受性議題涉及正義，若未思考正義之要素，則無法探討風險的可接受性和可容忍性；此乃因為多數與風險相關之政策，皆涉及重要的正義課題。甚且，為系統性防止風險分布之不正義，應確認哪些群體可能承擔負面影響。因此部分學者主張應研究與正義相關之社會道德因素，以回應風險的可接受性和可容忍性。

基於風險特徵的描述與評估應考量道德、規範和社會價值觀等，於第五章將檢視究竟民眾在應然面該如何評估都市水患風險的議題？特別是須要公正判斷以解決環境問題時，其中所蘊含的正義價值會更顯其必要性。因此，本章將以問卷調查與地理資訊系統等方法，瞭解不同群體的民眾如何看待都市水患風險中的環境正義問題，並試圖探析都市水患風險中自然與社會脆弱性之分布現況。

肆、風險管理

在檢視都市水患風險中的「風險特徵的描述與評估」之後，應進一步檢視實際的都市風險管理現況是如何？在風險管理的過程中，包括：適當管理選項的產生、評估與選擇，而此選項涉及特定策略、方案及其執行，特別是民眾自己如何「決定和採行避免、減緩、轉移或保留風險所須的行動和管理方案」（IRGC, 2017: 23）。

事實上，風險管理始於對所有相關資訊的檢閱，特別是綜合性地評估風險資訊；其中的關注評估（concern assessment），乃是基於風險意識的研究。而不同文化或社會背景，會對於風險意識產生影響（IRGC, 2017: 11）。面對都市水患風險的自然脆弱性時，民眾可能會產生風險意識；民眾若有風險意識，可能會出現對抗風險的調適策略以資因應。針對簡單、複雜、不確定、模糊等類型的風險，基於不同的考量與要求，可以分別界定出對應之風險調適策略（IRGC, 2017: 24）。因此風險管理決策應審酌不確定性的程度，並以新興知識為基礎，方能提供具有靈活性和調適性的方案。如果不確定性的程度很高，行為者應考慮在將來各種可能發生的情況下，能為調適策略保留足夠的彈性。

　　據此，對應 IRGC（2017: 20）架構中面對複雜性、不確定性和模糊性的挑戰，須先檢視所有相關資訊，且事先詳細確認利害關係人是否能夠接受風險，倘若無法容忍風險之情境下，則須採取預防性策略；假如為可接受風險的狀態下，可尋求風險轉移等保險措施；倘若仍存在爭論時，管理者須設計相關策略，使得民眾接受風險。因此，瞭解民眾風險意識為採取行動前重要的工作項目之一。

　　但實際上民眾是否會因其風險意識，而採取因應風險的調適作為？兩者之間的關係為何？本書第六章即希冀探詢不同群體在都市水患風險中，其個人風險意識與調適行為是否存有殊異性；其次，將分析民眾面對水患時的風險意識與調適行為之間的關係；再者，將檢視哪些因素會影響民眾的調適行為。

伍、風險溝通

　　倘若讓利害關係人參與評估和管理風險，當民眾具有風險意識之際，就可能須要獲致相關資訊，以減少對於都市水患風險的不確定性。獲得都市水患風險資訊的方式之一即為風險溝通，致使在水患風險之中，開放、透明和包容性的溝通實具有其重要性（IRGC, 2017: 27）。

　　IRGC 強調讓專家、風險管理者、政策制定者與一般大眾等利害關係人，交換或分享相關資訊的共享過程，且當風險被視為是複雜的情境下，應提早進行風險溝通，藉此與公眾建立長期的信任關係（IRGC, 2006: 54）。溝通在 IRGC 框架中亦為核心要素，吾人應期望有效之風險溝通，能夠於推動風險治理方案時發揮關鍵作用。

　　由於在風險治理中須要充分考慮風險和決策的社會背景，且即使民眾出現風險意識，但可能受限於不同民眾對於風險災害的認知不足或差異，而影響其採取風險溝通的行為，因此本書第七章即希冀探討都市水患中的風險意識與風險溝通之關係。

陸、小結

　　在本書撰寫期間，無論是 2018 年 8 月的熱帶性低氣壓，或是 2019 年 8 月因西南風輻合加上華南水氣，致使部分縣市水患災情嚴重。讓筆者重新檢視都市水患風險治理之內涵，以及目前臺灣都市治理的現況。特別是面對水患風險的威脅，除了水利工程之外，應精進哪些治理作為，亦為吾人須關注的焦點。有鑑於此，本書第八章將以臺灣於 2018 年 8 月與 2019 年 8 月的水患個案為鑑，採取「理論與實務的對話」方式，綜合說明前面各章的研究發現，繼之針對各項研究結果提供政策意涵與建議，作為臺灣在面對都市水患風險時研擬政策的參考。再者，亦對應各章的研究主題，提供後續研究之建議。

第三章　水患治理，我作主？！都市水患風險治理的公民參與行為

第一節　前言

全球氣候變遷正影響著世界，全球暖化、海平面上升、北極冰層融化等亦是人類擔憂的環境危機；在此同時，大氣中二氧化碳正持續增加，工業革命前的濃度含量是 280 ppm，但根據斯克里普斯海洋研究所（Scripps Institution of Oceanography）、夏威夷毛納羅亞天文台（Mauna Loa Observatory）、美國國家海洋暨大氣總署（National Oceanic and Atmospheric Administration）科學家共同監測每日大氣二氧化碳濃度之結果，於 2019 年 5 月 11 日觀測到全球大氣層二氧化碳濃度含量突破 415 ppm，此為人類有史以來首見（Scripps Institution of Oceanography, 2019）。而聯合國政府間氣候變遷專門委員會（IPCC）於 2013 年所出版之第五次氣候變遷評估報告（The Fifth Assessment Report, AR5）中，指出從 1880 至 2012 年期間，全球地表平均溫度上升約 0.85°C，顯現氣候確實有暖化的趨勢（IPCC, 2013: 4-6）。此外，世界銀行提醒當面臨氣候變遷所致的極端現象時，臺灣所受到的災害風險威脅，可能遠高於其他國家（Dilley et al., 2005）。而 2009 年的莫拉克颱風所造成的嚴重水患災情，使得民眾更加重視相關議題。

面對前述極端氣候可能造成之水患問題，根據 IRGC 整合性架構的「預先評估」面向，應該採取風險管理的準備工作，在此過程中，須鼓勵利害關係人參與，瞭解和解決風險的不同觀點。故而須要利害關係人分享其所理解的風險議題，並增加參與者對風險意識的認知，重視所有參與者對於風險問題之觀點（IRGC, 2017: 11）。許多國家致力於減緩水患風險

的衝擊，希望能防止其對人類造成傷害。為享有良好的生活環境，公民開始正視環境權利之重要性。

「節能減碳愛地球」或「綠色生活」，儼然成為公民重視環境保護之基本口號與主張，並以各種型式參與公共事務，顯現民眾關注環境問題的重要性；但在此影響下，其是否具備一定程度之風險意識，進而影響公民環境參與行為，乃是本研究欲探討的重點之一。臺灣身為民主國家，於政策過程中常見多元參與者，在思考因應風險的相關策略上，須在經濟成長、環境保護、社會正義與國際責任等面向尋求穩定之平衡，尤其常得仰賴民意支持以執行調適與減緩政策，上述種種皆與民眾之生活息息相關（施奕任、楊文山，2012：51）。

環境風險評估，除了須借助精密科學外，尚應考量不同領域的專家、民間團體、居民之風險感受及觀點，如何在傳統的環境風險評估中，同時納入民眾參與，是值得吾人思考的議題（洪鴻智、王翔榆，2010：100）。特別是因為都市水患風險治理，將可能對於當地的住民出現程度不一的影響。職是之故，不僅須參酌政府官員與專家學者的建議，更須瞭解公民社會成員的意見，俾利整體性解決環境風險的衝擊。據此，筆者認為都市水患風險須考量民眾之風險意識，及其影響公民參與（citizen participation）之程度。

在民主治理的發展過程中，鼓勵公民應該抱持自己作主的心態參與公共事務；甚且近年來在環境風險治理範疇，公民角色受到前所未有的關注。惟在此背景系絡中，公民參與的實際狀況，似乎不如預期般的踴躍與普遍。在實然面上，民眾究竟是囿於哪些因素而選擇不參與？故而第三章主要希冀瞭解在都市水患中，風險意識和公民參與之間的關聯性，並知悉公民參與之實況。

第二節　從風險意識到公民參與

由於本文欲探討當民眾面臨水患風險時所產生的風險意識，是否影響

公民參與之意願，因此以下針對相關主題進行文獻檢閱。

壹、 基本概念

以下將分別說明風險意識、公民參與的內涵，兩者間之關係及其在本書的重要性。

一、風險意識

風險意識是以心理學為基礎衍伸而來，為人對於未知的事物，存在一種不確定及不安全感。此研究議題受到許多學者關注，並發展出測量尺度或量表，用以檢視面對不同風險的態度及看法（Slovic, Fischoff & Lichtenstein, 1982: 84）。Slovic（1992）主張風險意識，是人們對於風險的態度以及直覺的主觀判斷；Cutter（1993）認為風險意識，是人們因瞭解風險來源，進而對該風險產生主觀評估的過程；而風險意識亦因人而異，如性別、年齡、教育程度等。此外，風險包括發生的可能機率及影響程度，其所牽涉的要素，如：風險的不確定性、遭受損失的機率、認知、後果嚴重程度等（吳杰穎等，2007）。

洪鴻智（2005：34）指出民眾自身的風險意識，會透過感知的過程，以知覺的方式表達對風險的感受。Rundmo（2002）發現風險意識與焦慮、擔心有所關連，表達民眾主觀感受到的情感，會影響個人的風險意識程度。而葉承鑫、陳文喜與葉時碩（2009）主張風險意識的產生，可能是因個人無法掌控實際情況或覺得自身能力不足時，藉由個人主觀做為判斷依據，且風險意識可能由自身經歷或受到外界的影響而產生。

二、公民參與

部分學者發現（Slovic, 1987；朱元鴻，1995；Lazo, Kinnell & Fisher, 2000; Savadori et al., 2004; 顏乃欣，2006），公民與專家之間的風險意識

有所不同。以目前常見的專家治理而言，因為部分民眾未必理解或信任專家的專業知識，進而質疑其是否真正客觀中立；且專家們可能直接或間接服務於國家機構，在議題討論上可能因主事者的不同，探討角度、資料選取等存有不同的觀點，故而部分論者開始關注公共討論社會議題的重要性。

　　如果將風險全數委由專家以科技方式予以評估，忽視社會公共討論的重要性，將可能引發衝突（朱元鴻，1995）。相對地，以民眾的風險意識而言，如 Slovic 等（2004）指出民眾的風險意識，不僅源自其對於風險的想法（thought），更為重要的是對於風險的觀感（feeling），將影響風險的評估結果；洪鴻智（2002）認為社會經濟因素會影響風險意識，如：社經背景、受災經驗、媒體傳播資訊方式、文化等。

三、公民參與的重要性

　　在民主發展過程中，風險社會的重要特徵，即為議題本身所具有的不確定性（uncertainty），而公民對其之理解，通常反映在相關議題的參與程度上，因此公眾如何認知風險是相當重要的（黃俊儒、簡妙如，2010：133；楊意菁、徐美苓，2012：173）。故而，學者（Beck, 1992; Hoffmann-Riem & Wynne, 2002; 周桂田，2005）認為政策須建立在公眾討論之基礎上，公民參與成為當代政府風險決策過程中的重要環節，並強調公民自身的風險意識與其參與風險決策的必要性。

　　惟以參與式民主而言，是期待讓所有公民能在得到充分資訊的情況下，都有機會和其他參與者理性討論公共事務。在目前的社會系絡中，參與主體的多元化，雖然可以增加參與的品質和機會；但也因為多元參與，參與者的身分、代表性、資源分配等問題亦隨之產生（許耿銘，2018：173）。

　　綜上所述，在水患風險的背景中，隨之而來的災難越來越多，使得人們的風險意識亦有所改變，並可能促使其從事公民參與之行為。而測量風險意識，不再只是如傳統由專家計算風險發生的機率及可能影響程度等，

更須考量風險意識乃因人而異。故而，研究風險意識對於公民參與行為的影響，為本文希冀探討的重點之一。

貳、公民參與行為

　　Smith-Sebasto 和 D'costa（1995: 15-16）將環境行為分為六類，分別為公民行動（civic action）、教育行動（education action）、財務行動（financial action）、法律行動（legal action）、具體行動（physical action）以及說服行動（persuasive action）。而 Tanner（1998）認為若要遏止環境問題持續惡化，民眾只憑一己之力恐難達成；根本解決之道，是藉由公民共同參與公共事務，督促政府著手訂定相關政策並予以執行。

　　Macedo 等人（2005: 6）從參與影響力的角度，將公民參與定義為任何從事影響國家集體生活之行動。在民主體制中，公民基於不同動機，以多元的方式參與公共事務，使得公民參與的形式具有多樣性（劉淑華，2015：146）。Cooper 等人（2006: 76）將公民參與界定為，民眾為審議在各種不同利益、制度與網絡中的集體行動，使得治理過程中能更重視人民。丘昌泰（2010：178-179）指出公民參與具有不同的形式，包括社區組織、利益團體、公聽會、公民諮詢委員會、示威遊行，而由於公共政策往往過於複雜，公民可藉由參與公共事務之學習與經驗，進而影響政府決策。郭彰仁等人（2010：397）認為參與行為是一種環境行為，雖其大多以環境保護觀點來探析，但除了自然保護外，參與及付諸行動解決問題才是最積極的。後來公民參與範疇擴大至社會各層面，小至日常生活之公共事務，大至影響政府公共政策過程。

　　傳統的風險管理植基於科技研究，常以有限科學證據作為決策參考，以專家權威性說法試圖說服或教育民眾，卻容易形塑為專家治理之態樣。然而，以此建構的風險評估架構，常將人民自身的風險意識排除在外，且決策過程中缺乏公民直接參與的環節，所以經常引發民眾強烈反彈。由於忽略多元社會背景下之風險複雜性，導致本應受到重視之專家學者知識，卻反遭民眾質疑，使得現階段部分臺灣民眾對於諸多政策，產生高度不信

任感（周桂田，2013：107；許耿銘，2014：211）。

　　當今政府之治理模式，決策角色已不再只限於政府，尤其在面對複雜或與民眾自身利益相關的政策，論者呼籲應逐漸轉換為開放透明的公民參與形式，民眾的支持與順服，是政策能否順利執行的關鍵因素之一；若僅以政府與專家之角度思考，恐形成雙重風險社會（double risk）之僵局（杜文苓、陳致中，2007：40；Chou, 2008）。因此，吾人認為面對水患風險之複雜議題，政府須積極鼓勵公民參與，以平衡複雜的科學知識與專家政治。

　　在全球化競爭及面對水患風險之兩難下，並非單純以成本效益分析思考即可，且無法僅依賴科學評估方式，尚應透過社會民主程序做為決策考量（周桂田，2013：126）。紀靖怡、葉美智（2015）發現民眾對全球暖化的意識較高，可以使得公眾有較多的參與行為，主動搜尋環境相關資訊，也較容易支持政府水患風險治理政策。

　　承上所述，本文將公民參與界定為民眾參與公共事務，而公民參與亦為環境行為的一種型態，風險意識將可能影響公民參與之意願；且為改善民眾不信任政府及專家治理模式，更應納入公民參與的考量。

參、公民參與行為之理論基礎

　　各家論者曾經對於公民參與行為，提出不同見解之主張，以下提出較為常見的理論，予以進一步說明。

一、Arnstein 之參與階梯理論（1969）

　　Arnstein（1969）主張之公民參與階梯理論（a ladder of citizen participation），將公民參與歸納為三大階段、八個層次：

1. 第一階段為非實質性參與階段，指民眾並無參與公共事務、無任何權力運用，包括：政府操縱和教育性治療兩個層次；

2. 第二階段為象徵性參與階段，依參與程度低至高，包括：給予或向
   公眾告知政務資訊、政策諮詢和安撫三個層次；
3. 第三階段為完全型參與階段，依參與程度低至高，包括：合作夥
   伴關係、賦予權力和公民自主控制三個層次。

二、Fung之民主立方體理論（2006）

Fung（2006: 66）認為，在當代的民主治理中，尚未形成直接參與形式的典範，但當代的參與方式應包括：1. 大量化；2. 公共參與提升多元的目的與價值；3. 直接參與機制並非是完全的取代政治代表或專家，而是一種補充物的作用。倘若當代民主脈絡中還沒有直接建立公共參與的典範形式，當前有一個重要的工作，就是去瞭解哪些可行及有用種類的參與方式。Fung 進而針對公民參與提出一個理論架構，以說明參與制度的框架，此即為民主立方體（democracy cube）模型。其中共有三個思考層面，包含：誰來參與？如何溝通及做決定？公共討論、政策、公共行動間如何連結？並就此發展成三個維度，分別為參與者選擇、溝通及決策、權威與權力。

（一）參與者選擇（participant selection）

Fung（2006: 67）認為，加強公民參與的主要理由，在於決策者們的授權程度為何；亦即誰是合法參與者？個人如何變成參與者？根據參與者多寡，在僅限於特定人士參與（more exclusive）至對所有人開放（more inclusive）的兩極光譜中，可區分為政府參與（state）、小眾參與（minipublics）與公眾開放（public）三種態樣、八種類別。

（二）溝通與決策（communication and decision）

參與者間的溝通與決策，是探討在一個公共討論或決策中，參與者之間如何互動；亦即參與者在過程中的實質性角色，到底只是想單純傾聽

政府官員之陳述，或是希望進行專業意見的交流，依據溝通互動程度的光譜，由弱至強分為六種類型（Fung, 2006: 68）。

（三）權威與權力（authority and power）

Fung（2006: 68）主張的第三個面向是權威與權力，意指公共討論與政策及其與公共行動之間的關連性，探討運用權威與權力的程度，以瞭解在制度面上公共參與的可能性。此面向的重點在於說明公共參與能影響什麼？何種類型的參與者，其一言一行會與政府當局或參與者自己本身有所連結？在對於權威影響的光譜兩端，一端是參與者可成為決策者，另一端則是參與者並不奢望他們的公共參與能撼動任何決策；依照影響權威的光譜，由強至弱可分為五類。

三、Hurlbert和Gupta之參與的分裂階梯

雖然先前許多論者提及公民參與可以深化民主、解決公共議題，但現實上參與機制是否都可以順利運作？不同公共議題的參與程度是否都相同？因此 Hurlbert 和 Gupta（2015: 101-103）認為在討論參與前，應先釐清預計要參與討論之政策問題的本質、問題架構等因素，所以須關注「何時」在「什麼程度」的「參與」是合適時，亦須考慮三個重要本質因素：政策問題（policy problem）、學習必需性（learning needed）、信任及資訊流通的相關性（relevance of trust and information flow）；並根據政策問題是否具有結構性、參與者之間的信任程度、公眾的參與程度等因素後，提出參與的分裂階梯（the split ladder of participation）理論。

Hurlbert 和 Gupta（2015: 105）將公民參與，區分為四種象限意涵：第一象限（中度結構化問題、零環式學習）：屬於低信任、低參與，涵蓋中度結構問題；第二象限（結構化問題、技術專家決策、單環式學習）：屬於高信任、低參與；第三象限（中度結構化問題、雙環式學習）：屬於高信任、高參與，涵蓋半結構化問題；第四象限（非結構化的棘手問題、三環式學習）：屬於低信任、高參與，涵蓋非結構化問題。

四、小結

　　無論是 Arnstein 的參與階梯理論、Fung 的民主立方體理論、Hurlbert
和 Gupta 的參與之分裂階梯理論，都有其在公民參與研究上之重要性與價
值。惟因本文希冀探討在都市水患風險治理中，民眾實際參與公共事務之
實況，且考量後續分析所需面向之完整性，故而將採取 Fung 民主立方體
理論的三個維度，作為質化訪談之題綱設計與分析架構。

第三節　研究設計與執行

　　由於本研究將分別採取問卷調查與深度訪談的方式，因此筆者以貝
爾蒙特報告書（Belmont Report）的「尊重人格」、「善意的對待」與
「公平正義」等原則（The National Commission for the Protection of Human
Subjects of Biomedical and Behavioral Research, 1979），進行相關研究工
作，以下進一步說明，本章所採取問卷調查與深度訪談的研究設計。

壹、問卷調查

　　現今已有許多探討知覺與行為之間的理論，其中以 Ajzen（1985）提
出的計畫行為理論（theory of planned behavior）最受廣泛討論。該理論是
由理性行為理論（theory of reasoned action）演變而來，強調意圖和行為會
受到態度、主觀規範、知覺行為控制所影響。因此，筆者將應用計畫行為
理論中的知覺與行為變項作為基礎架構，據以討論風險意識和公民參與之
關聯性。綜上所述，本研究將風險意識視為自變項、公民參與為依變項，
並探討變項間之關係。

　　本研究所使用問卷數據之來源，為筆者執行科技部「災害、社會脆
弱性與環境正義：台南市水患治理之個案分析」（103-2410-H-024 -002
-MY2）研究計畫之部分內容。在正式施測之前，筆者先邀請兩位專家學
者，針對初擬之問卷進行審視，並將問卷據以增修之後，才正式發放問

卷。調查於 2016 年 3 月 28 日至 5 月 5 日期間進行，而調查對象為臺南地區年滿 20 歲以上，且現（曾）居住在臺南市（包括縣市合併之前的臺南縣）的一般民眾及政府官員（以有居住六個月以上為宜）。政府官員主要為臺南市政府與災害防救業務相關之人員，包括：市政府的災害防救辦公室、民政局、農業局、工務局、水利局、社會局、都市發展局、教育局、交通局、衛生局、警察局、環保局、消防局、7 個消防救護大隊及 46 個分隊，各行政區的區長、承辦災防業務之課長與承辦人。

貳、深度訪談

由於 Fung 民主立方體理論的三個維度，相對於其他公民參與理論之內涵，更適合作為本研究質化訪談之理論基礎，因而筆者即以「參與者選擇」、「溝通及決策」、「權威與權力」，作為設計深度訪談題綱與後續分析之面向。

深度訪談之受訪者，區分為政府官員、學術單位、非營利組織、里長與民眾等身分類別（請參見表 3-1），邀請在地熟稔公民參與都市水患風險治理事務之代表，協助於問卷分析之後，提供本研究更多實務經驗之論證基礎。

表 3-1　深度訪談受訪者一覽表

類別	機關/組織	編號
政府官員	臺南市政府	受訪者A
	臺南市政府	受訪者B
學術單位	成功大學	受訪者C
	臺南大學	受訪者D
非營利組織	臺南市OO環保團體	受訪者E
	OO社區大學	受訪者F
里長	臺南市仁德區	受訪者G
	臺南市永康區	受訪者H
民眾	臺南市柳營區OO里	受訪者I
	臺南市後壁區OO里	受訪者J

資料來源：本研究。

第四節　公民所為何來？

　　本研究目的之一，旨在探討臺灣民眾的風險意識和公民參與間之關聯，並瞭解民眾實際參與的現況。首先，筆者以統計軟體進行分析，探討風險意識及公民參與是否具有相關性；其次，本研究透過深度訪談，期能瞭解都市水患風險治理中民眾實際參與公共事務之狀況。以下就問卷調查與深度訪談兩個部分，分別予以說明。

壹、問卷調查

　　筆者共發出 1604 份問卷、回收問卷 1442 份、有效問卷 1415 份，繼之根據所蒐集的問卷，分別進行因素分析、信度分析、相關性分析與迴歸分析。

一、因素分析與信度分析

　　根據學者建議，各題項之因素負荷量應大於 0.5（Hair et al., 2014: 618），而在探索性因素分析中，通常都以 KMO（Kaiser-Meyer-Olkin）做為標準，用來檢定是否適宜進行因素分析，並以 Cronbach's α 係數表示信度結果。[1] 以下將依照前述標準，檢視風險意識與公民參與之因素分析與信度分析的結果。

　　「風險意識」變數衡量題項為 5 題，KMO 值為 0.864，表示其適合進行因素分析；Cronbach's α 係數為 0.885，代表此構面信度符合要求；而此變數之解釋變異量為 69.186%。風險意識之因素與信度分析數據，請參見表 3-2。

1　判定準則如下：當 KMO 值介於 0.6 至 0.7 間，表示因素分析適合性普通；KMO 值介於 0.7 至 0.8 間，表示適中；KMO 值介於 0.8 至 0.9 之間時，代表良好；KMO 值大於 0.9 以上，則表示極佳（Kaiser, 1974）。吳統雄（1984）表示 Cronbach's α 係數小於 0.3 其可信度為不可信；Cronbach's α 係數介於 0.3 與 0.4 之間為尚可信；Cronbach's α 係數介於 0.4 與 0.5 間代表可信；Cronbach's α 係數介於 0.5 至 0.9 為很可信；Cronbach's α 係數大於 0.9 則十分可信。

表 3-2　風險意識之因素分析與信度結果摘要表（KMO：0.864***）

題項	共同性	因素負荷量	解釋變異量	Cronbach's α
1.　您會擔心水患所帶來的威脅	0.445	0.667		
2.　您認為水患對環境衛生會有負面影響	0.728	0.853		
3.　您認為水患對您個人財產會有負面影響	0.814	0.902	69.186%	0.885
4.　您認為水患對您身心健康會有負面影響	0.673	0.820		
5.　您認為水患對您日常生活品質會有負面影響	0.799	0.894		

（*p<0.05，**p<0.01，***p<0.001）
資料來源：本研究。

　　「公民參與」變數衡量題項為 4 題，KMO 值為 0.633，表示其適合進行因素分析；Cronbach's α 係數為 0.605，代表此構面信度尚可；且此變數之解釋變異量為 46.182%。公民參與之因素與信度分析數據，請參見表 3-3。

表 3-3　公民參與之因素分析與信度結果摘要表（KMO：0.633***）

題項	共同性	因素負荷量	解釋變異量	Cronbach's α
1.　您會關心政府水患治理計畫和工程預算等細節	0.445	0.667		
2.　您認為政府應該邀集民眾參與水患治理計畫的擬定	0.622	0.788	46.182%	0.605
3.　您認為政府應該公告可能會發生水患的地區（如：淹水潛勢區）	0.408	0.638		
4.　您有意願加入社區的志願防災組織（如：水患自主防災社區）	0.373	0.611		

（*p<0.05，**p<0.01，***p<0.001）
資料來源：本研究。

二、相關性分析

　　為瞭解兩連續變數間之線性關係，須進行相關性分析；若要進行迴歸分析，則要先確認變項間的線性關係，方能進一步探討變項間的影響關

係。甚且，為避免分析時產生共線性問題，亦須透過變項間的相關分析予以確認（邱皓政，2010）。[2]

甚且，為避免本研究所欲探究之自變數及依變數，受到其他個人背景變項干擾，須將其認定為控制變數（陳寬裕、王正華，2011：521）。為確認迴歸分析所需的控制變項，將一併進行相關性分析；惟因部分屬於類別變項，要先進行虛擬編碼（dummy code）。

經由檢視表 3-4 的相關性分析，風險意識與公民參與相關係數的絕對值為 0.370，表示彼此兩者間為低度相關（p 值亦皆＝ 0.000 ＜ 0.05），因此不會產生嚴重的共線性問題。

表 3-4　相關性分析表

變數名稱	年齡	家中有無小孩	收入	加入社區防災組織	參與水患宣導活動	淹水潛勢區	風險意識
年齡							
家中有無小孩	-0.628***						
收入	0.028	-0.076**					
加入社區防災組織	-0.124***	0.111***	-0.041				
參與水患宣導活動	-0.158***	0.159***	-0.107***	0.282***			
淹水潛勢區	0.206***	-0.157***	0.093**	-0.115**	-0.254***		
風險意識	-0.025	0.100***	0.091**	0.028	-0.074**	0.036	
公民參與	0.068*	-0.009	0.072**	-0.115***	-0.153**	0.116**	0.370**

（*p<0.05，**p<0.01，***p<0.001）
資料來源：本研究。

三、迴歸分析

本研究採階層迴歸分析風險意識對公民參與的影響，經過迴歸統計分

---

[2] 相關係數（絕對值）所呈現的強度大小與意義為：當相關係數在 0.10 以下，代表變數關聯微弱；介於 0.10 至 0.39 時，則屬於低度相關；位在 0.40 至 0.69 之間，為中度相關；而在 0.70 至 0.99，代表高度相關（邱皓政，2010）。

析後，分析結果如表 3-5。此乃以公民參與作為依變數，首先加入控制變數（模型一），而控制變數由前述相關性分析所得之個人背景變項選出，再將自變數風險意識加入（模型二），標準化後 Beta 值為 0.358，達顯著水準（p<0.01），且模型一至模型二，整體解釋力調整後 R^2 從原本 0.035 提升至 0.162（$\triangle$ Adj-R^2=0.127），表示控制個人背景因素後，風險意識對於公民參與有顯著的正向影響。此迴歸模型 VIF 皆小於 5、且 CI 值亦都小於 30，無共線性問題。

表 3-5　風險意識對公民參與之影響迴歸分析表

變數	公民參與							
	模型一				模型二			
	Beta	t 值	VIF	CI 值	Beta	t 值	VIF	CI 值
控制變項								
年齡	0.027	0.959	1.072	2.968	0.041	1.575	1.073	3.211
收入	0.051	1.876	1.016	5.068	0.024	0.962	1.022	5.490
加入社區防災組織	-0.080	-2.878**	1.088	7.603	-0.098	-3.746***	1.090	8.266
參與水患宣導活動	0.094	-3.262**	1.158	11.606	-0.068	-2.541*	1.163	11.402
淹水潛勢區	0.081	2.884**	1.112	22.794	0.073	2.778**	1.112	17.535
自變數								
風險意識					0.358	14.253***	1.014	29.208
Adj-R^2	0.035				0.162			
$\triangle$Adj-R^2	-				0.127			
F值	10.892***				44.301***			
$\triangle$F值	-				203.152***			

註：表中 Beta 值為標準化 Beta 係數。
（*p<0.05，**p<0.01，***p<0.001）
資料來源：本研究。

貳、深度訪談

　　藉由問卷調查的分析可以發現，風險意識對於公民參與有顯著的正向

影響，但其中仍可能受到其他因素的阻礙。除了原本從問卷題項中可分析的個人變項之外，筆者透過 Fung 民主立方體理論的三個維度，希冀透過深度訪談的結果，探討在都市水患風險治理中民眾參與公共事務之實況。

一、參與者選擇

Fung（2006）所主張的「參與者選擇」，是指介於普遍參與至特定人士之間的光譜。以下即以光譜兩端的類別，說明不同參與者之觀點與考量。

（一）一般利害關係人的觀點

1. 參與形式

在公共治理的架構下，強化與深化公民參與，期望藉由政策規劃過程，廣納民眾意見、凝聚民眾共識，作為後續施政與決策之參考，讓政府作為能更貼近民意，也促使政府政策更具有正當性。由於面臨水患風險，在地居民是第一線受到衝擊的對象，應該鼓勵讓更多在地的公民參與。故而受訪者 I 主張：「畢竟這個水患，在地的居民是受害者，他最有感啦，來當地多收集一些數據，多聽在地的意見啦」。

政府舉辦各級與民眾相關的活動或會議（例如：區里會議或里民會議），其目的不僅是展現市府施政的積極性，亦在主動向市民報告各項施政措施與進度，也是交流宣導經驗的管道。如果能透過相關活動或會議，鼓勵民眾參與市政活動，瞭解政府水患風險治理現況，則是相當妥適的方法。部分鄰里或社區，會利用例假日舉辦大型活動，並藉此機會一併宣導水患自主防災等相關理念。舉辦活動時為增加民眾參與誘因，主辦單位會準備簡單餐點。因此受訪的里長（受訪者 H）就表示：「可以順便把自主防災的這個理念宣導進去，來參與的人，當然要提供一些誘因，比如說我有誤餐費，你們來就有一個便當，最簡單就是這個樣子，然後有茶水啦」。

　　惟因這些與民眾相關的會議，常被要求須要通知當地民意代表出席，但會議常成為民意代表當作政見發表或是宣揚政績的場域；亦或是民眾難得有機會向政府官員陳情或抱怨，導致發言內容有時會離題，甚至謾罵政府的施政作為，反而未能真正達成官民溝通的功能。誠如受訪者 G 所言：「有時候民眾講的跟我們在講的離題很遠，不是不痛不癢，不然有的就是開罵，找到機會就罵你們這些官，罵得很高興，所以一個村里民會議雖然很重要，但開了之後，有一些官只是讓人罵、讓人修理這樣而已」。

　　在都市水患風險治理的公民參與過程中，除了邀請民意代表參與之外，不可能只邀請特定人士參加，特別是治理方案涉及不同利害關係人之權益時，更可能出現劍拔弩張的局面。因而必須參酌國內外審議民主之個案與經驗，針對多元利害關係人，在不同決策週期，設計不同的參與模式、機制。不然就會如受訪者 A 所言：「你如果永遠是某些人參與，有些人的聲音都沒有辦法去化解的話，就一定會吵架，要用不同參與方式解決」。

　　根據新增的水利法第 83 條：主管機關為擬訂逕流分擔計畫，應邀集農田排水、水土保持、森林、下水道、都市計畫、地政或其他相關目的事業主管機關、直轄市或縣（市）政府、學者、專家或團體等舉辦座談會，或以其他適當方法廣詢意見，以為擬訂計畫之參考。主管機關擬訂逕流分擔計畫後，應公開展覽三十日及舉行公聽會；公開展覽及公聽會之日期及地點應登載於政府公報、新聞紙，並以網際網路或其他適當方法廣泛周知。人民或團體得於公開展覽期間內，以書面載明姓名或名稱及地址，向主管機關提出意見；主管機關報逕流分擔計畫予中央主管機關審議時，應敘明上開意見參採情形。依照此項法條的內容，是保有民眾表達意見的機會，也要「大量的公民參與，它才會真正落實，不然居民反對，它就會變成阻力」（受訪者 B）。

2. 在地知識

　　近年來公民參與越來越強調在地常民知識的重要性，尤其是各地區的環境條件不同，不同地區的耆老因為久居當地，對於水患的在地經驗不亞於專業工程人員，甚至可以提供相當具有參考價值的治水建議。

根據受訪者 H 的經驗分享：「我們住在低窪地區的長輩，根據經驗說這個水應該會怎樣流怎樣流，他們不一定有那個專業，因為政府的專業是根據數據，數據是用儀器下去測的，但可能會失誤啦，我們曾經做過一條水溝，真的做下去真的不會流」。此乃因為該水利工程人員的經驗有限，且只進行短時間的測量，對於實際水情的掌握較為有限。若從推動都市水患風險治理之初，即邀請當地的民眾參與，在時間相對充裕的狀況下，「尊重在地的傳統智慧，慢慢談，不要趕時間，那說不定出來效果不一樣」（受訪者 F）。

3. 專業知識與轉譯

雖然受訪者 D 認為，「應特別強調各易淹水區裡的公民參與，而非僅 NGO 組織所代表的公民，目前各地公民參與的意願與程度不一，要看當地社區組織的發展等條件而定」。由於在都市水患風險治理中蘊含多層次、多面向之議題，因此「若有適合的議題，適合邀請全民一起參與，但部分議題因具有專業性，可能未必適合全民參與」（受訪者 B）。故而，吾人應思考公民參與，究竟指涉的是普羅大眾的公民參與？公民團體的參與？特定公民的參與？還是依照議題而定？更有受訪者 E 認為：「專業者的知識也必須要能轉譯，想辦法讓一般人也進來，這才是民主的真諦」，而此也回應民主立方體在參與者選擇面向上，希望將對所有人開放與僅限於特定人士參與之間的界線，進行必要的調和。

事實上，專業知識要轉譯為庶民語言，必須透過教育做為媒介，無論是學校教育、社會教育、社區教育、媒體教育等，在具備相關基礎概念之後再行參與，比較容易對話與溝通，否則會遇到受訪者 D 所說的狀況：「不知道的來管知道的，相互辯論，反而產生副作用」。

（二）專業利害關係人的觀點

與都市水患風險治理相關的政府機關相當多，而且各部門分工合作、各司其職，可能只負責其中一部分。以水利工程為例，地方政府的水利局負責雨水下水道工程、水門、抽水站管理等，工務局則是維護側溝，兩者

的專業知識與經費來源不同。不過對於民眾而言，較為常見的是側溝工程，相對會比較關心其施作，也會希望能增加排水量，但未必會知道側溝與下水道之間的連帶關係。因此受訪者 E 認為「有這個專業性的差異在，然後要考慮側溝、箱涵、涵管等雨水下水道設施，彼此搭配之後做出來的效果到底好不好」。不過，由於此項問題涉及政府局處間的專業分工，一般旁人恐怕難有置喙之處。

1. 專業工法

若以淹水時所需要的抽水站工程而言，在一般外水位低於內水位的承平時期，[3] 可採重力流方式排水；如遇有降雨或颱風豪雨時，須先關閉排水閘門，抽水站才能運作；當外水位高於內水位、且前池達到啟抽水位，可循序啟動抽水機組。由於水利工程施作與運行，有其一定的工法與標準作業流程，但一般民眾可能未必瞭解。就有身為里長的受訪者 G 表示里民曾經反應：「引水道肯定是比大排水溝還低才能夠集水，然後抽水機再抽進中排裡面，但他就一直開罵，說你看這個水溝做到比大溝還要低，要怎麼流得下去」。

2. 不建議公民參與

事實上，都市水患風險治理的廣義內涵，除了上述的水利工程之外，尚包括離災與防災等政策措施。短期而言，即使透過教育或宣導的方式，仍無法立即讓一般民眾獲致大量之專業知識而得以進行討論。因此對於都市水患風險治理的公民參與而言，須要區分不同的議題與層次：針對專業的水利工程，公民所具有的先備知識如果不足，即使邀請來參與討論，也只是聊備一格；但如果議題具有地方特殊之屬性，所需之技術或專業門檻較低，應該廣邀民眾參與，充分聽取各方意見。誠如受訪者 H 所言：

3　「外水」指的是來自河川中上游山區的洪水，因下游河川通洪能力不足，無法在短期間內負荷大量的水體，導致河水溢淹過堤防，在都會區內產生溢堤型的淹水。「內水」則是豪大雨降在都會區，因排水系統作用失效，或因地勢低窪，水體無法立即往外部排出，直接影響居民的生活（郭文達等，2017）。

公民參與一定要分層次，譬如說比較地方性的話，當然是公民參
加越多越好，但是如果牽涉到整體性的話，公民可能就專業度
不夠。不是只是坐在那邊聽就是參與嘛，你要貢獻一點專業，知
道治水要怎麼治，例如說逕流，一般爺爺奶奶可能連聽都沒聽說
過，所以還是會需要有一些專業知識的能力，才能去論述、去提
供一些意見。

二、溝通與決策（communication and decision）

Fung（2006）所主張的「溝通與決策」，是指單純聆聽政府官員傳達
資訊，或是希望進行專業意見的交流。以下即從這兩個向度，檢視公民參
與之溝通與決策現況。

（一）形式參與的溝通

為解決民眾在都市水患風險治理方案的疑惑與問題，政府的主辦同仁
於治水工程施作之前舉辦公聽會，在籌辦公聽會之際應先瞭解當地地形、
地貌、水文等地理條件，也須知悉相關利害關係人對於治水方案的個性、
立場與態度。倘若於公聽會或工程進行過程中，遭遇當地居民的反對意見
時，為了家園安全與治水防洪之考量，必要時須藉由當地官員或是地方意
見領袖，善用地方的人際關係協助溝通，以利於後續工程之推展；而且對
於部分民眾而言，較有參與和受到重視的感覺。所以受訪者 J 就說：「水
利局跟區公所有來拜託我耶，讓我知道要來做什麼耶！心理上就會感覺受
到重視，在推動工程的時候就會比較順利一點」。而公聽會或說明會的主
持人與講者，必須在會場上經常與民眾互動溝通，詢問是否知悉方案內
容，或是有其他意見？讓民眾得以清楚瞭解。

不過，誠如上述論及水利工程之專業性，一般民眾所擁有的水患知識
有限，即使邀請其參與，是否真能實質討論？亦或是只是形式參與？倘若
是形式參與，但各方提供給民眾的資訊，民眾是否能真的聽得懂？聽懂的

程度如何？應該以何種方式與管道傳遞資訊？或甚至僅將溝通視為符合程序要件而已？如同受訪者 I 所言：「如果水利工程或外包廠商講的是一堆硬梆梆的數字，聽了也是鴨子聽雷，這個傳遞資訊的內容，不只是說我跟你講而已，而是說能不能真的傳到民眾的身上真的聽得懂，就是說怎麼樣傳、怎麼樣的品質、怎麼樣的方式，或什麼樣的內容啦」。

當吾人思考形式參與或實質參與之際，其參與程度、所需時間以及效果大相逕庭；尤其是政府工程計畫有期程限制，一旦開始推動就會納入列管，如果要民眾實質參與溝通，就須一併考量時間壓力的因素，否則就會如同受訪者 E 的觀察：「政府如果沒辦法開放出空間，它就會一直往前趕，那種就會很容易變成形式主義、形式參與」。

在形式參與尚有值得留意的現象，亦即部分具有水患相關專業知識的民眾實質參與討論，但政府與其觀點不同，導致「他說他的、我說我的，各說各話，沒有交集嘛，沒有交集你去那邊做什麼，變成這樣子，我已經心灰意冷了」（受訪者 J）；或是在討論過程中，會尊重民眾與民間團體所表達的意見，但部分政府官員似乎早有定見與結論，並未能充分採納討論之成果，「有一個長官到我們開會快結束前才進來會議室，雖然說尊重我們的意見，但最後宣布的是他手上早就擬好的結論」（受訪者 E）。

（二）實質參與的溝通

雖然前述討論公民參與時，會同步思考其專業知識的問題，但如臺灣俗諺說：「草仔枝、也會驚倒人」，意指路旁的野草看似弱不禁風，但只要時機、角度對了，小草枝也可以絆倒壯漢。即使一般民眾可能不具非常專業的治水知識，不過所謂眾擎易舉，集合眾人的力量就容易把事情做好。例如民眾在生活過程中發現有水情的問題並立即回報，就可能對於防治水患有極大的幫助。甚且，若有幾位較為熱心的參與者，能夠帶動其他民眾的參與，即使部分民眾不熱心，但集合眾人之力也是相當可觀。

你不要看這些 50、60 個人而已，這 50、60 個人就像草仔枝【台語】，有時也會絆倒人、會產生效果。他原來可能沒有很熱心，

但是他聽我們這樣講完之後，當他去巡田的時候，看到什麼情況
會來跟我們回報，這樣效果就跑出來了！實際上人家說大顆石頭
也要有小的，你不要看那些人不認真，也是要有那些力量來幫
忙，不能大家都當主將啊！（受訪者 I）

　　除了民眾個人的連結之外，地方鄰里或社區也會成立志工隊、舉辦
講習課程與活動，進而與其他社區連結。透過由自身發起，再與其他組織
溝通、合作，可以形成較有規模的組織型態或聯盟關係。若有此集結的機
制，當須要與政府溝通都市水患風險治理方案之際，會擁有相對較多的知
識與能力，因此有其實質之助益。

　　再者，由於都市水患風險治理，是一個應該長時間關注的議題，無
論是民間團體將其融入組織目標之中，或是民眾從自身周遭的環境開始關
心，而非僅止於關心某一條河川、某一河段，也不限於政府或民意代表常
舉辦的參與形式。如果民眾可以長期保持關注，並且能藉此向其親朋好友
持續傳遞與溝通水情資訊，其實是蘊含教育意義，亦符合公民參與之真
義。身為學術研究者的受訪者 C 亦認為，「無論在社會或學校，都應該持
續參與和溝通，如果是用這樣的公民參與方式，我們覺得熱度才會不減，
參與程度會維持一種比較好的狀態」。

　　甚且，近年來臺灣因為豪雨、颱風所致的水患災害頻傳，政府於
2017 年核定「前瞻基礎建設計畫」中的「水環境建設」，期望透過跨部
會資源，營造不缺水、喝好水、不淹水及親近水之優質水環境，希冀政府
或民間團體對於治水議題能更為關注。其實部分民間組織將都市水患風險
治理，內化至該組織目標與培訓課程之中，也花心思邀請與訓練成員熱烈
參與相關議題，不過隨著社會其他熱門議題的開展，「原來大家花了很多
的心血參與，可是最後一樣就是淡下來」（受訪者 F）。對於民眾而言，
其參與溝通的熱度，可能會與其受災經驗有關。倘若民眾曾經遭受水患衝
擊，起初會相當熱衷參與治水的相關活動，之後則可能逐漸降低其熱度，
甚至變為無感或冷漠。因此「民眾的參與喔，還是要視他本身周遭的環
境，而且民眾他的熱度在降是很快的」（受訪者 A）。

三、權威與權力（authority and power）

Fung（2006）所主張的「權威與權力」光譜，一端是參與者可成為決策者，另一端則是參與者並不奢望他們能影響決策，以下即分為這兩個面向予以說明。

（一）希望發揮影響力，可以成為決策者

目前常見主辦單位認真地籌備公民論壇、公聽會等不同公民參與的形式，在部分的活動設計中，公民在參與之前須要接受培訓，且須花費時間參與實質討論。在經過腦力激盪之後，所產生的問題、結論與共識等，是否能被真正的回應、落實，或是後續該如何被延伸與發展，會受到參與者的關注。特別是民眾在實質參與之後，當然希望主辦單位後續對於問題有所回應或針對結論予以落實，甚至「能夠入政策或者是立法，這樣才有用，不然的話就只是大家浪費了很多的時間跟心血」（受訪者 C），都將會大幅降低民眾繼續參與的意願。

此外，邀集民眾與專家學者提供的意見、想法或是建議，部分主辦單位原本在場答應會攜回研議，但最後常都沒有回覆。主要是因為目前並無規範要求公民參與的結果，必須全數強制列入法律或政策之中。民眾常感覺到「頭燒燒、尾冷冷【台語】」（受訪者 F），受訪者 C、D 與 J 亦皆表示「都沒有後續的」，久而久之會喪失對於政府和公民參與制度的信任，甚至不願意再參與後續的任何活動。

即使民眾有意願參與公民活動，仍可能會留意出席名單之中，是否有作風強勢的官員、民意代表或是學者專家。因為這些主導性相對較強的人員，習慣去反駁別人的意見，如果民眾舟車勞頓驅車前往，發表的意見未能獲得重視，會讓人覺得「我們講話人家沒有把我們聽進去，不知道把我們當作什麼啦」（受訪者 E），「我們意見人家都總是把我們當作空氣」（受訪者 F），或是「就怕主辦單位聽不進去而已啦」（受訪者 G）。

（二）純粹參加，不奢望成為決策者

現行多數公民參與的活動，大多採取說明會或訊息告知形式，因此民眾實際能參與討論的程度有限。若要將討論的結果付諸實行，還須考量背後所涉及的複雜結構，例如：「組織要什麼？長官要什麼？誰要哪一種利益的問題？」（受訪者 D），一般民眾實難面對與處理，可能會選擇純粹參加、不期待能成為決策制定者。但也因為採取說明會的方式，單純解釋水患嚴重性、水利工程及其可能帶來的預期效益，致使其「效果無法廣泛的擴大」（受訪者 C）。

不過，近期地方政府舉辦的里民大會，部分會加入臺灣面對水患災害衝擊未來風險評估之相關資訊，例如：在考量不同降雨量的情境條件之下，未來遭遇極端強降雨的頻率與強度之可能性，以及隨之而來的河川溢淹或是都市淹水等災害風險的發生機率。相對於現行一窩蜂舉辦公民參與的熱潮，未必可以獲致預期成效；若讓民眾可藉由教育宣導的方式產生風險意識，之後再邀請其參與公民相關活動的可能性則會提高。

整體而言，若以水患政策觀之，未必全然都是選擇治理水患的措施，也可能是採取水患不治理的方式。例如在易淹水潛勢區，可以採取常見的治水防洪工程，亦可以順應自然、選擇不治水，但讓民眾採取遷居的方案；或者是考量不治水、不遷居，但強化住宅耐災程度或民眾調適能力。若強調公民參與，則可以在這些方案中請民眾做出選擇，而非邀請公民設計專業性的治水方案。故而受訪者 B 主張：「水患治理廣義上來說包含硬體工程、離防災政策等，所以我還是得強調並非建議公民不參與，而是建議公民參與非治水工法的部分」。

第五節　小結：公民參與都市水患風險治理之反思

隨著水患所帶來的災害越趨嚴峻，吾人已經能深切感受到其帶來之風險。例如：2016 年，臺灣陸續遭受莫蘭蒂、梅姬颱風的衝擊，南部災情

相當嚴重。特別是因為正逢大潮，加上西南風往陸地推進海水，臺南運河河水溢堤，出現數十年未見的淹水奇景。前述的災情不斷重演，使得我們必須正視水患及其所致之風險。正因風險事涉民眾的生命財產安全，必須讓民眾知悉其嚴重性，進而影響其對於環境的正面態度，最終獲致公民社會的認同與支持行動。

　　本文運用筆者「災害、社會脆弱性與環境正義：台南市水患治理之個案分析」計畫問卷之調查數據進行分析，試圖探討在水患風險之下，瞭解個人風險意識和公民環境參與行為間之關聯性。吾人認為因為水患災害的衝擊，民眾會因風險意識影響其對於環境的態度；且近來由於水患所致之災害加劇，人民的風險意識隨之上升，進而激勵民眾從事公民參與行為，以保護自己的環境權利。根據調查結果而言，由於水患的影響，民眾產生對其之風險意識，進而使得民眾有積極的公民參與行為。甚且，近年來鼓勵公民自己作主，踴躍參與公共事務的倡議高漲，促使政府在相關水患風險治理政策上，須審慎考量民眾的意見（陳思利、葉國樑，2002；Kahlor, 2007；周少凱、許舒婷，2010）。惟因除了個人變項之外，本章透過深度訪談，藉由 Fung 民主立方體理論「參與者選擇」、「溝通與決策」、「權威與權力」三個面向的探索，確實也發現造成民眾不參與的因素。

　　誠如 Young（2002）的主張，強調公民參與是希望強化社會觀點的代表性，儘量讓多元社會的成員，藉由溝通增加瞭解現實的程度。但臺灣研究公民參與的學者其實已經發現「排除社會弱勢者」、「不具代表性」、「資訊受到操縱」、「壓抑差異意見」等問題，以及缺乏公眾參與的包容性和意見的多元性（陳東升，2006；黃東益，2008；林國明，2009）。由於每位公民具有的條件不同，具備資訊蒐集、善於表達者，容易主導公民參與，卻也導致討論的內容常反映來自菁英的意見（蔡宏政，2009：19）。

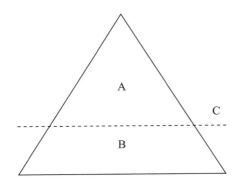

圖 3-1　公民社會的結構示意圖

資料來源：許耿銘（2018：176）。

　　對於社會結構中位處圖3-1的B群體，由於其社經條件相對缺乏，接觸公共事務議題的機會和時間更是不足，可能無法實質從事公民參與的活動；相對地，社經條件相對較佳者（如圖3-1中位處A的群體），會有較多機會和能力參與。如圖中的虛線C顯示，即使一般不會明文限制參與者的條件，但正如玻璃天花板一樣，確實會阻礙公民參與；現行公民參與的機制，亦有部分是在無形中以虛線為前提所建構（許耿銘，2018：176）。

　　有鑑於此，筆者建議政府在都市水患風險治理相關政策上，應透過環境教育或發布正確的事實與觀念，使更多民眾擁有正確的環境知識，並考量民眾的風險意識。其次，於都市水患風險治理的公共事務上，須加強民眾的風險意識，培養公眾對此的敏銳度，俾利正向鼓勵公民以自己作主的心態參與。此外，政府藉由擴大公民參與機制之範疇，拓展討論公共環境議題的活動，方能使得公民的意見真正受到重視。

第四章　他山之石大不同：臺南與曼谷水患風險治理之現況分析[*]

　　近年來，由於氣候異常現象，使得天然災害的發生頻率與強度增加，高危險地區的風險更是大為提升。原則上，多數人會留意到風險災害及其所造成的影響，而政府會透過不同管道提供防災資訊，亦期許藉由這些資訊能促使民眾採取因應的調適行為。

　　根據本書研究架構所依循的 IRGC「風險衡量評估」之主要內容，須分析不同行為者面對風險的態度，以及將哪些形式的問題界定為風險問題。甚且，風險衡量評估須考量風險的社會強化因素，與災害相關事件之多元要素的交互影響（IRGC, 2017: 20）；而不同都市、不同民眾之間的風險意識、風險溝通、調適行為等態樣和程度是否存有差異。

　　根據 Nicholls 等學者（2007: 5）綜合分析氣候變遷和社會經濟變化等因素，評估資產受到影響的全球沿海都市。在嚴重性排名前 10 位的亞洲都市中，若再考量當地年降雨量與海拔[1]等自然條件（中央氣象局，2017；Official Statistics Thailand, 2017），惟有泰國曼谷的氣候與地理因素與臺南較為相近，因此本文選擇曼谷作為與臺南比較之標的。

　　承上所述，本章選定臺灣常遭遇水患風險的臺南，與國際間亦常出現水患的泰國曼谷，作為討論之研究標的，檢視兩個都市的民眾，在同樣面對水患災害時，其風險意識的狀況如何？如何進行風險資訊的溝通？是否有採取因應的調適行為？

---

[*]　本章有關曼谷訪談部分，感謝泰國正大管理學院（Panyapiwat Institute of Management, สถาบันการจัดการปัญญาภิวัฒน์）Olan Sumananusorn 老師在訪談、翻譯與資料的協助。

1　因為市區中的海拔高度各有不同，本文以市政府所在地為準。

第一節　臺南與曼谷的都市環境脈絡

以下將分別從地理條件、氣候和雨量、水患經驗，簡述臺南與曼谷的都市環境脈絡。

壹、臺南

一、地理條件

臺南，昔日即以「一府二鹿三艋舺」中「臺灣首府」之稱，作為全臺最早發展的地區。臺灣西南沿岸之漢人先民，因輸送物資與交通之故，於登陸海岸旁築港。臺南安平港自荷西、明鄭、清朝、日治等時期，皆為臺灣重要的通商貿易口岸，有多國外商洋行進駐，由此可知臺南港口貿易活動非常繁盛。

其次，取得乾淨的淡水，是人類最大的生存問題。受限於當時的水利工程技術，逐河而居雖然有利於取水，但也容易受到水患侵襲。由此可知，臺南環境歷史的核心與水密切相關；居民傍水而生，沿著海河聚集，逐漸帶動產業的蓬勃發展，但也同時受到自然條件所引發的水災所威脅。

全市面積 2191.6531 平方公里，人口 188 萬餘人，依山傍海，居臺灣西南部，地勢東部高聳，西部平坦，位於臺灣最大平原 —— 嘉南平原之中心。臺南市的中西部為鹽水溪、曾文溪之淤積平原，近三百年來增加大量土地，平坦適合農作。地勢平緩且有大小河川橫亙；東側有丘陵，屬於阿里山山脈的尾段，有部分丘陵、山地分布，最高峰為大凍山。西側臨臺灣海峽，有 40 餘公里的海岸線。在歷史上沿海地帶曾有倒風內海、臺江內海等潟湖（臺南市政府，2018a）。

二、氣候和雨量

臺南市全境位於北回歸線以南，屬於副熱帶季風氣候，沿海地區地勢

平坦，受海洋及驟雨影響，每逢颱風季節低窪地區容易積水。近十年的平均溫度為 24.6°C，每年 5 月氣溫開始上升，7 月、8 月最熱，10 月又開始降溫。臺南市降雨量分布不均，主要集中於夏季，山區之雨量多於平原。近十年平均降雨量為 1,891.92mm，年平均降雨日數為 85.5 日，5 至 9 月為雨季，10 月至翌年 4 月為旱季（臺南市政府，2015：1-3）。

三、水患經驗

根據陳亮全等（2011）學者研究，臺灣地區降雨強度高，颱風、梅雨、季風及地形為影響雨量的重要因素，且豐、枯水期之雨量明顯有別，加上山高水急導致蓄水不易，又兼因地質脆弱、表土鬆軟，經常造成淹水及坡地災害，西南沿岸地勢低窪地區，每逢大雨則易淹水。以人口集中的都市化地區觀之，同時分析淹水災害風險、氣象降雨機率、淹水潛勢、地層下陷等因子，臺南屬淹水災害潛勢較高的地區之一（陳亮全等，2011：314-348）。若檢視臺南市易淹水及近三年曾發生重大淹水地區（臺南市政府，2018b：附 3- 附 33），包括：新化、新營、鹽水、白河、柳營、後壁、東山、麻豆、六甲、大內、佳里、學甲、西港、七股、將軍、北門、善化、新市、安定、楠西、左鎮、仁德、歸仁、關廟、龍崎、永康、東區、南區、北區、安南、安平。

臺南近期受到水患風險影響，亦曾產生許多災害。如專家學者認為八八水災，讓臺南縣市部分地區淹水，亦造成高雄甲仙的小林村滅頂；其中，曾文水庫的越域引水工程，曾遭質疑是引發土石流的主因。故而，過去以文化古都自詡的臺南，必須審慎面對水患風險所帶來的影響。

為面對與解決前述之風險，臺南市將 2012 年訂為低碳元年，藉由低碳專案辦公室平台之設立，整合各項資源，全面推廣低碳、環保、節能等觀念，將政策轉為行動力。臺南市低碳城市推動計畫，分別為「打造永續低碳社區」、「推展低碳文化觀光」、「應用多元綠色能源」、「擴增生態城市機能」、「建置高效低碳運輸」、「營造全民低碳生活」、「建構循環利用社會」、「引領低碳環境校園」及「全民教育國際交流」等。此

外，專案辦公室負責跨局處低碳城市先期推動之整合工作，同時制定「臺南市低碳城市自治條例」，並於 2012 年 12 月 22 日發布實施，成為全國第一個以低碳城市為施政規範的直轄市（臺南市政府，2014a）。

貳、曼谷

一、地理條件

曼谷是泰國首都與最大都市，直轄市面積 1568.7 平方公里，為泰國政治、經濟、貿易、交通、文化、科技、教育等中心。曼谷地處平原，鄰近泰國灣，位於昭披耶河東岸的流域，該河被稱為曼谷的母親河，全長 372 公里；曼谷有許多運河穿越都市，但全年經常發生水患（張沛元，2007）。

曼谷是建造在海平面 1.5 公尺的泥濘沼澤地之大都市，居住超過 1,000 萬的人口。曼谷眾多人口與建築，導致每年以 1 ～ 2 公分的速度下陷；其次，穿過曼谷的眾多河道，也讓情況雪上加霜；第三，數十年以來曼谷人一直抽取地下水層，長期以來造成嚴重的傷害；第四，水患已經讓曼谷成為嚴重的受害者（林永富，2018）。

二、氣候和雨量

曼谷在氣候分類中屬於熱帶季風氣候，四季如夏、十分溫暖，冬季相對較為涼爽。曼谷最涼爽的氣溫平均為 17°C；最熱為 4 月分，約 38°C（泰國觀光局臺北辦事處，2018）。自 2000 年以來，曼谷每年平均溫度上升 0.1°C。夏季最高溫約 34°C，晚上高溫約 30°C；曼谷比起鄰近的行政區，夏季約高 1°C，冬季則高出近 2°C（Pakarnseree, Chunkao & Bualert, 2018: 561）。

泰國年均降雨約 1500 毫米，不過在大雨之後，曼谷的街道經常會出現積水狀況（張志新等，2011：3）。當地水災的成因之一，即為雨量過

大；而且曼谷的平均海拔不高，使得曼谷經常在雨季面臨水患的困擾。

三、水患經驗

昭披耶河流域的水量，在乾旱與雨季的差異相當懸殊，且經由氾濫沖積成平原區。不過近年來泰國昭披耶河兩岸快速工業化，農田轉變為工廠，降低天然蓄水和排洪能力。2011 年間在曼谷發生之水災，是近年來相對嚴重的一次。

2011 年，雨量從 9 月開始逐漸增多，政府水利部門當初高估排洪能力，且為保護下游稻田，遲遲不讓水庫洩洪，也未預先排除水庫多餘的水；但因該年度雨量比往年多，到了 10 月便沒有空間增加蓄洪能力。俟水庫滿水位不得不洩洪時，情況已難以收拾。在 10 月 29 日泰國灣漲潮之際，昭披耶河的水位高於海平面 2.5 公尺，平原地區因為地勢太低，導致深陷水患之中。直到曼谷被洪水圍困，水利部門才開始改採排洪作為。水災總共淹沒曼谷約五分之一的土地，郊區成為嚴重的災區，而商業區因為臨時建構的堤壩，才得以減少災害威脅。根據世界銀行的最新預測，到 2030 年前後，曼谷將近 40% 的土地都將會遭水淹沒；若再不積極採取行動，曼谷市區及鄰近郊區恐在 10 年內被淹沒（飛馬，2011；林永富，2018）。

第二節　都市水患風險衡量評估之理論基礎

壹、風險意識

隨著社會與科技的發展，各個領域也須面對新興風險。德國學者 Beck 在其著作中闡述「風險社會」（risk society），使吾人瞭解到當前人類不得不面對與風險共生的環境。Beck 指出現代社會雖被認為是進步的，但卻充斥著風險；人類唯有自己意識到風險的威脅，方能進而透過機制評

估風險、抑制風險或防止風險發生（Beck, 1992）。有鑑於此，如何具備風險意識，已成為現代人民一項重要議題。但是究竟何謂風險意識？針對不同學科的不同研究主題，論者容有不同見解。

影響民眾判斷風險意識的過程，涉及環境與個人特質的因素，例如：災害的嚴重強度與頻率、社會文化、價值系統、個人屬性、過去受害經驗、資訊處理能力、自願性與控制力、資源使用影響度、曝露程度等（Covello, 1985; Turner, Nigg & Heller-Paz, 1986; Slovic, 1987; 黃榮村，1990；Dooley, 1992; Alexander, 1993; 黃懿慧，1994；李永展，1995；Russel, Goltz & Bourque, 1995; Cutter, 1996; Burn, 1999; Lindell & Perry, 2000; McCarthy et al., 2001; Dosman, Adamowicz & Hrudey, 2001; Solana & Kilburn, 2003; Gregg et al., 2004; Adeola, 2004; Steinberg, 2004; 徐磊清、楊公俠，2005；曹建宇、張長義，2008）。

「風險意識」是個體調整行為的必要條件，亦會影響後續採取行動的規模；而且過去與風險意識相關之國外研究，多屬於社會學、心理學與都市政策的範疇（Lindell & Whitney, 2000）。White（1945; 1974）在其研究水患風險的問題中，發現政府部門不斷興建工程結構性防洪設施、防洪經費亦逐年增加，但水患風險並未隨之大幅減少；過去的環境風險研究多偏向硬體工程方面，但並未獲致預期的成果。因此，風險研究試圖自工程技術與結構的防災方式，轉變成結合非工程調適的防災途徑，並探討人類對風險的感受及態度，開啟風險意識的研究風氣。

此外，由於不同群體之間風險意識的差距，常出現認知衝突；要消弭或減少衝突的發生，須更加瞭解造成認知差異的原因。誠如 Slovic（1987）發現專家和一般民眾的風險意識有很大的差異，主要是因為民眾對風險的不瞭解，習慣以風險的潛在災難性、威脅後代的程度、可控制性、熟悉程度、瞭解程度等風險特性進行評估，此與專家以科學的評估方式不同。

Alexander（1993）指出因為風險的規模與頻率難以估算，所以人們傾向藉由對任何新資訊的接受，以修正對於風險知識的想法，其資訊來源之一即為政府，致使民眾將受到政府的風險管理策略、風險資訊與溝通措施

所影響。換言之，風險溝通的內涵，可能會改變使用者對風險資訊的瞭解與信任程度，以及對於調適成本與效益的評估，並進而衝擊保護動機、風險反應與調適行為。因此 Baram（1991: 67）建議應透過風險溝通，協助民眾增加獲取資訊的管道。

貳、風險溝通

在風險溝通的文獻中，Leiss（1996）認為風險溝通的首要工作是界定溝通目的，接著進行資訊接受者分析，將資訊接受者在界定風險、評估風險、減災行為與減災評估所需資訊以最有效的方法提供，最後進行溝通成效評估。

由於風險溝通在風險管理中扮演重要角色，不同論者曾提出相關主張。例如 Lutz（1977）建議在風險溝通過程中，可以藉由創建一個新的重要意識和信念、改變意識和信念的強度和重要性，並修正其評估等方式，以改變民眾風險意識的結構。Covello、Winterfeldt 與 Slovic（1987）認為風險管理之目的，即在於經由風險的意識和認知基礎，透過風險溝通以達成各項資訊的傳遞與交換；藉由風險溝通充分傳達風險訊息，民眾就能據此決定採取最適之行為，進而可促成行為的改變；政府亦能根據這些資訊，制定妥適的法規與政策，俾利於個人、機構或社會選擇行動方案。

Krimsky 和 Plough（1988）依風險溝通之涵蓋範圍、溝通模式、溝通目的、訊息內容、溝通群體、訊息來源與流通方式等，區分為廣義與狹義的兩種內涵。天災（如：颱風、地震、水災等）與傳染病（如：AIDS、SARS、禽流感等），都被視為廣義的範疇；狹義的風險溝通，是將「風險」定位在由科技或工業所造成的環境生態、人體健康的損害上。黃懿慧（1994）也以廣義與狹義兩種內涵區分風險溝通，但其內涵與 Krimsky 和 Plough（1988）的分類不同：若僅鎖定在政府機關、專家與一般大眾，著重於訊息的傳遞與接收，可歸類為狹義的風險溝通；廣義則並不指涉特定的接收者與傳播者，或是否有目的之溝通。

美國國家研究院將風險溝通定義為相關個人、團體或機關，彼此交換

資訊及意見的互動過程；在此過程中，重視專家與非專家之間的訊息傳遞（US National Research Council, 1989）。Daggett（1989）認為風險溝通的目的，在於改善人民對風險議題的看法與討論方式，以形成正確或可接受的結論。以往，政府常將風險議題視為是專業範疇，不重視民眾知情權；但在民主社會中，由於傳播媒體的百家爭鳴，不但能提供民眾獲得相關的資訊，也可加深對於事件的印象與討論，相對重視民眾知情權（Kahneman & Tversky, 1982）。因此參與風險溝通的政府代表，應瞭解民眾的興趣、價值觀、背景與想法，且具備風險意識的概念，俾利進行有效的風險溝通（Slovic, 1987）。

據此，於當今民主發展的脈絡中，專家已經無法取得普遍的信任並主導風險決策。公民參與的倡議，將擴大民眾投入公共事務的程度，增強民眾的風險意識，因而風險治理即應包含風險溝通。甚且，風險溝通須思考不同行為者間的風險意識，以及理解、傳遞與溝通資訊。藉此過程共同面對現代風險的複雜性、充分溝通與理解專業知識和資訊，降低不同群體之間對於資訊的誤解、認知與利益的分歧，以尋求風險問題的共識。由此可知，「風險溝通」是一門綜合風險研究、認知理論、溝通理論、社會學、心理學、政治學以及統計學等專業而成的領域。

參、調適行為

當人類為減少受到風險之後的損失會採取因應行動，而該因應行為是根據個體對現實的知覺與調適之警覺而產生。在面對威脅時，民眾所擁有的態度會影響調適行為，有人屬於風險承擔者或風險厭惡者，而採用漸進或保守的方式，且對於後續的調適能力感到悲觀或樂觀（Adger et al., 2009: 341）。依據反應的程度可分成四種類型，分別為忽視、默默忍受、積極回應與極端回應等（Burton, Kates & White, 1993）。甚且，調適行為可用來建立韌性，防範危機來臨時所造成的系統瓦解，以利於在危機發生之後能儘速重建（Adger et al., 2009: 342）。

Smit 和 Wandel（2006: 286）表示調適能力將展現在調適行為上，且

能促使個人降低脆弱性的一種有效方式；Adger 與 Vincent（2005）指出調適能力包含三種「能力」：減輕暴露在風險中的能力；吸收衝擊的損失，並從衝擊中恢復的能力；在採取調適行為的過程中，改變自身並回應衝擊的能力。Adger 與 Vincent（2005: 400）認為調適能力是產生調適行為過程的關鍵因素，社會調適能力通常取決於其經濟發展程度；而個人採取調適決策，在制度背景下，往往會促進調適行為。政府與個人進行調適並非彼此獨立，且往往展現於個人處理能力、社會資本和政府之間的治理關係（李宗勳，2015：5）。彙整上述各家論者之見解，本研究認為在面對風險威脅時，為減少風險所造成的損失，而採取的回應行動，即稱為調適行為。

其次，調適行為可分為目的性調適與偶然性調適。目的性調適，是指對風險狀況作出直接的回應；偶然性調適，則是最初的行為，有時候並不與風險直接相關，卻能夠減少風險潛在損失的行為。當人們受到影響之後，將會開始對事物作出各種的調整，新的調整可能是短暫的，或者可能隨著時間的演進，變成調適行為的組成部分（Burton, Kates & White, 1993: 52-53）。

然而，為何某些民眾面對水患時，採取調適行為的程度不同？個人可能會意識到風險的存在，也知道減災的方式，但卻時常無法採取有效的調適行為，其可能的原因是調適行為會受到外在環境因素以及自身條件因素所影響，調適行為是融合行為主體對於內在條件與外在環境評估之後的決策結果。外在環境因素，包含風險資訊的來源、社會文化、風險特性、風險強度、風險頻率與空間區位等；而人的自身條件因素，包含心理、年齡、自我效益及效能認知、受災經驗、性別、知識、社會文化、社會影響力、社經地位、信仰、風險意識、教育程度、習慣、經驗、道德、對政府的依賴程度、態度、價值觀、擁有資源的能力（Lindell & Perry, 2000; Grothmann & Patt, 2005; Adger et al., 2009; Harries, 2012; Saroar & Routray, 2012; 曹建宇、張長義，2008）等。

上述提及之因素，在個人決策層面造成影響，也會限制集體行動，間接讓民眾面對風險的心理認知與實際採取調適行為間產生落差（Adger et al., 2009: 339）。因此，欲促使民眾採取水患的調適行為，須瞭解有哪些因素會影響個人的水患調適行為。

第三節　都市水患風險衡量評估之方法

本研究是以「立意抽樣」來選取深度訪談的參與者，訪談的時間為 2017 年 6 月底開始至 8 月初，每位受訪者訪談的時間與地點，皆由受訪者決定，以其方便受訪作為優先考量。

其中臺南市的受訪者，乃是由筆者事先請教負責防制災害業務的臺南市政府災害防救辦公室，確認臺南市常發生水患的行政區與里長名冊，且為考量個資等研究倫理的問題，即以里長為訪談對象。經筆者以電話徵詢名單上里長之受訪意願，最終徵詢同意之里長共計 5 人。

而曼谷市民的邀約，則是因為曼谷於 2017 年 5 月間曾發生嚴重水患，有 25 個區域遭遇洪水威脅，最大時雨量為 170 毫米；在此之前，於 2011 年 10 月間，曼谷曾面臨 10 年來最嚴重的淹水危機。惟因筆者對於曼谷當地居民所瞭解的資訊有限，且在同時考量田野調查之期限、費用與資訊飽和等條件，[2] 筆者採滾雪球方式，除了先訪問於曼谷任教之友人，並由其推薦當地曾遭遇水患之居民，經筆者事先以電子郵件徵詢研究對象同意之後，最終能配合受訪之曼谷民眾，共計亦有 5 位。

筆者於邀約受訪者之時，會清楚說明研究目的、訪談的內容與所需的時間和地點等相關事項，再次確定受訪者同意且有意願參與後，筆者會在訪談之前以電子郵件方式將訪談大綱送交受訪者，使其可以預先作準備，並對於訪談內容有更清晰的瞭解。在進行訪談前一天，筆者會再預先打電話提醒受訪者訪談的時間與地點。在正式訪談之前，筆者重申研究目的、訪談大綱，並強調訪談同意書所述之研究倫理與受訪者權利的相關事項，以降低受訪者的緊張、不安與防衛的反應。

2　本研究感謝中央研究院「面對風險社會的台灣：議題與策略」研究計畫（AS-105-SS-A05），資助前往曼谷進行移地研究之國外差旅費。

本次訪談工作，皆由筆者與每位受訪者面對面訪談。過程中，受訪者有權利終止訪談或提早結束。為了遵守研究倫理，筆者將受訪者依照不同都市與受訪順序，依序編製受訪者代號。

表 4-1　訪談對象一覽表

都市	受訪者代號	居住地區
臺南民眾	受訪者TN1	臺南市北門區
	受訪者TN2	臺南市永康區
	受訪者TN3	臺南市仁德區
	受訪者TN4	臺南市將軍區
	受訪者TN5	臺南市安南區
曼谷民眾	受訪者BK1	帕那空區 Phra Nakhon（เขตพระนคร）
	受訪者BK2	曼盼區Bang Phlat（เขตบางพลัด）
	受訪者BK3	空堤區Khlong Toei（เขตคลองเตย）
	受訪者BK4	吞武里區Thon Buri（เขตธนบุรี）
	受訪者BK5	曼谷蓮區Bangkok Noi（เขตบางกอกน้อย）

資料來源：本研究。

第四節　臺南與曼谷的水患風險治理

本節將按照風險意識、風險溝通、調適行為三個與水患治理相關的面向，分別就臺南與曼谷兩個都市訪談的結果，予以進一步說明與分析。

壹、風險意識

風險意識主要詢問民眾是否曾有遭受水患的經驗，以及影響水患地區民眾風險意識的因素。

一、臺南

（一）習慣或經驗

　　部分臺南的民眾，由於長期居住在當地，對於該地區之天氣狀況與災害程度較為清楚；即使發生水患，會因為世居或持有土地與房屋之故，而不選擇離開。

　　TN2：因為我們的土地、房子，我們都在這邊土生土長的，那麼
　　　　　多年了，沒得選擇。

　　甚且，因為基於過去的水患經驗，所以多數在該區久住的民眾，會知道該地區是否為淹水潛勢區；不過正因為多數人從小居住至今，即使有淹水也不以為意，所以風險意識相對較低，導致部分民眾會將淹水視為習以為常。

　　TN2：每一個里民會知道他住的那個區域是不是淹水潛勢區，他
　　　　　在那邊住那麼久了，不過新搬來的可能會不知道！舊的大
　　　　　概都知道！

　　TN3：有淹水潛勢，是說不管你這裡有沒有淹過水，不管你有沒
　　　　　有經歷過淹水，一定要住在這裡久一點的，對於這裡相對
　　　　　要熟悉一點才會知道。

　　TN1：他們就認為淹水沒什麼，看到大水來了也不會怕！為什
　　　　　麼？因為從年輕淹到老，他已經習慣了，把他當作是一種
　　　　　宿命。

　　相對地，部分臺南的民眾卻因為過去的水患經驗，風險意識反而較高，對於水患來臨前呈現的線索能夠見微知著，會認真看待水患資訊及其可能帶來的損害。

　　TN5：如果被嚇到過的人，對這個會很瞭解，沒有被嚇過的人，
　　　　　可能不知道嚴重性，我常常在說那個八掌溪的事件，如果
　　　　　是我，趕快在水要到之前就是要趕快跑，還有機會，洪水
　　　　　來了就跑不了。

（二）嚴重性

對於水患風險認知的嚴重性，可能會與居民的個人背景因素有關，例如：年齡、個性、家庭成員等。

> TN1：比較年輕的，年紀上可能有差異，年齡的因素可能會影響他風險意識。

> TN2：有些人對於風險好像沒什麼概念，而且個性上也比較衝動。

> TN3：要接送小孩子，如果淹水真的是很不方便，小孩在學校那邊有人顧反而沒關係，但家長要接送小孩的那段路，也是很煩惱。

（三）利益考量

不同對象在遭逢水患時所擔心的考量因素有所不同，以部分建商與官員而言，相對擔心投資利益或區域損失，對於一般民眾來說，較會關心自己的財物是否受損。

> TN2：怕淹水的或許是那些建商或是一些高官，他們怕地價下跌，因為每次下雨常都會淹水，你看這3、4月或這幾月分的新聞就都在淹。

> TN1：有些民眾有財物損失。

（四）水患資訊

政府會提供水患資訊，例如區公所或各里會根據水災的資料，搭配警消醫療單位、里長聯絡資訊、避難收容處所等，繪製該地區的避難地圖。

TN2：其實這個地圖，應該每個區公所都有，他們有那個每年水
　　　災的資料啦！

不過部分颱風或強降雨所致的淹水狀況，必須參考最新的氣象預報等
情資，預判可能性的災情；並針對可能出現的潛在風險，預先提供必要資
訊，以超前部署的態度提早準備，並減少造成民眾生活不便的程度。

TN3：現在雨如果下大一點，他就會打電話來問，還沒通知他自
　　　己就會先緊張了，所以說這種風險意識就已經存在他的心
　　　中，憂患意識都比之前差很多。

TN3：因為一般家長接小孩上下課的話，只要淹水不能過去，他
　　　就開罵，所以還是研究一下氣象資料，可能這陣雨下了會
　　　淹水，像我們那邊幼稚園就請他到巷口的廠商，或是大廟
　　　的廟口，那裡地勢比較高，他們家長就來那邊接很方便。

二、曼谷

（一）習慣或經驗

對於受訪的曼谷居民而言，幾乎普遍都認為在當地淹水是常態，而且
大多會在短時間內就排除，已經成為民眾生活中常見的現象，甚至認為寧
願淹水、也不願乾旱，因此大致而言水患並不會對其造成困擾。

BK1：淹水對我們來說是很正常，已經習慣了！一下雨，淹水一
　　　個小時很正常，然後再等幾個小時就排掉了。

BK3：沒有那麼可怕，已經習慣了……學校附近常淹水，那個地
　　　方地勢本來就很低。

BK2：我們有一句話說「淹水比乾旱好」，寧願要有水也不要乾旱，至少有水可以用，因為種稻米的時候需要很多水。

BK4：如果說是一下雨就淹 10 公分的那種根本不怕，已經習慣了。依生活的經驗來說，面對曼谷這樣的水患我不會覺得害怕。因為淹水對我們曼谷人，是從懂事開始就一直都是這樣的，直到 2011 年很嚴重才受不了。

民眾認為 2011 年的經驗，是史上最嚴重的一次，也認為那是許久才會發生一次的個案，並非常態；即使後來還有遇到淹水，但都不如 2011 年的嚴重程度，狀況不會更為嚴重，因此也無須過於擔心。

BK1：我覺得 2011 年那次是個案，如果有的話應該要再 10 年才會氾濫一次。所以我覺得機會很少。

BK5：2011 年那時最嚴重的已經渡過了，政府不會再讓 2011 年那種狀況再次發生。自從 2011 年過後，遇過最嚴重的就是淹一個晚上而已，然後早上就退了，所以我覺得還好。

（二）嚴重性

多數民眾基於前述對於水患的習以為常，致使其不認為水患會造成嚴重影響。之所以如此，是因為民眾認為即使淹水，很快就會退去。

BK2：如果有下大雨，有些地方還是會淹水，大概到腳踝，不嚴重，然後很快就退掉了。曼谷市民應該很習慣這樣的狀況。

BK1：6、7 月會淹水都是到膝蓋，也是常見的狀況。

BK3：我們家這邊幾乎固定都會淹，偶爾會淹到膝蓋，腳踝到膝蓋可以接受，有時候下雨的話會淹很高。

BK5：今天我在暹羅站，那裡淹到小腿的一半！那時候覺得算是
　　　嚴重，但是重點是很快就退了！一般來說，早上下雨的話
　　　到下午就淹水了，晚上過後就沒了。

　　由於 2011 年水患是近期較為嚴重的災難經驗，因此常被作為比較標
準，只要沒比當時嚴重就不會擔心。只是這種是相對比較，如果沒有對於
水患存有風險意識，容易忽略損失的可能性。

BK5：很多曼谷市民也不會緊張，他們還拿手機出來拍照、錄
　　　影。我們覺得沒有到 2011 年那麼嚴重。

BK1：2011 年的時候，我們可能沒有意識到說這麼嚴重，就沒
　　　有好好去研究萬一遇到這種情況要怎麼去處理。

（三）利益考量

　　因為曼谷人現在使用的水，多數都來自於自來水；一旦淹水是可能會
影響自來水的品質，也會影響環境品質或生財工具。

BK3：因為我們泰國人喝的水都是自來水，因為淹水會影響到自
　　　來水的品質，會變成黃黃的。

BK4：因為我比較愛乾淨，水裡面髒東西、細菌很多，我朋友家
　　　曾被淹一半，淹了很久，等到水退了他的牆也變色了。

BK4：我爸媽家的一樓有做花生的機器，所以會怕機器泡水。

　　甚且，同樣居住在曼谷地區的民眾，會因為居住區域不同，而彼此有
不同的風險意識。

BK4：有人以昭披耶河劃分，一邊是市中心，一邊是舊城區，兩
　　　邊都會互相鄙視，市中心的人會嫌舊城區的人窮、落後，
　　　也因為這樣兩邊的人，對於淹水的觀點會有不同。

（四）水患資訊

當地居民面對淹水的現象早已習以為常，出現淹水的場景與資訊並不特別留意；不過，如果淹水狀況會影響到居民生活，例如影響交通要道所造成的不便，才會開始有點擔心。

> BK2：如果像 2011 年曼谷淹水的時候，離我家大約五百米有淹，到我家這邊就沒淹了，可能就會覺得還好。如果因為一條路沒有通到那裡的話，就會有點不方便。

> BK1：那時候淹水，我住在公寓，⋯⋯那時候就停課。不過我們學校沒有被淹水，但是周邊全部都淹水，進不去學校！

以 2011 年的水患而言，民眾認為政府水利單位的治水出現問題，沒有同時評估降水強度與原有蓄水設施的狀況。水利單位不得不排洪時，致使下游民眾深受淹水之苦。

> BK1：2011 年水患的時候，泰國的水是從北往南流，政府沒有評估說現在水太多，要慢慢把它放出來，另外就是那段時間雨也下滿大的，瞬間雨水太多，造成我們居住的地方開始淹水，而且淹很久。

貳、風險溝通

在防範水患的災情中，政府透過風險溝通的不同管道，得以提供民眾因應、減緩、降低水患所造成的影響。以下將檢視臺南與曼谷不同的風險溝通管道。

一、臺南

（一）網路

　　政府會藉由不同管道，公告淹水潛勢等相關資訊讓當地民眾瞭解，其中包含容易淹水的道路或區域，目前主要是透過網路資訊平台。

　　TN2：政府或區公所有公告淹水潛勢讓民眾知道，自己住的那條路或是區域是不是淹水潛勢的範圍。但我們不知道啦，因為他是公告在網站上面啊。

（二）電視

　　為了防範颱風等可能造成水患災情，政府常透過電視新聞提醒民眾關於災害的狀況，主要是希望增加多元管道，可以傳遞相關資訊。

　　TN1：讓那些一般里民如果沒看手機或是沒智慧型手機，也會知道一些資訊的狀況。

　　根據衛星廣播電視法，如遇有天然災害或緊急事故，主管機關得指定衛星廣播電視事業播送特定之節目或訊息；系統經營者因天然災害、緊急事故訊息之播送，得使用插播式字幕。因此，政府可以透過電視台或系統業者傳遞水患資訊。

　　TN2：政府會利用電視台跑馬燈來傳播資訊。

（三）手機+APP

　　現今多數民眾是以手機為主要資訊溝通的媒介，致使會有許多與災情相關的軟體或 APP 應用程式相繼出現，例如：淹水潛勢區、淹水警示等。

　　TN3：六河局有一個系統，就是手機按一按，就可以看到淹水的潛勢地區，現在第三代淹水潛勢圖陸續公開，永康區、東

區、南區啦，那個淹水已經達到了警戒點，哪個地方、哪個街道、哪一里，就會呈現出來。

TN5：如果想要接收淹水示警簡訊，只要到「防災資訊服務網」，填寫手機號碼與想收到預警通知的區域，只要設定的區域快要出現災情了，或是時雨量會到多少以上，達到事先設定警戒值時，就會發布警訊。

（四）Facebook/LINE

政府傳遞資訊給民眾，現在最常使用的即為 LINE 軟體；而且根據不同的對象，會設定不同群組，針對防災亦有不同的群組類型。

TN1：我們會傳遞一些資訊給這些里民，那我們現在最常看到的就是 LINE，大部分就用 LINE 群組，里長們有里長的群組，自主防災有自主防災的群組，市府有市府的群組。

惟因 Facebook 或 LINE 的資訊傳播對象，僅限於有加入該群組的民眾；假如民眾沒有加入，就無法即時獲得災情資訊，因此有其侷限之處。

TN2：Facebook 或 LINE 是要有加入群組才可以，不然也收不到訊息。

（五）細胞廣播

「災防告警細胞廣播訊息系統」（Public Warning System, PWS）是利用行動通信系統的細胞廣播服務技術（Cell Broadcast Service, CBS），提供政府可以在短時間內，大量傳送災防示警訊息至民眾的手機，讓民眾能及早掌握離災、避災的告知訊息服務（中央氣象局地震測報中心，2018）。

TN2：氣象局會提供氣象的資訊給各縣市政府跟水利署，有那樣

的資訊他們就可以評估說這裡下雨的狀況，然後就會發細
胞廣播，而且是限定部分區域。

TN3：鎖定幾個基地台，就在災區附近的基地台，會放送說這邊
的災情或是淹水，未來一個小時的時雨量可能是多少，哪
些區域可能會有淹水的可能性，是採取簡訊的方式。

而此可以彌補如較為年長者、較少使用智慧型手機之部分民眾，仍能
接受災情資訊服務。

TN1：臺南市的細胞廣播，有一些情形是針對說老人家沒有用那
種智慧型的手機，也是要有方式讓他們知道現在的災情是
什麼狀況。

長期而言，政府透過與民間通訊業者的合作，將細胞廣播的服務達到
全民化，才能充分提供防災、救災的相關資訊。

TN3：這個要全民、全臺灣的民眾都有這種功能啦，能夠使用的
話，在防災、救災的角度是非常有功能的，NCC 跟幾個通
訊業者協商，因為傳送災情具有公益性質，不是做廣告，
所以可以透過他們的系統去發放。

（六）公共場所跑馬燈

因為部分民眾真的很少使用手機等 3C 產品，政府為了推展更因地制
宜的風險溝通作為，就在與當地居民生活較有連結的地點，例如社區的警
衛室或是廟前廣場，透過公共場所跑馬燈的形式，提供民眾災情資訊。

TN2：直接在社區的警衛室，或是廟前廣場的那一種跑馬燈，也
常出現災情資訊。

TN5：廟前廣場就是一些老人家會去那邊泡茶啊，有看到的時

候，在泡茶聊天時就會講啊！

（七）里長廣播

對於臺南而言，透過里長廣播也是常見的風險溝通型態。無論是在農田工作或是在家，透過里長廣播的傳遞效果仍是不錯，民眾可以即時得知政府傳達的災情資訊。

> TN4：如果是這些年輕人都是沒有問題的，他們都一下子就知道了，現在的問題在於那些長輩，最簡單的就是說，像公所跟我們聯絡就馬上廣播。

> TN5：因為我們人口比較集中，所以一放送宣導的話，大家就很快都知道了。

里長廣播的內容，包括提醒里民颱風動態、淹水災情、提供沙包、強化門窗安全性、溝渠疏通、接送學童、移動車輛至安全處、架設水閘門等防減災工作之宣導。

> TN4：廣播比較有效，廣播說現在公所給我們通知，說現在這邊是什麼情形，如果我們有需要的話，像是沙包，還是說要加強的，門窗或是水溝要清理的話，我們就要趕快。

> TN4：實際上校長都很關心，叫我們廣播請家長提早去接小孩。

> TN3：就我們村里來講，廣播的功能是比較高的，一般民眾也會比較有敏捷性，民眾在廣播的時候知道可能又要淹水了，把車子停到制高點，去用沙包，或去把水閘門架設起來。

不過，里長廣播的效果，會與居家型態有關。倘若在原來的臺南市六區，因為高樓相對較多、門窗經常緊閉；而在原本臺南縣的行政區，常見一般的平房或是公寓之住宅型態，廣播效果相對會好一點。

TN2：原來的臺南市六區，比較多較高的房子，門窗都關著，如
　　　果廣播的話會聽不到，如果說原本臺南縣的這邊，比較多
　　　就是一般的平房或是公寓這種不會太高，廣播的效果可能
　　　會好一點。

（八）面對面宣傳

　　其實面對面的教育宣傳，也是地方政府常見的風險溝通方式之一。例
如：里長舉辦的宣導活動，或是與學校合作，都是可以直接將風險或防災
資訊提供給民眾的管道。

TN1：像我們社區平常每次的話大概都 50 個人左右，然後校長
　　　對防災也十分重視，我上禮拜才去學校做宣導，跟學生做
　　　宣導，全校通通出動。

　　即使未能實際參與宣導活動的民眾，當見到其他人參與防災宣導後的
作為，仍可能仿效學習。

TN2：其實沒有來的民眾也會看別人做的，會跟著做啦！

二、曼谷

（一）網路

　　曼谷管理水患問題的政府部門，例如：自然資源環境部水資源管理局
或是氣象局，會透過網路提供水庫水量或氣象預報等相關資訊。

BK1：泰國管理水的問題有幾個單位，他們會有一些資料，例如
　　　現在水庫水量有多少，都可以清楚的看到，常透過網路傳
　　　達資訊給民眾。

BK2：他們的預報基本上是透過泰國的氣象局去統一提供。也可
　　　以從網站上去查詢。

（二）電視

　　一般而言，曼谷民眾會收看電視頻道的天氣預報；而政府主要是透過
電視傳遞與水患風險相關的資訊，特別是透過新聞提供訊息。不過由於曼
谷民眾相對不偏好收看新聞，政府即使透過新聞傳遞的資訊，是否能順利
讓民眾接受到也不得而知。

BK1：政府會透過新聞節目來傳遞訊息，但是很少。我通常會看
　　　天氣預報，每天晚上 6、7 點都會有天氣預報，大約 5 到
　　　10 分鐘。不過其他人有沒有看我是不清楚。

BK5：泰國人本身也不太愛看新聞，所以就算政府有提供這些
　　　資訊，民眾可能也看不到。我覺得對我只有一點點幫助而
　　　已，就只是看哪邊會淹水然後避開而已。

　　以 2011 年的曼谷水患經驗，政府成立一個專責處理水患的機關，並
在電視頻道上說明其相關的因應作為，但因說明內容包括政府近期的施政
表現，並不限於該次水患，甚至是採取各頻道聯播的形式，因此民眾認為
提供的資訊有限，未能完整且有效地呈現防救災資訊。

BK3：那時候軍政府有一個很臨時的特別機關，專門來處理
　　　2011 年那次的淹水。然後他們就說今天怎樣怎樣，我放了
　　　幾個沙包……。

BK4：軍政府每個星期五下午 6 點，都會有人出來說政府做了哪
　　　些事情，但是他說的不只是針對水災，至於氣象預報是新
　　　聞播報的一部分，不算是政府提供的資訊。我覺得他們提
　　　供的資訊很少，每個頻道都要同步顯示他們的畫面。但是

　　　　　　這對我沒什麼幫助，他們只是出來提醒、安定民心，反正
　　　　　　都知道要怎樣解決。

　　若以電視傳播的訊息內容而言，除了前述提供政府作為的資訊之外，則是報導市區內的降雨與災情，可以避免淹水區域對於生活上所造成的不便，例如避開淹水的路段。

　　BK2：如果在曼谷的話，淹水有兩種可能。一個就是哪裡下雨哪
　　　　　裡淹，另一個就是其他地方流過來的水，其他流過來的水
　　　　　媒體就會報導，可是下雨的水比較難估計。

　　BK3：目前相關的水災資訊，例如氣象預報說今天下午會有很大
　　　　　的雷雨，哪裡有可能會淹水。

　　BK5：就是知道哪邊淹水很嚴重，就不會經過那裡而已。

（三）手機與APP

　　相對於電視傳播，曼谷民眾更常使用手機瞭解災情；不過因為曼谷是泰國首都與最大都市，為媒體關注的地區，因此市區的淹水問題，比較容易從手機等管道獲得資訊。

　　BK1：普遍的泰國人現在比較少看電視，大家可能都在使用手
　　　　　機。除非在家可能偶爾會看一下。

　　BK2：我覺得曼谷還比較有效率一點，因為很多媒體都在那，所
　　　　　以曼谷的問題就會反映的比較快。

（四）Facebook/ LINE

　　近來常被臺灣民眾使用的 Facebook 與 LINE，曼谷當地政府較少使用這些社群軟體傳遞資訊，曼谷民眾也相對較少用以獲取水患資訊，僅會在

朋友之間抱怨淹水嚴重的狀況。

> BK1：我們會反映，但不是所有人一起去罵政府。有些人可能在
> 　　　FB 上抱怨一下，說淹水太嚴重之類的。

> BK4：LINE 很少，FB 是朋友之間在傳的。

參、調適行為

調適行為的課題，主要關注受訪民眾對於政府現在防範水患措施的瞭解狀況，判斷政府在事前協助民眾因應水患之政策作為的成效為何與滿意程度等。調適行為，大致可概分為調適方式與調適成效兩個面向。

一、臺南

（一）調適方式

1. 治水工程

由於臺南市先天地理條件之不足，過去常見淹水災情，致使市政府將基礎建設視為臺南市繁榮發展的基石，並將治水列為市政第一優先推動之工作，因此部分受訪民眾認為臺南確實推動許多治水工程。

> TN3：市政府的施政方針就是說治水優先，所以說整體上你可以
> 　　　看出來真的有在做那個治水的工程，真的有在動作。

不過治水工程的完成，是否代表著完全不會有淹水現象，亦或是只期待淹水程度降低，事實上治水成效是取決於降水的多寡以及民眾觀感。

> TN1：很多治水工程，希望就算是同樣的雨水量，讓他淹水的程
> 　　　度降低，淹水深度下降，但現在人的觀念是工程做下去就
> 　　　瞬間要變好，如果之前淹 50 公分，現在淹 20 公分，民眾
> 　　　會抱怨說這樣也是淹水！

對於治水工程，民眾也開始有逕流分擔的概念，希望透過分流的方式，將水體經由不同渠道疏通，而非只集中於一處。

> TN3：我是認為說要治理我們的淹水狀況就是要分流，把十幾里的水看怎樣分，也不要說一到下雨就全部的水都流到中排。

2. 組織制度

（1）政府協力

以都市水患風險治理而言，較常協助防災的機關，例如：氣象局提供氣象與警報資訊，區公所支援沙包與開設應變中心，消防局協助人員撤離與物資發送，警察局協助封路與疏導交通，農田水利會協助清理農田溝渠、垃圾與雜草，成大防災中心提供災情資訊。

> TN3：防汛期之前，有發現垃圾，可能直接跟里長反映，還有像農田水利單位在農曆 3 月之後，要來清理社區裡的農田水溝，以前的集水溝就成為排放社區淹水的主要溝渠，把整年度的髒亂、雜草清理乾淨，還有就是氣象局、警察、消防、公所跟成大。

（2）自主防災社區

農民根據過去的經驗，如果在遭逢水患之前，會將農產品或農作工具搬往高處以減少損失，淹水之後就儘速清掃家園，抱持著樂天知命、逆來順受的生活態度。

> TN1：早期的農民，肥料、稻穀、番薯籤都放在家裡，水要來之前就開始搬高一點，損失就比較少，水退了之後，清一清，一天過一天，就是宿命，但是現在的年輕人就比較不一樣了，滿腹牢騷啦！

事實上，臺南市政府水利局配合經濟部水利署易淹水地區水患治理計畫及流域綜合治理計畫的非工程措施，協助辦理水患自主防災社區建置，

希望藉由凝聚及提升社區民眾的防災意識，強化社區自主防災應變的能力，以減輕水患所造成的衝擊（臺南市水患自主防災社區，2018）。

> TN1：公部門像水利署在推自主防災，事實上讓每個社區能夠在
> 災害發生之前，先啟動這個機制，讓我們災害降到最低的
> 程度。

以水患自主防災社區而言，除了關注災時的救援，更重要的是在災害發生之前，依工作項目與任務進行演練，例如：指揮中心、警戒組、疏散組、引導組、整備組、收容組等；在淹水警示啟動防災之際，亦須全體動員各司其職。

> TN5：我們防災之前的作為也是很重要，發布警報的時候我們各
> 組分頭合作，疏散組的去訪視一些弱勢族群，警戒組去調
> 查去巡視溝渠有沒有通。

（二）調適程度

1. 流域綜合治理

治水工程必須要採取流域綜合治理的架構，以國土規劃、綜合治水、立體防洪及流域治理等面向，釐清未來真正有效的治水策略，再據此編列相關預算，讓經費都能發揮最大效益。

> TN4：不能為了一個議員說這邊要做那邊要做就做，你從上面
> 做，後面沒做，只是多做的而已；第二就是政府同意山坡
> 地開墾成這樣，挖到那裡就是土石會流到那裡，這個山本
> 來被那個樹給擋住了，土就已經會流了，如果把樹砍掉，
> 土石會流下來，水庫就會被填起來。

不過，對於一般民眾而言，可能未必有流域綜合治理的概念，以為只要清理側溝或是溝渠，就可以一勞永逸，不會再有淹水的狀況。

> TN3：民眾對於治水的話，應該要從河系一個大整體來看的話，也不是你們門口那個側溝沒有清，也不可能導致整個淹那麼大的水，那個比例原則要釐清，其實他認知上就不一樣。

2. 政策成效

若要檢視調適政策的成效，民眾認為硬體的治水工程所費不貲，施工成果要能具有一定水準，且相關政府部門要能確保品質。不過，應該要擺脫人定勝天的思維，不能奢望透過硬體工程，就能夠控制大自然的力量。

> TN5：我們常用一些自以為是的工程，就這樣做那樣做的，大自然的力量不是你說叫他在那邊他就在那邊耶，那個力量是很大的。

從軟體建設而言，若以水患自主防災社區為例，應增加當地民眾的防災意識，而非抱持以往隨遇而安的心態。參與水患自主防災社區的志工與幹部，須採取事先預防的作為，平常就應檢查防災器具或探視社區居民；當水患真正來臨的時候，可以爭取到提早撤離的時間與減少災害的程度，才能真正顯現出調適政策的成效。

> TN3：自主防災對易淹水地區幫助相當大，以我的社區來講的話，阿公、阿嬤也願意配合，以往水來了就爬高一點，不然就讓東西淹了之後，再看有沒有補助，現在就不一樣了，他們已經有防災概念。

> TN3：我們事先的觀察作為，要先去看、去查、去反映，還有那個抽水機的油、水、電要搞清楚，以免緊要關頭不能發動。

> TN1：水還沒來的話，3、5分鐘就疏散到避難中心，水如果到了，用揹的就很辛苦了，沒有那麼多人幫忙，車也沒辦法

開，所以救災就是來得及跟來不及而已，應該逃難的時候
就是要趕緊跑。

二、曼谷

（一）調適方式

1. 治水工程

曼谷因為先天地理條件之故，過去也常見淹水的現象，故而政府會
採取對應的治水作為，部分民眾亦認為政府會有因應水患災害的工程，例
如：排水溝、滯洪池、沙包與抽水機等。

BK3：政府有儘量做大水溝，規模大約像地鐵的軌道大小。

BK2：有一種地方就是平時沒有水，但如果淹大水的話水會流到
這裡，是在曼谷北部大城府那邊有設滯洪池。

BK4：最常見的就是沙包，還有抽水機，這兩個比較普遍。

甚且民眾認為政府理應知道市區內何處會淹水，須針對重點區域儘速
施作符合需求的排水設施，且留意外水與內水的水位高度差異，期待治水
工程有其成效。

BK2：大家都知道哪裡會常淹水，市政府應該趕快改善，排水溝
應該做快一點、大一點。

BK4：例如拉查達地區（Ratchada）也常淹水，我有看過政府在
施工，有做總比沒做好，有做有改善就好。因為曼谷的水
排不出去，河水位非常高，你把水排到河裡就又流回來，
所以要往外排。

雖然曼谷市區的排水系統是在泰國中相對比較完整，不過卻有民眾認

為現行曼谷市區的排水設施效果不佳，甚至無法將水體導引至更大的排水設施，主要是因為政府沒有對症下藥，並未在易淹水處興建適當的排水系統。

> BK5：曼谷市的排水系統是最好的，因為他有很多小河流，但是到郊區的時候那些小河流就不見了，水就會開始淹起來。

> BK2：雖然曼谷有做好幾個排水溝，但是效果不太好，是因為排水系統沒有把水排到那個大的排水溝，政府在不該建的地方建大水溝。

> BK3：問題就是以為只要有大水溝，就會解決淹水問題……大水溝已經蓋好了，然後大家就在討論我們要怎麼把水排到那裡去！

2. 組織制度

（1）政府協力

泰國當局有成立因應的政府機關，例如：泰國農業部水利局、泰國自然資源環境部水資源管理局、泰國水利防災中心與泰國國家水資源委員會，雖然各司其職，但有部分單位的功能雷同，或再另設單位擔任統籌作業。

> BK1：關於水的問題有幾個單位，第一個叫做泰國農業部的水利局，專門在管理水；另外一個單位是泰國自然資源環境部，下面也有一個叫水資源管理局。基本上在泰國管理水的單位，就是由這兩個。一個是泰國水利防災中心，因為政府有意識到水災問題，所以就加了一個這個部門。目前政府還有泰國國家水資源委員會，這個部門是最高層的，由總理召集會議，關於水的部門一起來討論。我覺得其實有很多單位是重複，他們的解決辦法就是再設一個委員會，大家一起進來。

　　雖然泰國有這些治水的政府機關，但仍常出現水患的問題。不過即使經歷過 2011 年的嚴重淹水災情，部分民眾認為政府不會重蹈覆轍，對於政府是存在信任感。

> BK1：雖然現在還是淹，但現在淹 10 公分、淹 15 公分算是正常的狀況。

> BK5：我是相信現在的政府不會再讓那種事發生，因為軍政府在治理這個都市的時候比較有經驗面對淹水這樣的狀況。

（2）自主防災社區

　　曼谷目前尚未實施類似自主防災社區之相關計畫，多數民眾是採取自力救濟的方式，以簡易的材料阻擋洪水。

> BK4：我記得小時候淹水時我們是自己防水，我們用一個木板卡在門外，然後用布袋卡在木板後面，我們會自己防的，不用等政府。

（二）調適程度

1. 流域綜合治理

　　根據當地民眾的觀察，建議政府之水患風險治理可以從更整體的角度思考。特別是因為部分居民，過去就已經習慣於有淹水的生活，政府的治水措施，導致原本預期該淹水的區域變成不會淹水、原本不淹水的區域卻淹水，反而引發公平正義的問題。

> BK1：2011 年的時候，因為曼谷是泰國的首都不能淹水，所以讓河水從旁邊走，可是就遇到公平正義的問題，為什麼要犧牲旁邊郊區的居民，成就市區不淹水。

BK2：可是如果像我們家本來應該水就會往下流，而且也預期會
　　　淹水，結果擋了之後水反而跑到別人家去，別人不該淹的
　　　地方卻淹水。

　　其次，政府為防止河水氾濫的問題，理應建構堤防等治水工程，但部
分防範或因應水患的基礎建設，似乎輕忽其嚴重性。甚且在時間、經費、
人力有限的前提下，政府亦未能特別針對地勢低窪的地區先行施作排水系
統。

BK3：政府只會說在哪一區放了幾個沙包，政府知道水已經要來
　　　到曼谷，但是他不會告訴民眾，因為他認為已經用沙包擋
　　　起來，應該不會有災害了，有些工程改變水流方向，讓很
　　　多人家都遭殃了。

BK5：曼谷做這個排水系統，是從 2011 年比較嚴重的地方先
　　　做，反而原本是地勢低窪的地方，沒有特別先做排水系
　　　統。

2. 政策成效

（1）基礎設施

　　部分受訪民眾認為面對 2011 年的重大水患，主要是因為降雨量過
大，而政府的相關基礎設施與政策，例如：救災指揮中心、沙包牆、排水
溝、水壩等沒有整體考量，使其未能發揮應有的功效，進而導致進退失據
與救災物資受損。

BK2：2011 年那次，有一部分是因為雨下得很大所以淹水、又
　　　把沙包牆沒有讓水順著地勢往南流就好、排水溝設在不該
　　　設的地方、水壩放水放太快，還有垃圾卡在水溝，剛好全
　　　部一起爆發，所以才那麼嚴重。

BK3： 2011 年廊曼機場做為救災指揮中心，結果自己還淹水！
　　　那個地方比較靠北邊，所以水一定會先到那個地方。我知
　　　道很多人去捐物資，物資全部集中在那個地方，然後東西
　　　也被淹了！

不過，在歷經 2011 年的嚴重水患之後，有受訪民眾認為政府的治水
作為已經出現成效，現在部分地區的淹水程度有所減緩。

BK5： 政府在 2011 年那次受災較嚴重的地方做地下大水管，自
　　　從開始做之後，拉查達地區就沒再發生過大淹水，所以應
　　　該是有成效的。

其次，部分的政府治水建設，並非完全從民眾觀點思考。以昭披耶河
為例，有受訪民眾表示，政府為顧及河岸美觀而選擇不施作堤防，卻可能
因此威脅沿岸居民的安全。

BK2： 從河岸美觀跟安全性，市政府是選擇好看，但這樣就可
　　　能會害了住在河邊的民眾，跟河岸的民眾與餐廳也有衝
　　　突⋯⋯我也不明白從安全來看，曼谷人為什麼會接受這樣
　　　的治水方式。

（2）垂直避難 [3]
　　針對住家淹水的可能性，曼谷部分居民會選擇地勢較高、墊高地基、
建構高腳屋，或是選擇較高樓層的住宅型態。

BK4： 如果淹到水跑進來的話還是會怕，但我們家已經把地基墊
　　　得很高。

BK2： 我們家原本的地勢就比較高。

---

[3] 當遇有淹水災情發生，預判已無充裕時間前往安全之避難或收容場所，且道路狀況已呈現困
難及不安全情形時，淹水地區之民眾應儘速移動至居家或鄰近之 2 樓以上建築物進行避難
（呂大慶，2016）。

BK3：像我住的公寓是在 14 樓當然不怕，但是下不了門，很不方便。

BK1：泰國比較傳統的房子，原來就設有防水的結構。例如：我們有高腳的房子，淹水來也沒問題。在農村，靠海邊，都是可以做高腳的。

以高腳屋而言，就是將 1 樓作為居住以外的用途，例如：停車、置放農具、飼養家禽等，即使淹水也比較不會危及居民的安全。遭遇淹水的情況時，會將 1 樓的物品搬到 2 樓或其他高處，以避免財物損失。

BK2：一般高腳的話，1 樓的作用很多元，可以坐在地上、停車、置物都可以。所以如果是像傳統農村的話，1 樓可能會放農業的器具，或者養雞養鴨，就是淹了也沒關係，至少人是安全的。

BK3：淹水時把東西搬到 2 樓，有時候我們就會躲到屋頂上，大概有 5 米高！

惟因在昭披耶河邊的高腳屋未具產權，所以並非合法持有；雖然政府會有驅離行動、但不積極，倘若遭遇災難也就不具求償權利。由於高腳屋是因應水岸地形而產生，淹水是可預期的狀況，所以對於居民而言，相對是抱持隨遇而安的態度。

BK2：靠近昭披耶河有很多高腳屋，不過那邊的高腳屋是違法的。因為河邊的土地是沒有產權的！通常有什麼災難時，在法律上他們沒有什麼權利能得到補助，政府雖然會趕，但不會那麼強迫。

BK3：反正政府就是讓你住，可是如果淹大水的話，可能就漲到家裡面了！就算如果有淹水，這些家沒有受到影響的話，他們就很悠哉地過生活，所以住在高腳屋的民眾就比較不

會怕。

（3）垃圾管理

對於曼谷市區而言，造成淹水的原因之一即為垃圾問題。主要是由於垃圾會減緩河水流速、堵塞排水系統，一旦出現大雨，就容易引發淹水的問題。

> BK2：曼谷的水溝常有垃圾去擋住，政府就怪民眾說他們亂丟垃圾，其實我覺得是雙方啦，都市管理垃圾的方法也沒有很好。

> BK3：垃圾是泰國很大的問題，我覺得不能只怪民眾，因為都市如果規劃適合民眾方便丟垃圾的話，也不會有這個問題。

由於臺灣的雙北地區實施垃圾費隨袋徵收政策，受訪的泰國民眾認為應該要學習臺灣專用垃圾袋與垃圾分類的機制。

> BK2：我知道你們臺北市有專用垃圾袋的政策，是個超級好的政策。

> BK3：你們對於垃圾有管制、要分類，在曼谷都不會分類，如果政府要我這樣做的話，其實我也會做，但是我分類完給垃圾車的時候，他們還是一樣全部混在一起倒進去。

而且因為政府並未妥善規劃與教育如何處理垃圾，導致民眾隨手亂丟，甚至臨河的民眾會將垃圾直接丟棄於河中，直接造成河水汙染與影響排水等問題。

> BK2：我覺得是都市沒有規劃要怎麼培養人們去處理垃圾。

> BK1：有些住在河邊的民眾，他們很懶得丟垃圾，就直接往河裡丟。

故而，曼谷市政府會從市區的河道、溝渠清理垃圾，並向民眾宣導定時、定點、分類放置垃圾，不要隨意丟棄。

　　BK4：一個解決辦法是去清排水溝的垃圾。

　　BK3：市政府會提醒市民將大體積的垃圾，在固定的時間內放置在固定的地點，最好是進行分類放置，讓工人定點定時收集清理。

　　BK2：政府要向民眾宣導不要丟棄垃圾到河道與公共場所。

第五節　小結：臺南與曼谷的水患風險治理大不同

壹、民眾的風險意識

　　若以民眾的風險意識而言，臺南民眾可能基於過去的生活習慣與經驗、淹水的嚴重性、自身利益的考量與獲得之水患資訊等，警覺性略高於曼谷的民眾。相對地，曼谷民眾認為政府應該告知降水強度與原有蓄水設施的狀況，以避免民眾陷於水患的恐慌之中。

　　然而在經歷 2011 年嚴重的水患之後，曼谷民眾認為該次的淹水經驗只是個案，即使後續還是會淹水，但是民眾對於政府目前治水作為是有信心的；如果淹水深度超過膝蓋或是更嚴重，只要在一個當地民眾可以接受的時間內，淹水情況能獲得改善，當地民眾仍認為淹水是很常見的自然景象。甚至位處地勢低窪的區域，部分曼谷民眾認為淹水兩、三天至一個禮拜，屬於可以接受的程度；假如同樣情形發生在臺南，恐怕居民早已怨聲載道。

　　臺南與曼谷民眾對於水患的風險意識，是存在差異性。政府應該與具有較高風險意識的民眾合作，使其成為政府防範水患的協助者；針對風險意識較低的民眾，政府則應透過風險溝通的不同方式，提供其相關資訊，

以呼籲民眾注意水患的風險性。

貳、民眾的風險溝通

一、溝通管道

　　臺南市政府相關部門的溝通方式，相對於曼谷可能較為多元與豐富，除了網路、電視、手機、Facebook 或 LINE 等相同的管道之外，臺南還包括細胞廣播、公共場所跑馬燈、里長廣播、面對面宣傳等方式，民眾也相對願意參與溝通。因此，臺南提供防範水患資訊的風險溝通，不只有政府之間的管道，更常見政府單位直接提供給民眾的途徑，而曼谷則相對較少。

二、民眾態度

　　民眾希望政府的風險溝通可以多管齊下，且針對不同災害與受眾屬性，搭配不同的資訊途徑，俾利民眾可以方便獲得。事實上，曼谷官方大多從電視傳遞水患資訊，其他管道與方式相對較少。民眾雖然期待向政府反映災情，只是部分市民認為即使反映但可能效用有限；而且政府已經提供因應水患策略，所以有時民眾並不積極溝通。

　　對於曼谷市民而言，因為常遭遇水患的事件，所以面對此類狀況早就習以為常。他們曾看過臺灣水患的新聞，發現有時淹水程度並未超越曼谷的災情，但卻被媒體大肆報導，誠如受訪的曼谷民眾 BK2 就認為臺灣民眾的反應有點異常，其表示：「有一天臺北有淹水，我覺得淹那麼一點點，怎麼新聞就報出來，有什麼好大驚小怪的？」

　　由於部分曼谷民眾是因為已經習慣淹水的現象，所以政府的風險溝通管道與資訊，主要在於提醒淹水之區域，以避免造成生活上的不便。不過部分受訪者覺得現行政府風險溝通的傳遞方式與資訊豐富度，仍有待強化。特別是避免過於政令宣導等制式的風險溝通，應將溝通重點置於如何

實際減緩水患災情或是提醒如何防範，否則資訊的品質與數量，都可能會讓民眾不會太在意政府提供的水災資訊。

三、差異原因

若以臺灣的角度來看，如果有淹水的問題，民眾將會透過很多溝通管道，表達其不滿的情緒。因此臺南與曼谷之間的差異，可能與政府體制的運作模式以及市民對於政府治理作為的期待有關。但無論差異性為何，從風險管理的角度來看，政府風險溝通的重點應是如何溝通風險、如何讓政府的風險溝通策略被一般民眾所接受，政府必須投入更多的心思。為了降低災害風險，瞭解個體覺知風險、風險溝通影響個人與組織行動的過程，以及針對不同對象提供適合的風險溝通方式，對政府來說更為重要（廖楷民、鄧傳忠，2012：1）。

參、民眾的調適行為

以目前臺南與曼谷兩個都市因應水患的調適作為，包括常見的治水工程、組織制度協力或提供民眾自主防災的作為。其中臺南的治水工程蘊含「逕流分擔」的概念，亦即政府會對於淹水潛勢高或受害損失大的流域，配合新建或改建公共空間，進行高程調整兼做滯洪使用，一方面不妨礙原本設施功能，一方面可於水患期間發揮滯洪功用，減少鄰近住宅或工廠等積水或淹水的風險及損失，並克服都市徵收取得土地不易的困難（水利署，2018）。

兩市民眾未必都會自己採取調適行為，但對於政府的調適行為卻都有更多的期待與希望。不過，曼谷民眾即使會反映水患災情，但因為相對習慣於淹水或積水的狀況，故而其民眾對政府調適行為的要求與期待程度似乎低於臺南民眾。甚且，曼谷民眾並未特別留意電視等風險溝通資訊，並不知道政府有無推動自主防災社區等措施。

　　此外，兩市的受訪民眾皆有提到政黨因素會影響都市水患風險治理，無論是民眾對於政黨的認同、執政者的政黨輪替，或是政府內部首長與文官隸屬不同政黨，都可能會造成政策賡續的問題。倘若政府當局可以擺脫政黨競逐的思維，從在地整體性的觀點，重新檢視現行治水的調適策略，俾利降低水患對於民眾的衝擊與影響程度。

第五章 我們與環境正義的距離：都市 水患風險治理之觀點*

本章於 IRGC 所主張「風險特徵的描述與評估」之面向上，認為從個人或社會層次，須辨識和分析與風險相關的問題，比較風險評估結果與具體標準，確定風險的重要性。由於風險特徵的描述與評估須考量道德、規範和社會價值觀等，本章將藉由問卷調查，瞭解不同民眾的群體，如何看待都市水患風險治理中的環境正義問題；並透過與地理資訊系統，知悉自然脆弱與社會脆弱之間的交互關係，是否存在環境不正義的現象。

第一節 我們距離環境正義有多遠？

本節將分別說明「研究背景與動機」、「研究問題與目的」，以闡述本章於本書中之定位與必要性。

壹、研究背景與動機

環境正義的立論基礎，是認為環境風險與成本多是由弱勢族群分擔，因此一方面除了揭露不平等之外，另一方面須積極倡導弱勢族群也享有良善自然環境、天然資源的權利。環境正義已經逐漸成為評估人與環境之間關係的架構，也經常被視為一種政策原則。特別是當我們要做出公正判斷以解決環境問題時，許多蘊含其中的正義價值會顯得更加明確（Walker & Bulkeley, 2006）。過去在運用環境正義的概念時，相對較為關注群體和民族等要素，及其汙染和負擔風險的關係（Bullard, 1999）。然而，近年來

---

* 本文感謝高雄師範大學吳裕泉同學在 GIS 製圖技術之協助。

對於環境正義的精神，已經被應用到更為廣泛之環境問題和社會差異（包括貧窮，年齡，性別和身心障礙）間的討論，甚至是政府的政策系絡之中。

　　過去討論水患中的社會脆弱性議題，常出現於災難相關的文獻，較少以環境正義的角度予以檢視（Walker & Burningham, 2011）。不過目前治水工程，大多採取築堤與疏導方式。採取此種治水方式，倘若是小範圍的疏洪規模或許尚能因應，一旦遭遇大區域的洪災，此種工法恐將遭遇重大挑戰；而疏洪是將一處洪水引導至另外一處，亦將會造成負面外部性的環境正義問題。

　　其次，部分針對環境正義的分析，常偏重於揭露環境不正義的分布態樣，卻飽受學者的強烈批判（Schlosberg, 2007），因其認為從差異和不平等模式的現象描述固然重要，但是應該也要注意針對不公平的決策討論；亦即須從現象陳述的實然面，轉換到規範性要求的應然面。甚且，因為水患不會只發生一次，針對水患與其他自然災害型態，就值得長期關注脆弱性與環境正義問題，也試圖瞭解具脆弱性的個體，在哪些面向受到嚴重影響（Cutter, Boruff & Shirley, 2003; Pelling, 2003）。因此在環境正義的倡議中，常希望政府在其政策規劃與執行過程中，能以環境與社會的壓力考量累積性的衝擊（Sadd et al., 2011: 1442）。

　　在環境正義的架構中思考水患風險的關鍵因素，例如：危害度、暴露量、脆弱度等，將轉變為討論和防範不正義的評估基礎。當水患成為環境正義論述的一部分之後，才容易發現蘊含其中的社會差異和不平等的脆弱性問題。一旦關注到水患的脆弱性問題，才會進而留意貧窮和被邊緣化等群體所受到嚴重的影響（Walker & Burningham, 2011）。誠如人類與自然耦合系統（coupled human and natural systems, CHANS）研究，學者在理解、解釋和建構環境正義模型的過程中，試圖納入韌性和脆弱性的概念（Roberts & Parks, 2007; Liu et al., 2007; Kasperson et al., 2010; Caniglia et al., 2014: 410-417）。

　　臺灣關於水患的社會脆弱性研究，大多著眼於從風險災害為論述主軸。學者發現災害容易在社會上造成脆弱性現象，災難受害者的脆弱性，

部分植基於原本潛藏在社會中的不平等關係，進而造成不同群體在面臨災害時受損程度的差異性，例如：文化、資訊、基礎建設、社會經濟條件（包含農工階級、老弱婦孺、有色人種或原住民）（Cutter, 1996; Walker & Burningham, 2011: 222）等。脆弱者受災機率越高，則越容易造成災後社會不平等的惡化（張宜君、林宗弘，2012）。

當政府面臨如何回應社會脆弱性的問題時，常涉及其對於環境正義關心的程度。臺灣的地方政府對於災害的主要考量因素是頻率、災害損失及傷亡人數，但往往忽略自己特有的社會、環境、經濟能力及抗災韌性，亦無法針對災害中的不同脆弱族群，提供不同程度的解決方法。然而，由於當前的水患風險治理，多數以工程技術專家的災害評估與技術方案為主軸，相對輕忽社會面與文化面的脆弱性；即使有脆弱族群意見的呈現，仍只是徒具形式的末端參與，常引發政府與民眾之間的衝突。甚且，於災害發生之際，政府經常陷入資訊傳遞中斷、資源分配不均，部分民間團體的動員速度快於政府機關，而呈現出政府失靈的狀況。

由於脆弱性是一種動態而非靜態的特質，也不是在社會中平均分布，且並非各脆弱族群的所有人都具有相同的脆弱程度，致使部分個體無法在災害發生之前就能輕易發現（Walker & Burningham, 2011: 223）。故而，倘若吾人能更加重視辨識、發掘與減少脆弱性，方能在環境危害發生之前，就得以建立韌性（Caniglia et al., 2014: 417）。

貳、研究問題與目的

目前臺灣之水患脆弱地區，主要分布於西南沿海一帶（陳亮全等，2011）。受到自然災害影響的人口，其社會脆弱性與調適能力，除了端視其周圍自然環境的彈性之外，也包括既有的政治、經濟與社會等條件的影響。甚且，誠如 Bullard（2001: 156）所主張，環境不正義之類型可概分為：程序不正義（procedural inequity）、地理性不正義（geographical inequity）、社會性不正義（social inequity）；其中程序不正義於第三章已經分析，而本章所關注的自然災害與社會脆弱性之關係，將一併討論地理

性與社會性的不正義。

其次，臺灣民眾面對水患問題，常認為是大自然界的實存現象，並試圖從中找出與水共存之道；但自從環境意識逐漸覺醒之後，社會脆弱族群開始發現，為何由其承擔水患所致的災害。這種環境意識的改變，逐漸造成執政當局與脆弱族群之間的關係衝突化，癥結即在於民眾的生活環境受到影響，但卻無法獲得適當改善。反觀政府部門的水患風險治理，因權責分工分散於不同機關，而機關目標過於單一化，且缺乏專業整合，常有民眾無感或執行成效不彰的問題，進而造成群體之間的環境不正義。

不過，相對於社會脆弱性是較屬於客觀存在，環境正義則相對偏向於主觀認知。基於客觀存在的脆弱性事實，政府經由主觀認知與判斷，進而於政策規劃與執行展現。政府官員認知的結果，將會影響社會脆弱性是否得以減緩、亦或是繼續擴大之關鍵。甚且，政府官員與一般民眾對於水患災害的認知是否相同？綜合上述，本文的主要研究問題，包括：

1. 不同群體對於水患之環境正義認知是否存在差異？
2. 不同社會脆弱族群是否位於淹水潛勢區？

第二節　文獻分析

由於本章是以環境正義的觀點，說明描述與評估都市的風險特徵，特別是包含社會脆弱族群等不同群體對於水患風險的觀點為何，因此以下將分別從「環境正義」與「社會脆弱性」檢視相關文獻。

壹、環境正義

本節將從「環境正義的內涵」、「環境正義的面向」、「都市水患風險治理的環境正義」，分別檢閱相關之文獻。

一、內涵

　　現今廣為討論的環境正義主張，於 1987 年由美國聯合基督教會種族正義委員會（United Church of Christ Commission for Racial Justice）發表「有毒廢棄物與種族」的研究報告中被正式提出；此份報告說明，在美國境內少數族群的社區，長期以來不成比例地被選為鄰避設施的最終處理地點（紀駿傑、蕭新煌，2003：172）。此後，環境正義的討論與爭議紛至沓來。環境正義的實證研究，從 1980 年代重視風險分配的結果公平性，到 1990 年代重視不平均分配的形成機制，到 2000 年後轉為以科學實證研究作為政策決策之參考（王永慈、游進裕、林碧亮，2013：91）。

　　由於環境正義的議題受到重視，是來自於弱勢族群居住在惡劣環境的觀察，而環境正義自始即與社會脆弱性相嵌（Dobson, 1998: 14）。繼之，隨著社會朝向民主多元的發展，逐漸出現對於正義的認知，並擴展至社會、經濟、環境的組織制度面向（Rondinelli & Berry, 2000: 70-84）。自從環境正義開始受到重視，環境議題不再侷限於自然科學與技術，而延伸至人文社會面向的討論，甚且具有人權意涵的公平與正義逐漸興起（李翠萍，2012：11）。

　　環境正義的研究，主要關注於環境危害的分配不公平以及如何形成環境不正義的現象。但迄今尚未有普遍都能接受的定義（Holifield, 2001; Ikeme, 2003），舉例而言，Habermas（1984）認為長久以來社會正義與市場效率之間的衝突，依靠貨幣與權力是無法實踐社會正義，應以「論理的正義模式」（discourse model of justice）為基礎，希望透過理性溝通與辯論原則建構理想言談情境，強調程序與參與面向的正義，讓道德和法律的規範制定，具有正當性的基礎（Habermas, 1984; 石忠山，2015：92-109）。

　　Young（1990）認為制度性壓迫造成分配不正義的結果，必須避免剝削、邊緣化、喪失權力、文化帝國主義與暴力等壓迫因素，並應承認種族、文化、性別、身心障礙者之間實存的差異，將這些差異的決策權力與資源有所連結，而得以在政策辯論程序中，建構與提供制度化的參與機

會，賦予這些群體得以陳述與分享其自身觀點，甚至影響公共決策，以彰顯程序正義的必要性，進而獲致分配上的公平。誠如學者（李翠萍，2012：12）所主張，決策過程的不平等也會導致環境不正義的發生，使得某些群體享受著經濟利益的同時，另外一些群體卻必須承受環境傷害。由於群體之間權力不均，使得有些較有能力的群體，較容易接近決策核心，使環境政策的結果對其有利。相對的，個別的群體通常無法影響決策結果，也較容易面臨環境傷害。

除了前述制度與規範所造成的不正義之外，正義論述的另外一個重點，在於關注如何公平分配物質與非物質，並從環境的損益之公平分配，思考環境正義問題。例如：Wigley 和 Shrader-Frechette（1995）認為環境正義主要是關切環境利益與負擔分配的公平性，且是根據對每一個個體平等對待的原則，每個人在環境決策上的利益，應受到平等對待的考量。紀駿傑（1997）強調環境正義的基本主張，是希望社會脆弱族群有免於遭受環境迫害的自由，社會資源的平均分配，資源的永續利用以提升人民的生活素質，以及每個個體對乾淨的土地、空氣、水，和其他自然環境有平等享用權的權利。Wenz 主張（1988）在環境正義的分配面向上，當利益相對稀少或是負擔相對過重時，須考量如何分配利益與負擔的方式；而且分配正義並不僅侷限在當代人們不同的族群正義，同時也須關心代間正義、人類與動物之間的關係等。湯京平、簡秀昭、張華（2013）認為不論是資源、經濟利益、環境風險或汙染所造成的成本，都應該由不同群體、階級等公平地分配或承擔。

Dobson（1998）認為考量環境正義的初衷，是發現社經條件相對不佳者居住在惡劣的環境，而環境不正義即是來自於環境損益分配的不公平。因此其檢視在何種情況與架構中，分配正義的原則、利益與負擔的觀點與正義社群的理解等多元因素，會與永續環境有相容的可能性。而 Low 和 Gleeson（1998: 133）主張環境正義的核心，在於好或壞的環境品質之公平分配，並試圖發展環境正義的一般性原則；兩位學者發現正義是「我們與其他人類共同分享之普世的道德關係」，但此一關係必須根據文化脈絡予以界定，才能獲致較為妥當的詮釋。誠如 Zerner（2000）所言，透過具

體脈絡的情境，檢視相衝突之文化認同與公民權利等，將有助於理解環境正義與其複雜性。

Fraser（2008）認為過去的正義理論主要關注社會貧富不均的問題，主要是來自於社會經濟結構及其隨之而來的剝削與排擠，必須思考重新分配機會和資源；惟因不僅有前述的社會經濟重分配問題，尚存涉及性別、族群、階級歧視等文化符號認知或被標籤化的不正義問題，不妥適的肯認（recognition）結果，將影響所處社會地位的關係。再者，因為隨著跨國正義受到重視，Fraser 主張正義須再加上政治代表權的面向。前述的不正義問題，須透過對於現行社會、經濟、政治等機制重構與重分配，也要教導民眾有正確的肯認，方能予以導正。

關於肯認的範疇，包括：個人、族群與地方等。當主流社會對部分人民抱持貶低的形象，這些人民可能將不利自身情勢之形象又予以內化。當個人認為他們的認同與社區受到貶低或肯認受到否定，則更涉及到文化存亡的議題（Schlosberg, 2003, 89-92）。如同 Slovic、Flynn 與 Gregory（1994）發現部分人士之所以會貶抑某個地方，可能來自於受到汙名化或具有環境風險之鄰避設施的選址，導致當地居民原本正面的地方認同受到侵蝕，隨之而起的卻是對於當地的威脅與破壞。因此 Schlosberg（2004; 2007）認為資源分配、肯認與程序正義之間，具有緊密的關連性，如果其間缺乏尊重，則常源自於在政治與社會的範疇中，排斥或限制部分民眾的參與。故而，Schlosberg 主張以地區為基礎，採納多元價值的思維，才能完整呈現環境正義的概念，其中多元的方式包含：環境分配的公平性、受危害地區之經驗與文化差異的認知，以及參與環境政策的制定與管理。

甚且，Walker（2010）將空間的脆弱性與福祉概念，用以探析分配公平的議題，其中包括將環境正義關於程序與參與的面向，延伸至空間的可近性、空間流動的限制以及資訊的取得等；也將肯認的概念延伸到對於地方不適切的認同與汙名化的討論。環境正義除了主張環境權的平等、人人都有免受環境衝擊的權利之外，針對必須接受災害存在的地區居民而言，也應得到合理的補償。環境正義在追求社會公益的同時，亦試圖藉由相關的回饋制度，使不得不然的環境不正義，儘可能達致平衡的狀態。

　　美國聯邦環保署環境正義辦公室（Office of Environmental Justice, 2019）主張環境正義應該是「不論種族、膚色、原始國籍、或收入，所有人民在環境法律、規則與政策的發展、執行與強制施行上，都必須被平等對待並能有意義地參與」。此一目標必須透過以下兩點才能達成：每個人受到同樣程度的保護以免受到環境和健康危害；每個人擁有平等參與決策過程的機會，以共同營造一個健康的生活，學習和工作環境。

　　國內學者針對環境正義的討論，大致從以下幾個面向：哲學（吳明全，1998；彭國棟，1999；程進發，2005；鄭先佑，2005；李河清、張珍立，2006；邱文彥，2006；黃瑞祺、黃之棟，2007a；張盈堃，2010；黃之棟，2011；黃之棟，2012；石慧瑩，2017；石慧瑩，2018）、法學（鐘丁茂、徐雪麗，2008；黃之棟、黃瑞祺，2009a；黃之棟、黃瑞祺，2009b；黃之棟、黃瑞祺，2009c；黃之棟，2014）、社會學（紀駿傑、蕭新煌，2003；陳文俊、陳建寧、陳正料，2007；范玫芳，2012；Fan, 2012；Fan & Chou, 2017）、人權（杜文苓，2006；黃瑞祺、黃之棟，2007b；廖本全，2014）、生物多樣性（陳章波、謝蕙蓮、林淑婷，2005；李永展，2006）、媒體（王景平、廖學誠，2006）、環境汙染（李翠萍，2018）、族群（紀駿傑、王俊秀，1998；莊慶信，2006；陳秀芳，2012；張文彬，2016）、鄰避設施（李永展、何紀芳，1999；彭春翎，2006）、環境抗爭（葉名森，2003；石慧瑩、劉小蘭，2012）、產業（王俊秀，1998；曾宇良、佐藤宣子，2015）。

　　本文參酌上述各家之論點，將環境正義定義為：不論文化、地區、世代、群體、收入、社經地位、價值觀、在地常民知識、生存空間等因素，除了儘量免受環境危害外，大眾都應享有社會資源的公平性與永續性；無論從政府的法律與政策或是民眾的認知，社會個體都應在「分配」及「程序」的原則中，有公平而有意義的參與權力與機會。簡言之，環境正義可以從人類本身的特質與政府的政策予以彰顯，避免少數或特定的社會群體承受不成比例的負擔，同時延伸到對環境的尊重，並反思人與環境的關係。

二、面向

　　然因各家論者對於環境正義的內涵有不同的界定，因此檢視環境正義的面向，亦容有不同觀點。例如：Been（1994）認為環境正義主要關注的問題，為是否有充分的證據，支持環境風險分配不公平的問題？是否因種族與階級因素，造成環境汙染或危害暴露的不平均分配？有害廢棄物設施的選址，是否傾向設在貧窮與少數族裔居住的地區？鄰避設施的空間分布，會反映房地產價格之動態性？Ishiyama（2003）與 Kurtz（2007）將環境正義的問題，聚焦於較為廣泛的社會結構、政治經濟與資本主義的運作過程，並關注環境種族主義、受壓迫的群體、種族與階級之關係、殖民主義、貧窮、年齡與性別等社會差異、跨域空間之影響，以及分配不公平的問題（Kurtz, 2007）。國內學者（范玫芳，2012：123）以分配（Wigley & Shrader-Frechette, 1995; Wenz, 1988; Low & Gleeson, 1998; Walker, 2010）、肯認（recognition）（Young, 1990; Honneth, 1992; Fraser, 1999; Schlosberg, 2003）與程序正義（Hunold & Young, 1998; Schlosberg, 2004; Walker, 2010）三個面向，作為思考環境正義的主要依據。

　　不過，最常被提及之環境正義面向，為美國首屆「全國有色人種環境領袖會議」（First National People of Color Environmental Leadership Summit, 1991）倡議 17 項「環境正義的基本信條」，其中與環境相關議題，主要包括 1. 人類應互相尊重，彼此平等；2. 永續利用；3. 尊重所有人的自主權；4. 全面及平等的公眾參與；5. 加強社會及環境議題的全民教育；6. 改變生活型態，減少耗費資源及廢棄物等六項。Čapek（1993）提出個人、社區或少數民族在面對可能的環境不正義時，應有的四個基本權利，分別為：充分資訊的權利、公開聽證的權利、民主的參與及社區團結、賠償的權利。而 Bryner（2002）歸納當前環境正義研究主要的分析架構，包括：

　　1. 公民權利：強調法律對權利平等之保護，界定因歧視所產生的不同影響，並思考如何對受害者加以救濟。

2. 分配正義：假定公共政策應該產生公平結果，政策應符合憲法的平等保護期待，主張公平地分配利益以及負擔，並對過去的不正義提供補償。

3. 公民參與：強調公平程序的重要性，主張受到政策影響的社群，能夠參與分配社群利益以及風險的決策，同時主張讓政治上的弱勢獲得參與的公平程序，並且確保所有成員具有參與的社會資本。

4. 社會正義：假定不正義是源自於社會因素，進而導致不成比例的風險與危害產生；主張應該綜合性地評估政治、經濟、社會、文化的權力互動，並且處理不正義的根本原因，以及確保文化多樣性。

5. 生態永續：認為應該削減環境問題所產生的影響，而不是重新分配環境問題，因為重新分配將使得環境問題成為社會、經濟與政治問題。主張汙染預防以及資源保育，減少所有人類的災害，確保經濟、平等與生態價值的相互關係，使生態永續成為首要價值。

　　從前述諸多環境正義衡量的原則可以證明，若僅從社會正義的角度對物質性的利益（例如事物、資源、收入及財富，或在社會地位的分配）進行分配尚顯不足，還須從正義的觀點反省環境利益與負擔的分配公平性問題。除了關心人類間環境正義問題之外，我們也應省思人類與自然環境間的意義，進而尋求人地關係的生態正義（ecological justice）（Low & Gleeson, 1998）。

　　一般可從政府及民眾的認知及其意識結合的力量，共同檢視環境正義。主要乃因民眾與政府基於資訊傳播、知識教育與道德倫理等認知要素進行社會互動，並存在許多社會心理關係，進而形成環境正義的認知傾向（陳文俊、陳建寧、陳正料，2007）。而臺灣學界對於環境正義的論述，主要是重視脆弱族群承擔較高風險，以及政府的相關政策並未獲致民眾共識即貿然執行，因而呈現出分配與程序不正義的問題（黃之棟、黃瑞祺，2009）。學者 Elvers、Gross 與 Heinrichs（2008）提出一個以環境政策決策過程為基礎的環境正義架構，其相當重視決策過程中利害相關者的認知與對話，包含四個面向：

1. 第一是分析方面（analysis）：影響層次（impact level），提出相關政策對於自然環境與社會環境造成的影響；效果層次（effect level），指涉人們身體、心理的健康、生活品質、主觀的福祉。

2. 第二是轉化方面（transformation）：不確定性（uncertainties），意指各類的災害評估或是預防行為，都要面對所謂的不確定性，無論是贊同或反對的一方，都會依據此不確定性而有不同的論述，以便推動或阻撓相關的政策，因此決策過程須要加以考慮；客觀性（objectivity），對於風險或危害的認知，不僅仰賴科學的判斷，個人的不同觀點也須納入評估。

3. 第三是解讀方面（interpretation）：道德（morality），以道德角度判斷正義與否，須要同時包含實質正義與程序正義才是完整的環境正義；不均衡（disproportion），強調不成比例的風險分擔，亦即須要考量不同所得、教育程度、宗教、年齡、族群等人口群體的生活品質與主觀福祉。

4. 第四是政策執行方面（implementation）：政策領域（policy fields），須要同時考量環境政策與社會政策；資訊（information），政策資訊的揭露須要顧及相關的利害關係人，因為透明及周詳的資訊才是民主參與的前提。

上述諸多學者所主張環境正義面向中，Čapek（1993）提出吾人在考量環境正義時應有的基本權利，是相對較為明確指出可以努力的目標。其次，在加拿大重大公共工程防護與緊急整備局（Public Safety and Emergency Preparedness Canada）於2001年所開發的社區脆弱度與能力評估法（Community-wide Vulnerability and Capacity Assessment，以下簡稱CVCA）中，評估居民具備脆弱的原則之一，即為有無能力從災害環境中復原；甚且如Elvers、Gross與Heinrichs（2008）強調環境政策決策過程的重要性。故而，除了Čapek所主張的充分資訊的權利、公開聽證的權利、民主的參與及社區團結、賠償的權利之外，再增加「環境復原」與「行為偏好與決策」兩個構面。植基於此，本研究將以上述六個構面，作為後續建構問卷題項的重要基礎。

三、都市水患風險治理的環境正義

根據 Walker 與 Burningham（2011）的研究，水患是近期才被視為環境正義的議題，可將其界定成一種特殊的環境風險形式，並研究建構水患風險和影響的環境正義框架所需之關鍵證據和分析。兩位學者回顧和研究英國的情況和現存關於水患的研究文獻，以填補吾人理解受水患影響的各種社會平等模式，而此種社會平等模式是與水患風險暴露度和脆弱性有關。其考慮可以藉由各種方式，對於這些不平等中的正義與否，以及如何透過當前的水患防治政策和實踐來維持或應對做出判斷。Walker 與 Burningham（2011）認為有資料證明於現今水患風險中，確實存在嚴重的不平等現象，並且可能會有人提出不正義的主張。

Montgomery 與 Chakraborty（2015）認為在近期的環境正義研究中，強調須要分析自然災害分布中的社會不平等，並研究環境正義模式中群體內部的多樣性。兩位學者的研究，藉由分析居住在佛羅里達州邁阿密大都會統計區（Miami Metropolitan Statistical Area, MSA）沿海和內陸水患風險區內人口的群體和社會經濟特徵，進行於水患中暴露程度和群體異質性的環境正義研究。他們利用 2010 年美國人口普查和 2007- 2011 年美國社區調查估計得出的社會人口統計變量，以及聯邦緊急事務管理署（Federal Emergency Management Agency, FEMA）所劃設之 100 年水患風險區域，對於水患風險暴露的不公平進行統計分析。其指涉的社會脆弱性，是由經濟不安全和不穩定的社區剝奪指數所呈現。根據其經由邏輯迴歸分析估計鄰域水平（neighborhood-level）暴露於沿海和內陸 100 年水患風險的機率，結果發現非白人的其他種族，在沒有水利工程相關設施的地區，面臨較高的內陸水患風險，而部分群體則常面臨沿海風險。故而，Montgomery 與 Chakraborty（2015）的建議，必須分別從沿海和內陸風險的角度，去檢視水利設施與群體內的多樣性，如此才能更全面地評估社會群體在水患風險的分布態樣。

Thaler 與 Hartmann（2016）比較歐洲水患風險管理的四種不同方法中，內在固有的正義概念。隨著防範水患風險變得越來越困難，而且一些

民眾受益於保護措施，另一些則相對變得較不受到保護。過去對於受保護對象的決策，可將其區域概分為在河流的上游、下游，或是左右兩側。不過，在此出現一個重要、但較少被討論過的議題，亦即應該保護什麼或是保護哪些對象，以避免受到河水氾濫的危害？這個問題本質上是與正義相關。正義涉及社會不同成員，在資源、資本和財富分配方面的公平問題。事實上存在著不同且矛盾的正義概念，這些概念在公平資源分配的詮釋上也有所不同。因此，「保護什麼是正確的」，就成為一個正義概念的問題，而 Thaler 與 Hartmann（2016）提出關於不同的正義概念如何提供不同答案的爭論。

　　Collins、Grineski 與 Chakraborty 等學者（2018）建構一個概念模型，並將其應用於比較邁阿密和休士頓大都市地區水患風險的環境正義研究。Collins、Grineski 與 Chakraborty 在水患的分配性環境正義研究中，發現社會脆弱族群經歷不成比例的風險，以及社會脆弱性與水患暴露性之間關係的不一致結果。為了研究不同的環境正義觀點，他們的概念模型側重於即使民眾居住在水患潛勢的環境中，社會群體調配或得到保護性資源，以減少損失威脅的不同能力為何？根據在邁阿密的研究發現，社會脆弱居民常被安置到空氣汙染或內陸水患風險的地區，他們在那裡無法獲得保護性資源和水利設施。休士頓的調查結果，呈現許多社會弱勢族群不成比例地居住在水患地區；主要是因為石化工業使用許多沿海土地，這些土地會產生不佳的居住環境。學者建議在未來關於水患災害之環境正義影響的實證研究中，須考慮保護資源和地方利益。

　　Thaler 等學者（2018）發現，當面臨風險問題和社會變革的雙重挑戰時，政策制定者和專家學者開始對於希望減少極端水文事件的脆弱性提出質疑。不僅發生水患的可能性增加，而且由於水患在災害潛勢區的持續出現，逐漸增加的災害頻率，導致洪氾平原的脆弱程度更高；若要以相同標準保護所有財產，將會變得越來越具有挑戰性。甚且，在許多不同情況下，當前水患風險管理策略的結果，有必要改變當前國家與社會之間的社會契約，須要重新設計中央政府、公民和社區在分擔責任的角色。特別是，政府經常鼓勵社會帶頭承擔水患風險管理的責任，但其間顯然存在衝

突和誤解，以及可能會導致水患不正義的風險管理結果。然而，關於這些新興水患風險管理所造成社會正義和不正義的討論和研究很少，隨著水患風險管理變得越來越嚴峻，有些個人和社區受益於水患管理、卻有些受害的正義兩難狀況就會出現。

　　環境正義的核心關懷是立基於平等；惟不平等可能是來自於先天或是人為。針對這樣的不平等，吾人必須思考：「哪一種不平等的原因是錯的」？以及「哪些干預不平等的方法是對的」？無論哪一種原因造成的不平等都是不公平，政府除了考慮哪些不平等的原因造成不公平之外，最重要的還是要找出合法且合理的政策予以補救（Nagel, 1987）。若從都市水患風險治理的環境正義而言，吾人不只須關注是哪些民眾居住在易受淹水地區，這些民眾在平時和災時需要哪些協助，以及居民是否及如何被安置到較為安全的地區，甚至應該從社會經濟的角度，進一步探究不同社會地位或不同群體面臨環境威脅時的脆弱性問題（李翠萍，2012：11），包括資源的取得以恢復家園、保險給付、醫療服務與社會邊緣化等。

貳、社會脆弱性

　　本節從「社會脆弱性的內涵」、「社會脆弱性的類型」、「環境正義與社會脆弱性」，分別檢閱相關之文獻。

一、內涵

　　由於社會脆弱性等不公平的實存現象，可能是造成環境持續被破壞的主要原因之一，亦會繼續擴大脆弱性的嚴重程度（Bryant, 1995）。特別是當強勢群體藉著優勢的稟賦，依循著「最小抵抗途徑」原則（Bullard, 1990），對於社會脆弱族群的生活資源產生排他性或負面外部性效應時，後者經常缺乏對抗能力。

　　甚且，臺灣當今一個環境正義的爭論問題，即在於政府與民眾對於災害與脆弱度的認知是否一致。倘若雙方的認知差距無法縮減，或是持續以

自身觀點試圖說服對方，不但可能讓政策品質遭受質疑，也甚難讓民眾接受政策結果，兩者之間常處於不信任的關係。因此社會的環境正義觀，乃取決於個體參照的標準與認知。

二、類型

　　根據加拿大重大公共工程防護與緊急整備局於 2001 年所開發的社區脆弱度與能力評估法（CVCA），是評估脆弱度的方式。CVCA 評估居民具備脆弱的標準，包括：有限的資源（如：單親家庭、貧窮者）、有限的認知（如：機會或資訊的取得）、無法顯現出特別的需要（如：在應變或復原過程中被忽略）、降低應變或復原能力的健康問題（如：科技與生活協助、藥物依賴性）、缺乏瞭解相關緊急資訊的教育訓練、獲取社區資訊的有限管道（如：貧窮者、臨時居住者、無家可歸者）、缺乏進行應變的遷徙能力（如：年長者、身心障礙者）、缺乏社會支援網絡（如：無家可歸者）、受到社區主要文化的阻隔（如：新遷入者、原住民族）、因語言隔閡而不易與社區融合（如：新遷入者）（Kuban, 2001: 6）。

　　雖然 CVCA 列舉衡量脆弱度的考量原則，惟必須再考量地區特性進行篩選，方可做為衡量地區脆弱度的指標。若根據各家學者的研究，試圖找出社會脆弱性之要素，大致可以歸納為以下幾項：

1. 年齡面向：在年齡考量上的主要群體是年幼與年長者。家中若有小孩或老人，因為身體機能不成熟或退化，無法以自身力量抵抗或應變，於面對災害事件時須給予較多協助與照料，災後也較不具有快速復原的能力。其中特別應注意的是獨居老人，因其年紀較長、反應相對較慢，身體諸多機能的老化，再加上單獨居住，難以自行對緊急事故或訊息能有適當回應，甚或需要外界的力量才能排解困難（Drabek & Key, 1984; Quarantelli, 1991; Cutter, 1996; Cutter, Mitchell & Scott, 1997; Clark et al., 1998; Pearce, 2000; ISDR, 2002; The Heinz Center, 2002; Dwyer et al., 2004; Wisner et al.,2004; Chiwaka & Yates, 2005）。

2. 經濟面向：低收入人口、中低收入人口或是欠缺物質資源者，因其與資源財物取得能力相關，而難以面對災害所造成的損失與進行復原重建，且其居住條件不佳，經常缺少維生的基礎建設與緊急服務的支援（Rossi et al., 1983; Drabek & Key, 1984; Bolin & Bolton, 1986; Perry & Lindell, 1991; Quarantelli, 1991; Clark et al., 1998; Dilley & Boudreau, 2001; Dwyer et al., 2004; Adger et al., 2004; Cutter et al., 2006; Chambers, 2006）。

3. 族群面向：因生理或心理因素（如：視覺、聽覺、肢體、智能、失智、多重障礙……等）的民眾，於面對災害事故時，需特別照顧服務（Clark et al., 1998; The Heinz Center, 2002; Dwyer et al., 2004; Wisner et al., 2004）。

　　就前述相關要素之研析，可以發現社會脆弱性是採取關懷弱勢族群的思維，並探析促成脆弱性的因果變數。由此可知，社會脆弱性強調在災害來臨時，某些社會群體總是較易受害；除了受災機率之外，脆弱性也指涉對災後生活的衝擊程度與調適能力（Cutter, 1996）。若在水患風險中，能夠同步考量社會脆弱性，將更為符合環境正義的評估要求。

三、環境正義與社會脆弱性

　　由於社經不正義是形成環境不正義的原因之一，致使吾人論述環境正義之際，會連結社會脆弱和不平等議題。而且社會上的脆弱族群，為了日常生活所須被迫身處災害潛勢地區；惡劣的社經與環境條件，將可能使得他們的生存更為貧困，如此將一直深陷惡性循環之中。

第三節　研究方法

　　本章之研究問題，在於瞭解不同群體對於環境正義的認知是否存在差異，以及不同社會脆弱族群是否位於潛在災害風險區，因此本研究將採取

問卷調查與地理資訊系統，分別回應前述兩項問題。

壹、問卷調查

　　問卷調查之目的，在於希冀探詢不同行為者之間，對於當今水患所致的社會脆弱性及其因應之政策作為，在環境正義上存在何種認知程度的差異。本研究所使用之問卷數據，為筆者執行科技部「災害、社會脆弱性與環境正義：臺南市水患治理之個案分析」（103-2410-H-024 -002 -MY2）研究計畫之部分內容，問卷發放期間為 2016 年 3 月 28 日至 5 月 5 日。在正式施測之前，筆者先邀請兩位專家學者檢視初擬之問卷，並據以增修問卷之後，才正式發放問卷。

　　針對問卷發放的對象，茲說明如下：臺南市境內各類災害防救業務相關之政府部門，包括：市政府的災害防救辦公室、民政局、農業局、工務局、水利局、社會局、都市發展局、教育局、交通局、衛生局、警察局、環保局、消防局、7 個消防救護大隊及 46 個分隊。在行政區層級，包括各區區長、災防相關業務之承辦課長與承辦人與一般區民。為顧及研究對象之權益，筆者謹遵貝爾蒙特報告書（Belmont Report）中，針對進行行為科學研究之人體實驗者提出的保護原則，包括：「尊重人格」（respect for persons）、「善意的對待」（beneficence）與「公平正義」（justice）（The National Commission for the Protection of Human Subjects of Biomedical and Behavioral Research, 1979）。甚且，上述各類之問卷發放對象，須為臺南地區年滿 20 歲以上、且現（曾）居住在臺南市（包括縣市合併之前的臺南縣）經驗的民眾（已有居住 6 個月以上為宜）。

貳、地理資訊系統

　　在當今諸多的災害中，水患和低窪地區淹水是臺灣較為常見的型態。然因災害研究若只能透過量化的數字呈現，則無法實際瞭解該項數字與其他因素之間的關係。由於本文希冀瞭解臺南地區水災和社會脆弱性的分布

狀況，而地理資訊系統可協助分析與地理現象有關的人口社會屬性資料，故以其作為研究工具（Krishnamurthy & Krishnamurthy, 2011）。

　　地理資訊系統結合地理數學、地圖測量學、電腦科學等資訊科技（瞿海源等編，2012），可運用於自然、生命和社會等科學分析中。地理資訊系統所處理的資料，分為空間資料（spatial data）與屬性資料（attribute data）兩種類型，同時空間資料將伴隨屬性資料做為對應，其中空間資料常由點、線、面三種型態之圖層資料所組成（廖泫銘，2009）。這些不同性質的圖層資料，主要是將區域內之地質、土壤、水系、集水區、坡度、坡向等自然環境資料，人口、機關、道路、縣市界、鄉鎮界等行政環境資料，以及崩塌地、土石流等災害環境資料，藉由地理資訊系統圖層數化等方法形成屬性資料。

　　以社會科學來說，屬性資料多做為分析的主體，空間資料則是用以輔助或視為變項之一。因此本文從政府目前業已建置之統計數據中，以社會群體之屬性資料為主要蒐集重點，並擇訂水患所引發的災害，輔以地理資訊系統空間分析及資訊統計功能，繪製大臺南地區同時存在水災與社會脆弱性衝擊之區域。

　　經參酌行政院修正之「流域綜合治理計畫（103-108 年）」（經濟部水利署，2014）與「易淹水地區水患治理計畫」之整治目標（經濟部水利署，2013），可以發現有兩項原則：1. 直轄市、縣（市）管河川以通過 25 年重現期距洪水設計，50 年重現期距洪水不溢堤為目標；2. 直轄市、縣（市）管區域排水以 10 年重現期距洪水設計，25 年重現期距洪水不溢堤為目標。綜合上述，本研究採用水利署「25 年重現期之淹水潛勢圖」（經濟部水利署，2011）作為底圖。

　　然而，目前現有之臺南市淹水潛勢圖，主要反映在特定區域環境及特定水文事件下之可能淹水狀況，在圖上僅能標記淹水範圍跟深度；但為避免造成民眾的疑慮，沒有提供詳細的街道資訊，故而無法反應淹水災害發生的實際地點，以及是否造成人命傷亡之風險（Messner & Meyer, 2006）。因此究竟有哪些屬於社會脆弱性之群體，正位在淹水潛勢區之中，實須進一步探詢。

　　本文針對前述較具有社會脆弱性之群體，包括：「年齡面向」、「經濟面向」、「族群面向」（臺南市消防局，2013：24-25）等類別，從臺南市政府社會局的網頁與統計年報蒐集圖層所需之數據（臺南市政府社會局，2011），並利用地理資訊系統的套疊功能，分別繪製於臺南地區的淹水潛勢圖上，比對不同社會脆弱族群是否位於安全無虞地區，或可能身處在潛在災害風險區的地理空間，及其顯示不同群體可能遭遇的脆弱問題。據此，希冀同時從自然災害與都市社會脆弱性問題，透過社會資料及空間分布之間的關係（Ebert, Kerle & Stein, 2009），理解潛在災害的實存面貌與特性。

　　此外，本文以地理資訊系統作為空間的分析工具。ArcGIS 包含 ArcCatalog、ArcMap、ArcGlobe、ArcToolbox 和 ModelBuilder 等功能（ESRI, 2012）；且由於本文主要應用前述政府之地理資訊系統圖資，透過疊圖分析技術，以瞭解大臺南地區同時存在水災與社會脆弱性之衝擊區域，故透過 ArcMap 之功能模組，進行套疊與圖形展示等工作。

第四節　都市水患風險治理之環境正義現況分析

　　本文依序採行問卷調查與地理資訊系統等兩項研究方法，以下將分別說明研究分析之結果。

壹、問卷調查

　　筆者共發出 1604 份問卷、回收問卷 1442 份、有效問卷 1415 份，繼之根據所蒐集的問卷，分別進行探索性因素分析、驗證性因素分析與差異性分析。

一、探索性因素分析

　　在針對環境正義進行因素分析時，由於因素分析有探索性因素分析

（exploratory factor analysis, EFA）及驗證性因素分析（confirmatory factor analysis, CFA）兩種方式，前者是在沒有任何理論基礎因素架構限制之下，經由收集到的資料探索出因素結構；後者是在有理論基礎因素架構下，已知可能的因素架構，驗證收集到的資料與原始理論研究者的模型是否一致（陳順宇，2005）。基於現階段國內外無針對環境正義之量表，故本研究首先運用探索性因素分析，而後進行驗證性因素分析。

根據學者建議，各題項之因素負荷量應大於 0.5（Hair et al., 2014: 618），而在探索性因素分析中，通常都以 KMO（Kaiser-Meyer-Olkin）做為標準，用來檢定是否適宜進行因素分析，並以 Cronbach's α 係數表示信度結果 [1]。 經由統計分析之後得知，整體「環境正義」的 KMO 值為 0.881，表示其適合進行因素分析；各構面的 Cronbach's α 係數介於 0.572 至 0.821 之間，代表各構面的信度皆符合要求。環境正義及其各構面之題項與信度分析數據，敬請參見表 5-1。

表 5-1　環境正義之因素分析與信度結果摘要表（KMO：0.881***）

構面	題項	共同性	因素負荷量	解釋變異量	Cronbach's α
充分資訊的權利	1. 您對政府各項水患防災措施發揮的效果感到滿意	0.722	0.845	13.220	0.821
	2. 您認為對政府所採取的水患預防措施，能有效降低水患所帶來的損失	0.617	0.771		
	3. 您認為近年來臺南的淹水情形和合併前比較起來，已經有所改善	0.601	0.747		
	4. 您能充分獲取水患的相關資訊	0.537	0.638		
	5. 您對政府興建的水利堤防工程感到滿意	0.566	0.733		

---

[1] 判定準則如下：當 KMO 值介於 0.6 至 0.7 間，表示因素分析適合性普通；KMO 值介於 0.7 至 0.8 間，表示適中；KMO 值介於 0.8 至 0.9 之間時，代表良好；KMO 值大於 0.9 以上，則表示極佳（Kaiser, 1974）。吳統雄（1984）表示 Cronbach's α 係數小於 0.3 其可信度為不可信；Cronbach's α 係數介於 0.3 與 0.4 之間為尚可信；Cronbach's α 係數介於 0.4 與 0.5 間代表可信；Cronbach's α 係數介於 0.5 至 0.9 為很可信；Cronbach's α 係數大於 0.9 則十分可信。

表 5-1　環境正義之因素分析與信度結果摘要表（續上表）

公開聽證的權利	1. 您認為政府應該優先處理水患的相關議題	0.554	0.678	8.402	0.629
	2. 您認為政府可直接將水患地區的人們強制疏散撤離	0.462	0.629		
	3. 您會關心政府水患治理計畫和工程預算等細節	0.551	0.649		
	4. 您認為政府應該邀集民眾參與水患治理計畫的擬定	0.516	0.628		
民主的參與及社區的團結	1. 您認為若每個人皆採取防災措施，將可降低水患帶來的損失	0.546	0.665	13.392	0.808
	2. 您認為水患對社區具有高度風險	0.619	0.732		
	3. 您認為確認居住地區是否為易淹水地區是必要的	0.700	0.810		
	4. 您認為災害發生前，社區居民應該要互相通知與預警	0.703	0.793		
	5. 您認為政府防範水患的計畫能保護民眾免受傷害	0.468	0.546		
賠償權利	1. 您認為政府單位應為水患編列預算進行災後重建	0.411	0.454	7.031	0.572
	2. 您同意政府人員到家協助進行防範水患的措施	0.599	0.713		
	3. 如果颱風洪水險能理賠您的損失，您願意購買	0.618	0.754		
環境復原	1. 水患發生前，您所採取的預防措施，能降低水患風險	0.554	0.628	7.840	0.653
	2. 若水患發生時，您希望能得到政府有關單位適時的援助	0.673	0.704		
	3. 若水患發生時，您希望能得到親朋好友適時的援助	0.637	0.733		
行為偏好與決策	1. 您知道面對水患所能採行的災前預防措施	0.686	0.775	9.160	0.729
	2. 您已經做好面對水患所能採行的災前預防措施	0.715	0.797		
	3. 您可以冷靜面對水患	0.524	0.706		

（*p<0.05，**p<0.01，***p<0.001）

資料來源：本研究。

二、驗證性因素分析

　　本文於探索性因素分析後，繼之將此些題項以驗證性因素分析檢視。根據 Hair 等（2006）、陳寬裕與王正華（2011：362）之建議，應檢視組合信度、收斂效度以及區別效度，以確保整體題項符合標準。

（一）組合信度（composite reliability）

　　組合信度又稱為構面信度或建構信度，若 CR 大於 0.7 以上，表示具有較佳的信度（Nunnally, 1978），顯示構面內各評量題項之間具有內部一致性。

（二）收斂效度（convergent validity）

　　收斂效度是指同一構面中之評量題項，彼此具有高度的相關性，因此可以用來測量相同的概念。當相同構面中每一個評量題項具有高的標準化因素負荷（standardized factor loadings），可以顯示潛在構面評量的即為相同一個構面，代表具有足夠之收斂效度的指標之一（Blanthorne, Jones-Faremer & Almer, 2006）。

　　Bentler 與 Wu（1993）及 Jöreskog 與 Sörbom（1989）建議標準化後因素負荷量應在 0.45 以上；各題項的多元相關平方（squared multiple correlation, SMC），代表評量題項可解釋構面變數的比例，應大於 0.20（Bentler & Wu, 1993; Jöreskog & Sörbom, 1989; 黃芳銘，2004）。

　　平均變異數萃取量（average variance extracted, AVE）是計算構面之各評量題項對該構面的平均變異解釋力，若平均變異數萃取量大於 0.5，則表示該構面有越高的信度和收斂效度（Fornell & Larcker, 1981a; Hair et al., 2014: 619）。

（三）區別效度（discriminant validity）

若所有潛在變項的 AVE 平方根皆大於構面間的相關係數，顯示各構面間已達到區別效度（Fornell & Larcker, 1981b: 47）。

根據上述標準檢視環境正義之題項，發現「公開聽證的權利」、「賠償權利」與「環境復原」的 CR 及 AVE 未達標準，因此須將此三個構面予以刪除；而在「充分資訊的權利」、「民主的參與及社區的團結」與「行為偏好與決策」構面，CR 皆大於 0.7，標準化後因素負荷量皆大於 0.45，SMC 皆大於 0.20，AVE 皆大於 0.5。各項數值，請參見表 5-2。

表 5-2　環境正義之驗證性因素分析摘要表

構面	題項	參數顯著性估計				標準化負荷量	題目信度	組成信度	收斂效度
		Unstd.	S.E.	t-value	P	Std.	SMC	CR	AVE
充分資訊的權利	1	1.000				0.806	0.650	0.808	0.515
	2	0.903	0.036	25.208	***	0.724	0.524		
	3	0.883	0.037	24.154	***	0.689	0.475		
	4	0.764	0.034	22.585	***	0.642	0.412		
民主的參與及社區的團結	1	1.000				0.650	0.423	0.833	0.503
	2	1.040	0.051	20.479	***	0.644	0.415		
	3	1.263	0.053	23.945	***	0.796	0.634		
	4	1.190	0.050	24.030	***	0.801	0.642		
	5	0.959	0.047	20.250	***	0.635	0.403		
行為偏好與決策	1	1.000				0.789	0.623	0.747	0.506
	2	1.129	0.055	20.442	***	0.806	0.650		
	3	0.668	0.041	16.400	***	0.495	0.245		

（*p<0.05，**p<0.01，***p<0.001）
資料來源：本研究。

有關本研究的區別效度檢定可由表5-3得知，所有潛在變項的AVE平方根皆大於構面間的相關係數，顯示各構面間已有區別效度。

表 5-3　區別效度分析摘要表

	AVE	行為偏好與決策	民主的參與及社區的團結	充分資訊的權利
行為偏好與決策	0.506	**0.711**		
民主的參與及社區的團結	0.503	0.251	**0.709**	
充分資訊的權利	0.515	0.366	0.123	**0.718**

註：對角線粗體部分為 AVE 之平方根；非對角線之其他數值為各變數相關係數。
資料來源：本研究。

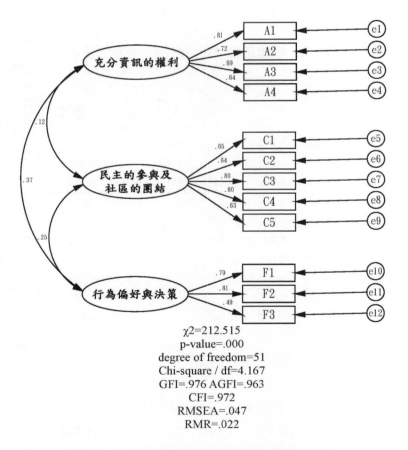

χ2=212.515
p-value=.000
degree of freedom=51
Chi-square / df=4.167
GFI=.976 AGFI=.963
CFI=.972
RMSEA=.047
RMR=.022

圖 5-1　環境正義驗證性因素分析架構圖

資料來源：本研究。

此一階環境正義模式在結構方程式分析所呈現的整體 χ^2 值為 212.515，Chi-square/df 為 4.167，自由度為 51，CFI 值為 0.972，GFI 值為 0.976，AGFI 值為 0.963，RMSEA 值為 0.047，RMR 值為 0.022，以上均表示模型配適度相當良好。

透過探索性因素分析與驗證性因素分析，最終獲致在水患中與環境正義相關之要點，共分為 3 個構面與 12 個題項（請參見表 5-4）。

表 5-4　環境正義驗證性因素分析之題項

構面	題項
充分資訊的權利	1. 您對政府各項水患防災措施發揮的效果感到滿意
	2. 您認為對政府所採取的水患預防措施，能有效降低水患所帶來的損失
	3. 您認為近年來臺南的淹水情形和合併前比較起來，已經有所改善
	4. 您對政府興建的水利堤防工程感到滿意
民主的參與及社區的團結	1. 您認為若每個人皆採取防災措施，將可降低水患帶來的損失
	2. 您認為水患對社區具有高度風險
	3. 您認為確認居住地區是否為易淹水地區是必要的
	4. 您認為災害發生前，社區居民應該要互相通知與預警
	5. 您認為政府應該公告可能會發生水患的地區（如：淹水潛勢區）
行為偏好與決策	1. 您知道面對水患所能採行的災前預防措施
	2. 您已經做好面對水患所能採行的災前預防措施
	3. 您可以冷靜面對水患

資料來源：本研究。

三、差異性分析

以下將分別以身分別、有無加入社區志願防災組織、有無參加防災課程或防災演習、是否知道自己所居住的地方為淹水潛勢地區、教育程度與年齡，檢視不同群體之間，是否存有差異性。

（一）政府官員與一般民眾的身分

由表 5-5 的結果可知，政府官員與一般民眾的身分對於環境正義構面

的 t 值為 -3.428，p 值 < 0.05，代表環境正義在身分上會有所差異，且由平均數得知，可推論政府官員的環境正義高於一般民眾。

表 5-5　政府官員與一般民眾身分之獨立樣本 t 檢定表

分類變數	個數	平均數	標準差	Levene's T（顯著性）	t 檢定（顯著性）
一般民眾	788	3.6749	0.38096	8.935**（0.003）	-3.428**（0.001）
政府官員	636	3.7507	0.44086		

（*p<0.05，**p<0.01，***p<0.001）
資料來源：本研究。

（二）加入社區志願防災組織的有無

由表 5-6 的結果可知，有無加入社區志願防災組織對環境正義構面的 t 值為 4.007，p 值 < 0.05，代表環境正義在有無加入社區志願防災組織上會有所差異，且由平均數得知，可推論有加入者的環境正義高於無加入者。

表 5-6　有無加入社區志願防災組織之獨立樣本 t 檢定表

分類變數	個數	平均數	標準差	Levene's T（顯著性）	t 檢定（顯著性）
有加入	141	3.8398	0.39795	0.001（0.978）	4.007 ***（0.000）
無加入	1267	3.6962	0.40430		

（*p<0.05，**p<0.01，***p<0.001）
資料來源：本研究。

（三）參加防災課程或防災演習的有無

由表 5-7 的結果可知，有無參加防災課程或防災演習對環境正義構面的 t 值為 8.352，p 值 < 0.05，代表環境正義在有無參加防災課程或防災演習上會有所差異，且由平均數得知，可推論有參加者的環境正義高於無參加者。

表 5-7 有無參加防災課程或防災演習之獨立樣本 t 檢定表

分類變數	個數	平均數	標準差	Levene's T（顯著性）	t 檢定（顯著性）
有參加	600	3.8121	0.40634	2.138	8.352***
無參加	805	3.6336	0.38852	(0.144)	(0.000)

（*p<0.05，**p<0.01，***p<0.001）
資料來源：本研究。

（四）是否知道自己所居住的地方為淹水潛勢地區

由表 5-8 的結果可知，是否知道自己所居住的地方為淹水潛勢地區對環境正義構面的 t 值為 6.571，p 值 < 0.05，代表環境正義在是否知道自己所居住的地方為淹水潛勢地區上會有所差異，且由平均數得知，可推論知道者的環境正義高於不知道者。

表 5-8 是否知道自己所居住的地方為淹水潛勢地區之獨立樣本 t 檢定表

分類變數	個數	平均數	標準差	Levene's T（顯著性）	t 檢定（顯著性）
知道	572	3.7963	0.43205	6.447*	6.571***
不知道	834	3.6489	0.38400	(0.011)	(0.000)

（*p<0.05，**p<0.01，***p<0.001）
資料來源：本研究。

（五）教育程度

由表 5-9 的結果可知，教育程度對環境正義構面的 t 值為 -4.358，p 值 < 0.05，代表環境正義在教育程度上會有所差異，且由平均數得知，可推論具有大學以上之教育程度者的環境正義高於專科以下者。

表 5-9　教育程度之獨立樣本 t 檢定表

分類變數	個數	平均數	標準差	Levene's T（顯著性）	t 檢定（顯著性）
專科以下	317	3.6200	0.43883	2.628（0.105）	-4.358***（0.000）
大學以上	1107	3.7333	0.39869		

（*p<0.05，**p<0.01，***p<0.001）
資料來源：本研究。

（六）年齡

　　由表 5-10 的結果可知，年齡對環境正義構面的 t 值為 -2.491，p 值＜0.05，代表環境正義在年齡上會有所差異，且由平均數得知，可推論年齡較長者的環境正義高於年齡較低者。

表 5-10　年齡之獨立樣本 t 檢定表

分類變數	個數	平均數	標準差	Levene's T（顯著性）	t 檢定（顯著性）
青年	558	3.6744	0.39793	3.892*（0.049）	-2.491 *（0.013）
中壯老年	865	3.7292	0.41751		

（*p<0.05，**p<0.01，***p<0.001）
資料來源：本研究。

貳、地理資訊系統

　　本文利用空間統計分析的方式繪製地圖，以瞭解自然脆弱度與社會脆弱度分布狀況，藉此進行初探性分析。在分析前，透過計算臺南市各里之社會脆弱族群比例，再轉換成 Z 分數，作為空間統計分析的依據。

　　在區域空間自我相關指標分析圖上，有呈現幾種顏色，包括：斜線區域表示脆弱族群有顯著的群聚現象，而三種灰色的底圖代表在 25 年重現期下，0~0.3 公尺、0.3 公尺 ~0.5 公尺、0.5 公尺 ~1 公尺等不同的淹水深度。其中，斜線區域與灰色底圖重疊之處，則代表脆弱族群與淹水潛勢圖

有相互重疊，可能須要特別的關注（如：政策擬定、優先撤離……等）。
以下將分別就年齡、經濟、族群等社會脆弱類別，輔以地理資訊系統圖形
與文字簡述。

一、年齡面向

年齡面向將民眾區分為「0~4 歲」、「5~9 歲」、「獨居老人」等類別，
觀察其與 25 年重現期淹水潛勢之關係。

（一）0~4歲

以 0~4 歲人口的群聚分布而言，脆弱族群與淹水潛勢圖有相互重疊之
行政區，包括：安南區、安平區、永康區、善化區、新市區、安定區、仁
德區、北區、東區（請參見圖 5-2）。

圖 5-2　臺南市 25 年重現期淹水潛勢與 0~4 歲人口群聚區域分布圖

資料來源：本研究。

（二）5~9 歲

以 5~9 歲人口的群聚分布而言，脆弱族群與淹水潛勢圖有相互重疊之行政區，包括：安平區、新市區、永康區、善化區、安定區、安南區、北區、東區、仁德區（請參見圖 5-3）。

圖 5-3　臺南市 25 年重現期淹水潛勢與 5~9 歲人口群聚區域分布圖

資料來源：本研究。

（三）獨居老人

以獨居老人的群聚分布而言，脆弱族群與淹水潛勢圖有相互重疊之行政區，包括：北門區、鹽水區、將軍區、後壁區、學甲區、西港區（請參見圖 5-4）。

圖 5-4　臺南市 25 年重現期淹水潛勢與獨居老人人口群聚區域分布圖

資料來源：本研究。

二、經濟面向

經濟面向將民眾區分為「低收入人口」與「中低收入人口」等類別，以下檢視其與 25 年重現期淹水潛勢之關係。

（一）低收入人口

以低收入人口的群聚分布而言，脆弱族群與淹水潛勢圖有相互重疊之行政區，包括：北門區、七股區、將軍區、後壁區、學甲區、安南區、安平區、中西區、南區（請參見圖 5-5）。

圖 5-5　臺南市 25 年重現期淹水潛勢與低收入人口群聚區域分布圖

資料來源：本研究。

（二）中低收入人口

以中低收入人口的群聚分布而言，脆弱族群與淹水潛勢圖有相互重疊之行政區，包括：北門區、將軍區、安平區、七股區、西港區（請參見圖5-6）。

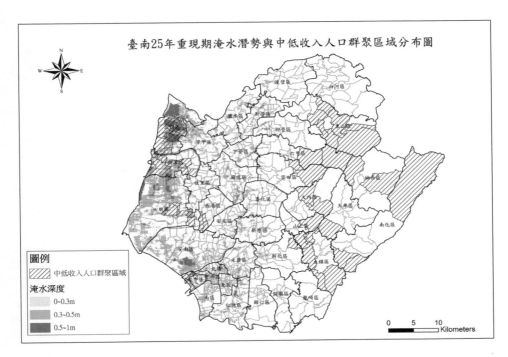

圖 5-6　臺南市 25 年重現期淹水潛勢與中低收入人口群聚區域分布圖

資料來源：本研究。

三、族群面向

族群面向將民眾區分為「身心障礙」、「原住民」與「性別」等類別，分析其與 25 年重現期淹水潛勢之關係。

（一）身心障礙

以身心障礙人口的群聚分布而言，脆弱族群與淹水潛勢圖有相互重疊之行政區，包括：鹽水區、新營區、下營區、後壁區、學甲區、將軍區（請參見圖 5-7）。

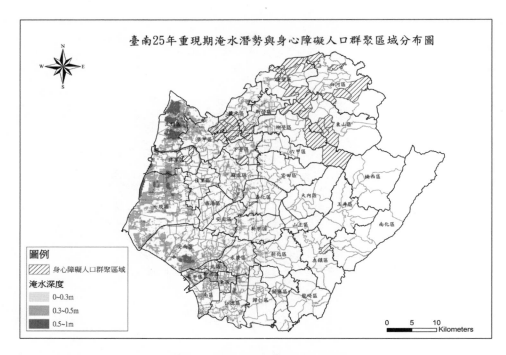

圖 5-7 臺南市 25 年重現期淹水潛勢與身心障礙人口群聚區域分布圖
資料來源：本研究。

（二）原住民

　　以原住民人口的群聚分布而言，脆弱族群與淹水潛勢圖有相互重疊之行政區，包括：永康區、仁德區、官田區（請參見圖 5-8）。

圖 5-8　臺南市 25 年重現期淹水潛勢與原住民人口群聚區域分布圖

資料來源：本研究。

（三）性別

　　以女性人口的群聚分布而言，脆弱族群與淹水潛勢圖有相互重疊之行政區，包括：安平區、中西區、南區、北區（請參見圖 5-9）。

圖 5-9　臺南市 25 年重現期淹水潛勢與女性人口群聚區域分布圖

資料來源：本研究。

四、綜合分析

綜合分析將分從「空間自相關檢定」和「自然與社會脆弱性」，觀察其與空間因素之關係。

（一）空間自相關檢定

表 5-11 為各社會脆弱族群進行空間自相關檢定之結果，可以發現各項 Z 分數皆大於 1.96（達顯著水準），顯示各種社會脆弱族群類別，皆有不同程度之空間群聚現象，且並非因隨機分布而造成的結果。

表 5-11　各社會脆弱族群進行空間自相關檢定

	0~4 歲	5~9 歲	獨居老人	低收入	中低收入	身心障礙	原住民	女性
Moran's I	0.4052	0.4239	0.2701	0.2889	0.3198	0.3611	0.2468	0.5461
Z value	18.7899	19.6578	12.9941	13.4313	14.8579	16.8668	11.5822	25.2667
P value	<0.01	<0.01	<0.01	<0.01	<0.01	<0.01	<0.01	<0.01

資料來源：本研究。

（二）自然與社會脆弱性

在 ArcGIS 中，將群聚村里區域與 25 年重現期淹水潛勢圖進行交集分析，計算各區中不同社會脆弱族群與 25 年重現期淹水潛勢圖重疊（即自然脆弱且社會脆弱區域）之面積比例，以區分出受災程度較高之區域。

1. 以 0~4 歲的群體而言，以安南區 17.94% 最高，其次為安平區 12.31%，接著是永康區 9.55%。

2. 在 5~9 歲的群體方面，以安平區 18.83% 最高，其次為新市區 14.64%，接著為永康區 4.86%。

3. 從獨居老人的群體觀之，以北門區 40.21% 最高，鹽水區 13.55% 次之，第三為將軍區 8.15%。

4. 以低收入的群體而言，以北門區 24.66% 最高，七股區 11.22% 次之，第三為將軍區 9.06%。

5. 在中低收入的群體方面，以北門區 30.96% 最高，將軍區 26.52% 次之，第三為安平區 18.86%。

6. 從身心障礙的群體觀之，以鹽水區 8.15% 最高，新營區 3.43% 次之，第三為下營區 2.67%。

7. 以原住民的群體而言，以永康區 5.33% 最高，仁德區 1.61% 次之，第三為官田區 0.65%。

8. 在女性的群體方面，以安平區 15.87% 最高，其次為中西區 8.38%，第三為南區 1.32%。

　　若將以上各項脆弱族群之結果加總，則以北門區95.84%最高，安平區66.23%次之，第三為將軍區44.49%。

第五節　小結：建構以環境正義為基礎的都市水患風險治理

　　本節依據前述問卷調查與地理資訊系統之研究結果，分別說明研究發現，並據以提出政策建議。

壹、研究發現

　　臺灣面對水患防治課題，政府正積極規劃治水措施，例如：「水患治理特別條例」、「易淹水地區水患治理計畫」或是「易淹水地區後續治理及維護管理計畫」，其目的即希望能夠有效地改善地層下陷區、低窪區及都市計畫等地區之淹水問題。

　　然而，工程治水仍有其限制，當降雨超過設計上限時，災害損失仍是無可避免，此突顯工程治水雖重要，但並不是唯一的方法。由於硬體的措施有其極限，政府應考量軟硬兼施的防災策略，使得工程施作與軟性政策（提升防災意識、抗災能力、溝通協調等）互相配合，才能有效減輕災害損失（李欣輯等，2010）。

　　臺灣欲提升都市水患風險治理能力，除了仰賴結構性抗災工程外，亦須結合災害所引發社會脆弱性之研究、自然與社會脆弱性圖資。透過本文之進行，希望能在臺灣的社會科學研究領域，釐清在當地脈絡中的都市水患風險。以下簡要說明本文透過問卷調查與地理資訊系統，所獲致之研究發現。

一、問卷調查

本文以問卷之分析結果，首先藉由組合信度（CR）、多元相關平方（SMC）與平均變異數萃取量（AVE）檢視環境正義之題項，彙整出「充分資訊的權利」、「民主的參與及社區的團結」與「行為偏好與決策」等三個構面。

其次，納入考量不同的個人背景因素，例如：是否為政府官員、有無加入社區的志願防災組織、曾經參加防災課程或防災演習、是否知道居家附近是淹水潛勢區、教育程度與年齡等，發現會造成在水患中對於環境正義不同觀點的差異。這些個人因素於環境正義上認知之落差，實須進一步予以討論，據以釐清各自對環境價值認知及行動的特點，方能讓政府官員擬定更為妥適之水患防治計畫。若此殊異性無法解除，恐將擴大潛藏於社會結構中的脆弱性，進而引發環境不正義之詬病。

二、地理資訊系統

本文藉由蒐集淹水潛勢的圖資與社會脆弱族群等類別之屬性資料，並從地理資訊系統的分析中，繪製區域空間自我相關分析以及淹水深度與社會脆弱性關係等圖，可將臺南市的自然災害與社會脆弱度概念更具體展現，並發現各種社會脆弱族群類別，皆顯現不同程度之空間群聚現象。

甚且，由上述群聚區域與淹水潛勢重疊面積的比例，可得知各脆弱族群中，較容易受到水災影響之區域和面積。為避免脆弱族群集中化的環境不正義現象，或是讓脆弱族群得以減少因為水患所致之影響，應該強化在淹水潛勢區域中脆弱族群的調適政策。實際上，政府機關可以依照不同行政區與脆弱族群的條件，彈性地設定區域的標準，以利更為符合當地的實際狀況。

貳、政策建議

　　未來水患風險管理存在實質之挑戰，包括：有哪些社會民眾是最容易在水患中成為脆弱的族群，以及水患發生的不同頻率和性質，及其對不同社會群體所造成的影響。而在目前面臨水患風險的總人數中，屬於社會和經濟脆弱族群的民眾占有很大的比例，因此水患的風險管理，亟須針對水患風險的社會分布和影響有所回應。在水患風險區域內居住著不同程度的脆弱族群，利害相關人和政策制定者須要決定，此種狀況是否符合不正義的要件及其程度，並據以做出相對應的措施（Walker et al., 2006: 6）。

　　有鑑於此，各政府層級的水患政策和管理，應持續瞭解水患對於不同社會群體所造成的影響，尤其應特別注意曾有大量民眾經歷水患衝擊的地區。其次，應研究環境、社會和經濟變遷過程之間的相互作用，以及這些過程如何增加未來社會特定群體的脆弱性。相對地，因應都市水患風險治理的政策作為，須評估其對於整體社會和脆弱族群的影響，是否有如預期的產生效果。此外，應與具有地方常民知識的社會團體與政府機關合作，針對水患中的脆弱族群提供量身訂做的防災訊息與建議。

　　整體而言，本文重點旨在初步地釐清目前臺南市脆弱族群與水患現況的相關問題，繼之如何據此爬梳各要素所隱含之社會意涵，以及期許藉由檢視臺南市不同類別的脆弱族群與水患之間的實際狀況，以作為臺灣未來下一階段，規劃與檢視因應都市水患風險的實際災防政策，賦予都市因應災害的動態彈性，如何強化與補充相關政策之不足，避免環境不正義的現象繼續發生，才是更須關注的重要課題。

　　甚且，在縣市合併之後，區公所擁有的權限與預算相對縮減；因此地方政府希望在水患防治上，能獲得較多的資源配置。本研究建議市政府和區公所能針對不同的防救災需求，同時兼顧水患災害、社會脆弱性與環境正義等議題，俾利共同商議更佳之資源分配機制。

第六章　知行合一？都市水患風險治理的調適行為*

第一節　前言：民眾有知行合一嗎？

「德國監測」（Germanwatch）以 1997 年到 2016 年的數據，發表 2018 年全球氣候風險指數（Global Climate Risk Index），並根據暴雨、水患等所造成的損失予以排名，臺灣排名從 2015 年的第 51 名變為 2016 年的第 7 名，顯示臺灣的氣候風險更形嚴峻；該報告亦指出由於越頻繁且嚴重的極端氣候，將同步增加脆弱性（Eckstein, Künzel & Schäfer, 2017），由此可知氣候災害不容小覷。

臺灣本島南北狹長，以中央山脈為主體的地勢高峻陡峭，降雨集中在夏季，使得河川坡陡流急而不易蓄水，地理位置更位處季風氣候、多雨類型與颱風經常侵襲之路徑當中，天氣所引發的水患災害發生頻繁，例如每年 7 到 10 月颱風帶來的強大豪雨，5 月、6 月的梅雨和西南季風等常見之天氣現象。為有效改善水患問題，經濟部提出以系統性模式，搭配水患治理特別條例編列 8 年 800 億元的特別預算（經濟部水利署，2006：2-3）。

再者，根據國家災害防救科技中心（2011）之「臺灣氣候變遷科學報告」顯示，近年來臺灣水患災害有增加之趨勢，且 2009 年莫拉克颱風重創南臺灣，造成 600 多人的死亡與農林漁牧的經濟損失（許晃雄等，2010），致使水患議題更加受到重視。植基於此，吾人須思考面對水患風險，應如何做好災前調適行為，方能使傷害降至最低。

---

* 本文部分初稿內容，曾發表於 2018 年臺灣公共行政與公共事務系所聯合會（TASPAA）「變動中的公共行政：新價值、新議題與新挑戰」年會暨國際學術研討會，筆者感謝評論人李宗勳教授提供之寶貴修正意見，並感謝蔡雅瑄同學於統計分析之協助。

　　依據防災國家型科技計畫辦公室所模擬之淹水潛勢區域，臺灣易淹水地區總面積約 1,150 平方公里（經濟部水利署，2013：1），而臺南的淹水潛勢面積約占全國的三分之一（臺南市政府，2014b），面對水患風險的威脅高於其他縣市。臺南市水災發生原因主要係雨量過度集中，排水路通水能力不足，再加上多屬平原地形，更易造成低窪地區淹水之情形（臺南市政府災害防救辦公室，2016：3-1），幾次水患災害皆造成慘重的生命財產損失。

　　在 IRGC「風險管理」的面向，其重點為適當管理措施選項的產生、評估與選擇，而此涉及特定策略、方案及其執行，特別是民眾自己如何「決定和採行避免、減緩、轉移或保留風險所需的行動和管理方案」。面對水患風險，論者認為水利防洪工程雖是面對水患常見的方法，但由於硬體工程的功能有限，因此呼籲政府在水患風險治理上應兼採軟性策略，如提高民眾防災風險意識、調適能力等（李欣輯等，2010：165；潘宗毅等，2012：96）；且加上水患頻率與強度日益增加的趨勢下，民眾於水患來臨前，即應具有一定的風險意識，進而妥善採取事前調適行為，以期降低人員傷亡與財產損失。

　　在先前學者的相關研究中，亦曾利用風險意識解釋災難調適行為的模式，例如：Rogers（1983）的保護動機理論（protection motivation theory, PMT）及 Grothmann 與 Patt（2005）的個人對氣候變遷主動調適模式（model of private proactive adaptation to climate change, MPPACC），皆主張民眾的心理因素會影響個人行為，促使筆者欲探討民眾在面對水患風險時所產生的風險意識，是否可以驅使民眾從事調適相關行為。

　　尤其臺南係屬於水患風險較高的地區，民眾擁有的風險意識，能否真正促使其採取調適行為。甚且，學理上雖主張民眾的風險意識可能會影響其調適行為，但筆者根據實務經驗的觀察，人們即使擁有風險意識，卻不見得會引發其實際的調適行為。是否因為個人感受到的風險意識，尚不足以激勵其採取調適行為？或是受到哪些因素影響而造成知行不合一？

　　故而，本研究希冀探詢不同群體在面臨水患風險影響下，其個人風險意識與調適行為是否有所差異；其次，將分析臺南市民眾面對水患的風險

意識與調適行為之間的關連性。再者，希望理解民眾實際採取調適行為之狀況與影響因素。綜上所述，本研究之問題如下：

一、研究人口背景變項對於風險意識與調適行為，是否呈現不同程度之差異性？

二、瞭解臺南市民之風險意識與調適行為間的關聯性為何？

三、民眾實際採取調適行為時，會受到哪些因素影響？

第二節　文獻探索

本研究之目的，在於探討臺南市民眾面對水患的風險意識與調適行為，故針對風險意識、調適行為等主題進行文獻檢閱，並分述如下：

壹、風險意識

風險係因為災害本身的不確定性，無法確定其發生的機率，最重要的即為可能造成的龐大損失。鄭燦堂（2014：18-20）認為現代的風險社會已不再像過去一般單純，而國內外學界對於風險的定義，仍舊未有一致的共識，例如：經濟學、統計學、風險理論、行為科學等專家學者，均有各自所認定之風險觀念（concept of risk）。

個人面對風險所產生的態度、思考或發自本能直覺的主觀認知即為風險意識，並藉以評估各種有危險的事物，其中甚為重要的是對於風險的感受程度；而前述各項要素，皆有可能改變民眾自己評估風險的結果（Slovic, 1987, 1992; Slovic et al., 2004）。袁國寧（2007：48）認為在現代社會的風險管理中，天然災害不能再像過去一般，僅將其定義為單向、直線、理性或靜態的風險（static risk），而會受到社經結構、生活文化、高科技水準等影響，形成動態風險（dynamic risk）的模式。例如：颱風、水患等即為動態風險，其導致的災害頻率及損失嚴重度有增加之趨勢；由於人民身處其中，因此須瞭解民眾對其之風險意識。

　　風險意識除了是人類對於風險事實的認定，且因風險是在社會中所建構而成，故風險意識會受到人類生活之社會結構等因素所影響而出現差異。誠如 Dobbie 與 Brown（2014）認為人們的文化、社會角色及身邊重要人員，都可能會影響主觀風險意識的判斷，例如：性別、教育程度、社經地位、文化社會背景、過去經驗等因素，皆可能造成個人風險意識的異同（Slovic, 1999；杜文苓、施麗雯、黃廷宜，2007：75）。植基於此，筆者欲檢視不同個人背景之民眾，在面對水患時風險意識之差別；並希冀能於都市水患風險治理時，透過政策推動以增加民眾的風險意識。

貳、調適行為

　　Brooks（2003: 8）所定義的調適行為（adaptive behavior），乃是調整系統行為和特性，藉此提升人們面對風險的處理能力。Adger 等（2009: 342）認為調適行為可幫助個體建立韌性，以避免危機來臨時導致系統崩潰，並有助於危機發生之後的回復。Smit 和 Wandel（2006: 286）表示任何系統和個體的脆弱性，都會反映在人們面對災害的暴露和敏感度，及其顯現的處理（cope）、調適（adapt）與復原（recover）能力上。過去文獻顯示許多因素會造成人們有不同程度的調適行為，包括性別、年齡、教育程度、社經地位、知識、經驗等（Grothmann & Patt, 2005; Adger et al., 2007; Harries, 2012; Saroar & Routray, 2012）。

　　臺灣過去經常採取結構性工程導向的減災模式（例如：興建堤防與整治坡地），並以人定勝天的思維，試圖改變自然生態，以期降低災害風險，但卻無法完全遏阻水患的發生，始有論者呼籲不能僅使用結構式方法建設水利設施，更應同時採取非結構式方法，並增加人民的調適能力與行為（Lindell & Prater, 2002）。柯于璋（2008）表示現代水患減災策略思維已經轉變，認為民眾的參與在政府推動減災政策中扮演相當重要的角色。誠如德國在 2002 年發生的中歐水災後，開始檢討面臨水患不應只是政府的課責，民眾亦須積極地採取水患災害來臨前的調適行為，方能有效降低水患所帶來的影響（Socher & Böhme-Korn, 2008）。

　　雖然個人可能意識到災害的破壞性，也瞭解減災的調適方式，卻未必會採取對應之調適行為。可能的影響原因，如：態度、價值觀、收入等（曹建宇、張長義，2008：58-89）；且根據 Rogers（1983）的主張，顯示個人是否採取相關保護行為，取決於自身主觀的風險評估；亦即民眾意識到的威脅會影響自己的保護動機，進而促使人們採取後續之因應作為。故而，本研究認為民眾的水患風險意識，係討論調適行為時不可或缺之一環。

參、風險意識與調適行為

一、內涵

　　White（1974）認為如過度依賴結構性工程來預防水患災害，容易營造虛假的安全感，而降低民眾對於水患的風險意識，可能使得未來發生水患時，會因平時的疏失而導致災情的擴大；若要預防自然災害的發生，減輕災害的傷害，不應只是外在硬體防災措施增加而已，更應從人們的風險意識著手，希望民眾關心自我，充實災害防治知識，具有高度防災與應變能力。

　　現代水患減災策略思維已經有所轉變，民眾的風險意識是討論調適行為時不可缺少的一環。部分論者的研究，業已注意人類調適行為是否與其風險意識有關聯，將個體行為延伸至心理層面，例如：Downs（1970）表示人們對環境的風險意識，會影響其主觀判斷，進而影響採取何種行為。根據 Weber（1997）的研究，發現民眾對於災害的看法和期望，會是影響農民經濟和技術調適的重要先決條件。Viscusi 和 Chesson（1999）將恐懼和希望，視為影響管理者和企業主因應環境風險所致損害的相關因素。

二、風險意識與調適行為之關係

　　從行為經濟學的角度來看，學者（Patt & Gwata, 2002; Patt, 2001; Suarez & Patt, 2004）認為對於災害預測的可信度和信任，是影響農民決策的主要因素。Kroemker 和 Mosler（2002）基於對氣候變遷風險意識和調適行為選擇的研究，建構出氣候變遷調適的理論模型。Takao 等（2004）在日本的研究指出，居民對水患的風險意識，會促使其採取防備行動以預防水患的發生；Howe（2011）的研究顯示風險意識的程度會影響採取的調適行為，人們會採取預防性的調適行動來減少風險；Bubeck、Botzen 與 Aerts（2012）認為提高風險意識是用來刺激自我採取緩解水患行為的一種手段，但其必須意識到風險的存在，並且要產生反應，才能產生行動。國內學者曹建宇、張長義（2008）於研究災害經驗與調適行為中，亦發現居民的風險意識和調適行為相關。由此可知，越來越多的實證研究正在研究認知因素與調適之間的關連性。

　　由於本文希冀探討民眾在意識到水患風險之後，與採取因應調適行動之間的實存關係；而風險意識與調適行為之間，已經有相關學理的討論。以下依照時間序列，簡述分析風險意識與調適行為間關係之理論。

（一）理性行為理論（theory of reasoned action, TRA）

　　理性行為理論，於 1975 年由 Fishbein 與 Ajzen 所提出，是以社會心理學之觀點出發，假設民眾是基於個人的意志控制，經過邏輯思考產生信念之後，決定是否採取特定行為。該理論認為行為意向會受到態度及主觀性規範的影響，行為意向會進一步影響行為。因此，當個人對行為的信念與態度越正向，則行為意向越高。不過，理性行為理論相對忽略部分外在因素，會影響該理論之完整性。

（二）保護動機理論（protection motivation theory, PMT）

　　保護動機理論最早為 Rogers（1975）提出，並在 1983 年提出部分修

正，而此是對期望模型進行更精細化的重要發展。此理論用以解釋恐懼訴求對健康行為的作用，進而檢視環境和行為者之間與危機有關的資訊，會引發行為者出現威脅評估和因應評估兩種認知的過程，且有其先後順序。

　　威脅評估是評估目前不當調適行為的知覺脆弱度和知覺嚴重性之過程，另外包括從事此不當調適行為的好處；當威脅大於利益時所產生的恐懼，會誘發「因應評估」的出現，此階段中主要是對良好調適行為評估反應效能、自我效能以及反應成本。而風險意識和認知過程，會在態度和行為改變之間存在著調節性作用（林新沛，2012）。

（三）計畫行為理論（theory of planed behavior, TPB）

　　Ajzen 以理性行為理論為基礎，經修正之後於 1985 年提出計畫行為理論，是一種社會心理學的社會認知模型。許多實證研究結果顯示，計畫行為理論的預測能力確實較理性行為理論為高。

　　計畫行為理論認為態度、主觀規範與知覺行為控制三變項，共同決定個人的行為意圖；行為意圖決定個人行為，行為意圖則又由態度、主觀規範與知覺行為控制所決定。通常，個人對行為的態度和主觀規範越積極，對知覺行為的控制越強，個人選擇和實施行為的意願就越高。

（四）個人對氣候變遷主動調適模式（model of private proactive adaptation to climate change, MPPACC）

　　Grothmann 與 Patt（2005: 202）認為在 MPPACC 中，應該要關注兩個認知因素，分別是風險意識和感知的調適能力。會影響調適動機的主要決定因素，例如：行動者藉由目標、價值觀或規範等動機呈現所想要達成的事情。風險意識表達暴露於受環境影響的感知可能性，以及衡量這些影響對行動者危害程度的感知嚴重性。因此 MPPACC 可使政策制定者瞭解民眾認知問題之所在，並促進民眾採取特定的調適行為。

（五）綜合分析

居住在易受水患影響的都市居民，若其意識到風險並採取自我保護行為，將可以減少 80% 的損失，並減少對公共風險管理的需求（Grothmann & Reusswig, 2006: 101）。因此研究風險意識與調適行為的關係，確實有其必要性。

在前述相關理論中，Ajzen 所提出的計畫行為理論，探討風險意識對於行為的影響之分析相對較為直接，且過去關於環境行為的相關研究，也常參酌計畫行為理論。因此，本研究將藉由計畫行為理論之內涵，強調態度能反映民眾行為的基礎，據以設計討論風險意識與調適行為間關聯性之問卷。

不過，即使個人可能會意識到風險的存在，但卻未必會真正採取調適行為（Miceli, Sotgiu & Settanni, 2008）。究竟是哪些因素造成其間的落差？ Grothmann 與 Patt（2005）建構的「個人對氣候變遷主動調適模式（MPPACC）」，相對於前述其他模式，包含較多之變數，也更能協助政策制定者瞭解民眾的認知問題，進而促進其採取調適行為。因此，本研究將透過 MPPACC，作為擬定深度訪談題綱之架構，檢視可能造成知行不合一的原因。

以下將分別針對「計畫行為理論」與「個人對氣候變遷主動調適模式」，進一步說明其內涵。

三、計畫行為理論

計畫行為理論是一個用於解釋並預測人類行為的架構（Ajzen, 1991），是由理性行為理論衍生而來，目前已經廣泛運用在各類研究領域中。該理論認為行為意圖（behavior intention）是指個人想從事某特定行為之傾向的心理強度，適合用以解釋及預測個人實際行為的表現；而行為意圖會受到態度、主觀規範以及知覺行為控制等三個重要因素影響。

1. 態度（attitude）

個人對某特定行為所反應出之喜歡與否或正負向的評價，屬於內在因素，由行為信念與結果評價所構成，可預測其可能的行為。當個人認為採取某特定行為，很可能帶來期望的結果時，則其對此行為的態度越趨正向，進而產生採取該行為的意願。

2. 主觀規範（subjective norm）

個人對採取或不採取某特定行為時所感受到的社會壓力，屬於外在因素，由規範信念所構成。意指當個人是否採取某特定行為，會受到重要他人（如：父母、師長、配偶、同儕等）或周遭環境，認為其應否執行該特定行為之壓力所影響。

3. 知覺行為控制（perceived behavioral control）

個人在從事某特定行為時，知覺所需資源與機會之控制能力，屬於時間及機會因素，例如：個人慾望、意向、時間、金錢、技能、機會、能力、資源或政策等。當個人認為自己所擁有的資源與機會越多，所預期的阻礙就越小，對於行為的控制就越強。

四、個人對氣候變遷主動調適模式（MPPACC）

在自然災害的個案中，感知可能性與個人暴露於水患災害的期望值有關；對於該地區水患損害其有價物品（例如房屋或財產）的判斷，與其感知嚴重性有關。而此可視為名目價值與實際價值比較的過程：名目價值（一個人想要發生或不發生）和實際價值（一個人期望發生的事情）之間的差異越大，就越會有調適行為的動機。不過，感知調適能力是相對較少被關注的要素。其中，即使主觀能力與客觀能力一樣重要，但兩者間還是有其不同之處，而客觀能力僅可能部分影響一個人所採取的調適回應（Grothmann & Patt, 2005: 202）。

心理學之「控制的錯覺」（illusion of control）現象，指的是人們以為自己對事物的控制能力，亦或是控制權超過實際上所擁有的控制能力。因

為我們「誤認」自己有能力可以控制或影響某件事物，但實際上，我們根本無能為力。很多控制的錯覺，源自沒有意義的關聯性，而讓個人產生有因果關係的偏誤。誠如學者所言（Gardner & Stern, 1996: 224），雖然我們掌握民眾對於環境風險意識的相關數據，卻提醒我們留意到民眾所能掌控的環境問題有限（Grothmann & Patt, 2005: 203）。由此可知，人類對於水患風險的影響，很可能出現低估客觀調適能力的系統性偏見。

「個人對氣候變遷主動調適模式（MPPACC）」主要在於探討影響個人對環境調適行為的因素，在其架構中分為兩個因素，一為「風險評估」，即保護動機理論的威脅評估，包含感知可能性與感知嚴重性；二為「調適評估」，即保護動機理論的因應評估，包含認知的調適行為效能、認知的自我效能、認知的調適行為成本。調適評估會在風險意識之後而發生，且風險評估超過某種程度時，才會採取調適評估（Grothmann & Patt, 2005: 203）。倘若有人可能因為自認家裡非常堅固，即使災害來臨時也不採取調適行為，正是其自我感受的威脅程度不高，而未採取調適評估與行為。

在 MPPACC 中，民眾會因為對環境風險評估與調適行為評估的差異，而導致其面對災害威脅時選擇採取調適意向（adaptation intention）或消極調適行為。「調適意向」指民眾會透過調適行為減少災害造成的影響；「消極調適行為」又稱為迴避的不良調適行為（avoidant maladaptation），是指民眾會因為宿命論、否定或一廂情願等因素影響，而放棄採取調適行為來回應災害的可能。

此外，在 MPPACC 模式中，加入對政府調適的依賴（reliance on public adaptation）與災害經驗評估（risk experience appraisal）變項，以探討其對風險評估與調適評估的影響（Grothmann & Patt, 2005: 205）。因為若政府已能採取調適的行動，例如利用防水閘門防止水患的侵襲，這時候民眾再採取調適行為就顯得多餘了。以下將說明 MPPACC 模式中之重要變項：

（一）風險評估（risk appraisal）

風險評估意指在沒有改變自我行為的狀況下，個人評估某件事的威脅與傷害的可能性與損害程度，包含下列兩個要素：

1. 感知可能性（perceived probability）

感知可能性是指個人預期暴露於某種威脅的可能性，感知可能性對行為意向會產生影響。

2. 感知嚴重性（perceived severity）

感知嚴重性是指若威脅真正發生後，個人評估威脅其所重視事物所造成後果的嚴重程度，且其對行為意向會產生影響。

（二）調適評估（adaptation appraisal）

調適評估意指個人評估自我避免受到威脅傷害的能力，以及採取此類行動作為所需的成本。調適評估只有當風險評估達到某種程度時才會發生，其包含下列三個要素：

1. 認知的調適行為效能（perceived adaptation efficacy）

認知的調適行為效能，是指個人對於自己採取調適行動或反應，能夠有效保護自己（或他人）避免受到威脅傷害的信念。

2. 認知的自我效能（perceived self-efficacy）

認知的自我效能，是指個人認知對於自己能否實際執行調適行為的能力評估。

3. 認知的調適行為成本（perceived adaptation costs）

認知的調適行為成本，是指採取調適行動所須付出的成本，例如：經費、時間、努力等與採取行動以減少風險的任何相關成本。雖然反應成本與自我效能是相關的，但個人可能因為知覺到的效能過低或反應成本太高，而認為採取調適行為是困難的。

第三節 研究設計與方法

根據文獻檢閱，本章以「計畫行為理論」探究研究變數間之關係，將民眾面對水患之風險意識作為自變數，水患調適行為界定為依變數，希望瞭解民眾的水患風險意識是否會正向影響水患調適行為。此外，依照「個人對氣候變遷主動調適模式（MPPACC）」，作為設計深度訪談題綱之基礎。

根據本文之研究目的，以下將說明本研究所採取之問卷調查與深度訪談的實施方法。其中，筆者將遵守貝爾蒙特報告書的「尊重人格」、「善意的對待」與「公平正義」等原則，保障問卷調查與深度訪談對象之權益（The National Commission for the Protection of Human Subjects of Biomedical and Behavioral Research, 1979）。

壹、問卷調查

本研究使用之問卷數據，為筆者執行科技部「水患災害、風險意識與風險溝通：臺南市水患治理之個案分析」研究計畫（MOST105-2410-H024-002-MY2）之部分內容。在正式施測之前，筆者先邀請兩位專家學者，協助檢視以李克特式量表（Likert scale）七點尺度方式設計之初擬問卷，並據以增修問卷之後才開始發放。主要以臺南地區年滿 20 歲以上，且現（曾）居住在臺南市者（包括縣市合併之前的臺南縣）為問卷發放的對象（以有居住 6 個月以上為宜）；除一般民眾之外，尚包括臺南市政府的一級單位與機關、二級機關，各行政區之區長、承辦災害防救業務部門之課長與承辦人。

貳、深度訪談

除了利用問卷調查瞭解當面對水患時，居民風險意識與調適行為兩者之間的關係外，本研究希冀進一步透過深度訪談，瞭解究竟有哪些因素會

影響居民實際之調適行為，因此筆者於問卷調查之後，分別邀約具有代表性之政府官員、學者、非營利組織、里長與民眾，針對水患調適行為之相關問題進行深度訪談（深度訪談對象請參見表 6-1）。

表 6-1　深度訪談對象一覽表

類別	服務機關	編號
政府官員	臺南市政府	受訪者 A
	臺南市政府	受訪者 B
學者	臺南大學	受訪者 C
	崑山科技大學	受訪者 D
非營利組織	臺南市 OO 環保團體	受訪者 E
	OO 社區大學	受訪者 F
里長	永康區	受訪者 G
	後壁區	受訪者 H
民眾	安南區	受訪者 I
	仁德區	受訪者 J

資料來源：本研究。

第四節　風險意識會影響調適行為？

本研究目的之一，是探討臺南市民眾的水患風險意識和調適行為間之關聯性，並分析臺南市不同背景的民眾，在風險意識及調適行為上是否具有差異性，更希望瞭解民眾為何不見得會採取調適行為。以下就問卷調查與深度訪談之結果，分項予以說明。

壹、問卷調查

一、樣本說明

本研究之問卷調查於 2017 年 3 月 3 日至 4 月 7 日期間進行，總計發放 1418 份問卷、回收 1413 份，有效問卷為 1382 份，為使所回收的問卷

研究結果，能有效瞭解臺南市民眾的態度與行為，筆者參酌臺南市政府民政局（2017）公布 2017 年 4 月之 37 區行政人口數進行加權分析。以下列出加權過後之受訪者人口基本背景變項樣本分布，請參見表 6-2。而本研究後續之分析，即以此數據進行統計。

表 6-2　加權過後人口背景變項

背景變項	分類	次數	有效百分比
性別	男性	535	39.9
	女性	803	59.9
	其他	2	0.2
工作現況	現有工作	1110	83
	現無工作	227	17
是否曾參與水患防災教育課程與相關宣導活動？	曾參與	524	39.5
	未參與	803	60.5
是否為保全對象	保全對象	104	8.4
	非保全對象	1141	91.6
是否曾有水患損失經驗	曾有水患損失經驗	407	30.6
	未有水患損失經驗	923	69.4

資料來源：本研究。

二、因素分析與信度分析

根據學者建議，各題項之因素負荷量應大於 0.5（Hair et al. 2014: 618），而在探索性因素分析中，通常都以 KMO（Kaiser-Meyer-Olkin）做為標準，用來檢定是否適宜進行因素分析，並以 Cronbach's α 係數表示信度結果。[1] 以下將依照前述標準，檢視風險意識與調適行為之因素分析與信度分析的結果。

---

[1] 判定準則如下：當 KMO 值介於 0.6 至 0.7 間，表示因素分析適合性普通；KMO 值介於 0.7 至 0.8 間，表示適中；KMO 值介於 0.8 至 0.9 之間時，代表良好；KMO 值大於 0.9 以上，則表示極佳（Kaiser, 1974）。吳統雄（1984）表示 Cronbach's α 係數小於 0.3 其可信度為不可信；Cronbach's α 係數介於 0.3 與 0.4 之間為尚可信；Cronbach's α 係數介於 0.4 與 0.5 間代表可信；Cronbach's α 係數介於 0.5 至 0.9 為很可信；Cronbach's α 係數大於 0.9 則十分可信。

（一）風險意識

「風險意識」變數衡量題項為 6 題，KMO 值為 0.873，表示其適合進行因素分析；Cronbach's α 係數為 0.898，代表此構面信度符合要求；而此變數之解釋變異量為 66.225%。風險意識之因素與信度分析數據，請參見表 6-3。

表 6-3　風險意識之因素分析與信度結果摘要表（KMO：0.873***）

題項	共同性	因素負荷量	解釋變異量	Cronbach's α
1. 您會擔心水患可能對於財產損失的影響	0.828	0.910		
2. 您會擔心水患可能對於生活品質的影響	0.797	0.893		
3. 您會擔心水患可能對於生命安全的影響	0.729	0.854	66.225%	0.898
4. 因臺南過去曾發生過的水患，使您提高對於水患的危機意識	0.622	0.789		
5. 您會擔心水患災害的不確定性	0.600	0.775		
6. 您會擔心氣候變遷所可能帶來的災害	0.398	0.631		

（*p<0.05，**p<0.01，***p<0.001）
資料來源：本研究。

（二）調適行為

「調適行為」變數衡量題項為 7 題，KMO 值為 0.916，表示其適合進行因素分析；Cronbach's α 係數為 0.897，代表此構面信度符合要求；且此變數之解釋變異量為 63.231%。調適行為之因素與信度分析數據，請參見表 6-4。

表 6-4 調適行為之因素分析與信度結果摘要表（KMO：0.916***）

題項	共同性	因素負荷量	解釋變異量	Cronbach's α
1. 您會準備避難包以避免水患災害	0.736	0.858		
2. 您會準備沙包等阻隔設施以避免水患災害	0.728	0.854		
3. 您會參加水患防災教育演練以避免水患災害	0.706	0.840		
4. 您會因臺南過去曾發生過的水患，而強化防洪措施	0.632	0.795	63.231%	0.897
5. 您會檢查住家附近的水利設施（如堤防、排水溝）以避免水患災害	0.622	0.789		
6. 您會將物品搬至較高處以避免水患災害	0.577	0.759		
7. 您會購買颱風洪水險以避免水患災害所帶來的損失	0.424	0.651		

（*p<0.05，**p<0.01，***p<0.001）
資料來源：本研究。

三、差異性分析

（一）工作現況

　　由表 6-5 的結果可知，不同工作現況對「風險意識」與「調適行為」變數的 t 值分別為 1.468 及 2.683，而僅有工作現況在調適行為變數的 p 值為 0.008 < 0.05，代表不同工作現況在調適行為的變數上會有所差異，且現有工作者平均數大於無工作者，可推論有工作者從事調適行為的意願較高。

表 6-5　工作現況與各變數之獨立樣本 t 檢定表

變數	分類變數	個數	平均數	標準差	Levene's T（顯著性）	T 檢定（顯著性）
風險意識	現有工作	1100	5.3777	1.22505	0.464（0.496）	1.468（0.142）
	現無工作	224	5.2470	1.16399		
調適行為	現有工作	1095	4.4395	1.22339	5.668*（0.017）	2.683**（0.008）
	現無工作	226	4.2256	1.06193		

（*p<0.05，**p<0.01，***p<0.001）
資料來源：本研究。

（二）是否曾參與水患防災教育課程與相關宣導活動

由表 6-6 的結果可知，是否曾參與水患防災教育課程與相關宣導活動對「風險意識」與「調適行為」變數的 t 值分別為 1.724 及 6.732，而僅有在調適行為變數的 p 值為 0.000 < 0.05，代表有無參與經驗者在調適行為的變數上會有所差異，且曾參與者平均數大於未參與者，可推論曾參與者從事調適行為的意願較高。

表 6-6　是否曾參與水患相關宣導活動與各變數之獨立樣本 t 檢定表

變數	分類變數	個數	平均數	標準差	Levene's T（顯著性）	T 檢定（顯著性）
風險意識	曾參與	517	5.4237	1.21108	0.088（0.766）	1.724（0.085）
	未參與	798	5.3052	1.22035		
調適行為	曾參與	519	4.6743	1.15202	0.088（0.766）	6.732***（0.000）
	未參與	794	4.2258	1.19909		

（*p<0.05，**p<0.01，***p<0.001）
資料來源：本研究。

（三）是否為保全對象

由表 6-7 的結果可知，是否為保全對象對「風險意識」與「調適行為」變數的 t 值分別為 1.388 及 3.204，而僅有在調適行為變數的 p 值為 0.001 < 0.05，代表是否為保全對象在調適行為的變數上會有所差異，且保全對象的平均數大於非保全對象，可推論保全對象從事調適行為的意願較高。

表 6-7　是否為保全對象與各變數之獨立樣本 t 檢定表

變數	分類變數	個數	平均數	標準差	Levene's T（顯著性）	T 檢定（顯著性）
風險意識	保全對象	102	5.5076	1.09149	1.772 (0.183)	1.388 (0.165)
	非保全對象	1132	5.3320	1.23728		
調適行為	保全對象	103	4.7797	1.22642	0.027 (0.870)	3.204** (0.001)
	非保全對象	1128	4.3869	1.18592		

（*p<0.05，**p<0.01，***p<0.001）
資料來源：本研究。

（四）是否曾有水患損失經驗

　　由表 6-8 的結果可知，是否曾有水患損失經驗對「風險意識」與「調適行為」變數的 t 值分別為 7.009 及 4.319，p 值皆為 0.000 < 0.05，代表是否曾有水患損失經驗在風險意識與調適行為兩者變數上會有所差異，且曾有水患損失經驗者平均數均大於未有水患損失經驗者，可推論曾有水患損失經驗者其風險意識與從事調適行為的意願較高。

表 6-8　是否曾有水患損失經驗與各變數之獨立樣本 t 檢定表

變數	分類變數	個數	平均數	標準差	Levene's T（顯著性）	T 檢定（顯著性）
風險意識	有水患經驗	404	5.6816	1.07508	14.549*** (0.000)	7.009*** (0.000)
	無水患經驗	913	5.2078	1.24864		
調適行為	有水患經驗	400	4.6147	1.11759	3.201 (0.074)	4.319** (0.000)
	無水患經驗	914	4.3069	1.21875		

（*p<0.05，**p<0.01，***p<0.001）
資料來源：本研究。

2　相關係數（絕對值）所呈現的強度大小與意義為：當相關係數在 0.10 以下，代表變數關聯微弱；介於 0.10 至 0.39 時，則屬於低度相關；位在 0.40 至 0.69 之間，為中度相關；而在 0.70 至 0.99，代表高度相關（邱皓政，2010）。

四、相關性分析

相關性分析之目的，在於探詢兩連續變數間之線性關係，而迴歸分析須建立在變數間的線性關係上；且為避免分析時產生共線性問題，將以變數間的相關分析來檢測（邱皓政，2010）。[2] 其次，為避免本研究所欲探究之自變數及依變數，受到其他背景變項干擾，須控制可能干擾之個人背景變項，此些可能干擾研究結果之變數即為控制變數（陳寬裕、王正華，2011：521）。於後續迴歸分析中建立區組時，將問卷調查受訪者之個人背景條件視為控制變數，將其所可能對於依變項之影響予以排除。惟因部分人背景條件屬於類別變項，要先進行虛擬編碼（dummy code）。

從表 6-9 的相關性分析表觀察發現，風險意識與調適行為之相關係數絕對值為 0.376，表示彼此兩者間為低度相關（p 值 = 0.000<0.05），因此不會產生嚴重的共線性問題。

表 6-9　相關性分析表

變數名稱	年齡	工作現況	參與水患宣導活動	保全對象	水患損失經驗	風險意識
年齡						
工作現況	-0.236***					
參與水患宣導活動	-0.239***	0.081**				
保全對象	-0.193***	-0.088**	0.125***			
水患損失經驗	-0.109***	0.005	-0.004	0.170***		
風險意識	0.115***	-0.040	-0.048	-0.040	-0.180***	
調適行為	0.043	-0.067*	-0.183***	-0.091**	-0.118***	0.376***

（*p<0.05，**p<0.01，***p<0.001）
資料來源：本研究。

五、迴歸分析

為避免變數間出現共線性問題，本研究從變異數膨脹因素（variance inflation factor, VIF）及條件指數（conditional index, CI）予以檢測。VIF 為

容忍值（tolerance）的倒數，VIF 越大，表示越有共線性的問題，當 VIF 大於 5 時，自變數間有高度相關；VIF 大於 10 時，則共線性問題將嚴重影響估計穩定性（邱皓政，2010）。CI 值越高，表示共線性問題越嚴重，Belsley、Kuh 與 Welsh（1980）認為當 CI 值低於 30，此時共線性問題緩和；介於 30 至 100 間，則代表此迴歸模型中具高度共線性；100 以上有嚴重共線性問題。

針對風險意識對調適行為之影響，分析結果如表 6-10。此部分以調適行為作為依變數，首先加入控制變數（模型一），控制變數之選定由上節相關性分析所得之個人背景變項選出，再將自變數風險意識加入（模型二），標準化後 Beta 值為 0.362，且達顯著水準（p<0.01），且模型一至模型二，整體解釋力調整後 R^2 從原本 0.049 提升到 0.175（$\Delta Adj\text{-}R^2 =$ 0.126），表示控制個人背景因素後，風險意識對於調適行為有顯著的正向影響。此迴歸模型之 VIF 皆小於 5、且 CI 值亦都小於 30，無共線性問題。

表 6-10　風險意識對調適行為之影響迴歸分析表

變數	調適行為							
	模型一				模型二			
	Beta	t 值	VIF	CI 值	Beta	t 值	VIF	CI 值
控制變項								
年齡	-0.042	-1.369	1.178	2.329	-0.072	-2.525*	1.185	2.548
工作現況	-0.076	-2.589*	1.090	3.429	-0.067	-2.450*	1.091	3.750
參與宣導活動	-0.166	-5.687***	1.072	4.221	-0.157	-5.767***	1.073	4.424
保全對象	-0.064	-2.174*	1.086	6.955	-0.064	-2.329*	1.086	7.616
水患經驗	-0.119	-4.146***	1.033	14.379	-0.057	-2.089*	1.064	10.082
自變數								
風險意識					0.362	13.476***	1.045	19.288
Adj-R^2	0.049				0.175			
ΔAdj-R^2	-				0.126			
F 值	13.360***				43.093***			
ΔF 值	-				181.594***			

（*p<0.05，**p<0.01，***p<0.001）

資料來源：本研究。

貳、深度訪談

一、風險評估（risk appraisal）

　　風險評估是民眾評估某件事的威脅與傷害之可能性與損害程度，並可區分為感知可能性與感知嚴重性。以下就以這兩個面向，分別闡述民眾進行水患風險評估之現況。

（一）感知可能性

　　感知可能性是指個人預期暴露於某種威脅的可能性，並對行為意向會產生影響。對於一般民眾而言，在承平時期未必會真正關注水患問題。特別是民眾自己並無法決定淹水與否，經常是看天吃飯。倘若該年度並未有淹水災情，但究竟是因為降雨量較少？或是因為政府興建的防洪設施產生功效？這些因素都可能會影響民眾是否感知發生災害的可能性。

　　　受訪者 D：淹不淹水，有時是看老天爺，如果沒下大雨，就不會
　　　　　　　　淹水，如果問民眾對於防洪設施有沒有感，他說有
　　　　　　　　感，但沒淹水是因為沒下大雨。

1. 脆弱族群

　　一般民眾雖然可能會關心水患，但因為即使是同樣程度的災情，對於一般民眾來說，不一定會造成傷害，但對於脆弱族群而言，就有可能造成衝擊。故而，民眾的感知可能性，會與其本身的社會經濟或身心健康狀況有關。甚且，脆弱族群因為其社經或身心狀況之故，導致其感覺受到災害影響的可能性越高，遭遇災害之後的韌性會越低。

　　　受訪者 F：如果針對高風險區裡面的貧窮、中低收入戶設計一些
　　　　　　　　機制，可以兼顧脆弱的社群……不然貧窮的人本來可
　　　　　　　　能還 OK，一旦遇到災難，恢復力越弱，就變成赤貧。

2. 資訊透明

倘若水患災害的資訊被充分揭露，民眾就會相對容易判斷災害對其之可能影響。諸如：淹水潛勢區、水利工程、房價、過去淹水經驗等等，都是資訊呈現的方式之一。

> 受訪者 D：如果促進資訊透明，知道易淹水的可能性，例如房價
> 　　　　　在不會淹水地區當然它就高了。

針對災害所帶來的衝擊，因近期水患的因素導致災難的不確定性很高，應該思考政府須扮演的角色。特別是脆弱族群，即使有感知受到災害影響的可能性，但其面對風險的韌性相對較低，無法自己建置足夠的保護措施，如果政府無法以公共財的方式提供防衛，恐將其排除於保護傘之外。

> 受訪者 F：弱勢的人，他們的恢復力最弱，政府如果不幫忙，就
> 　　　　　被拒絕在保護傘之外。

（二）感知嚴重性

感知嚴重性是指若威脅真正發生後，個人評估威脅其所重視事物所造成後果的嚴重程度，且其對行為意向會產生影響。

1. 感知災害的嚴重性

根據學者的研究，預估在本世紀末之前，海平面將上升一公尺（Bamber et al., 2019: 11195）。在此大環境之下，地勢相對低窪之水患問題，恐將日趨嚴重。相對於其他國家而言，部分國家（例如荷蘭）的自然環境問題更甚於臺灣。不過有受訪之民眾表示，臺灣在後續的治理作為，卻是反其道而行，並非是順應自然環境而採取因應措施，顯然並未關注自然環境所可能造成的嚴重性後果。

> 受訪者 F：荷蘭跟臺灣的處境都差不多一樣，自然環境問題比我
> 　　　　　們還嚴重，問題是它們道路公路化程度很低，我們這

邊很高，破碎化問題非常嚴重，它們那邊因為大部分
都是低於海平面，所以很早就還地於河，我們這邊是
與河爭地，這樣怎麼會對呢？而且人家美國、韓國讓
河川重見天日，我們每一條都變成水溝，這樣是對的
嗎？

2. 認為是先天不足、後天失調的問題

　　以臺南市而言，部分地區因為先天自然條件之故，政府或民眾根據過
去的水患經驗，知悉市區內容易淹水的熱點位置。但是在這些先天不足的
地區，倘若人為後天的治理工程欠缺整體性思維，恐難真正達到治水之成
效。

　　受訪者 E：淹水的原因包括先天不足、後天失調，臺南很多淹水
　　　　　　　問題都是先天嚴重不足、後天更嚴重失調，海水排水
　　　　　　　管線加蓋通通變得很小，長期以來槽溝底下完全沒有
　　　　　　　辦法清理。

　　如以臺南市安南區的鹽田社區為例，從其地名可知，其產業類型之一
即為曬鹽，屬於臺江水域，但只要遭逢大雨就容易淹水。原本該地區分為
南寮、北寮、三棟寮，而南寮成立四草野生動物保護區，北寮成立臺南科
技工業區，而三棟寮因受到莫拉克風災的影響，最後被迫遷村至北寮。鹽
田社區因為地勢低窪，先前都採取墊高的方式避免淹水，導致路面隨之墊
高，但也因此影響當地曬鹽的地景地貌。

　　受訪者 I：三棟寮在 2016 年就全部遷，莫拉克風災時淹得很嚴
　　　　　　　重，因為他都是墊高嘛，路就越蓋越高，三棟寮以前
　　　　　　　是曬鹽的，曬鹽的一些地景地貌，都沒有了。

　　為避免先天不足、後天失調的情況繼續惡化，近來在社區中開始裝設
自動化淹水感測裝置，讓民眾得知住家附近是否淹水之資訊，協助社區民
眾掌握當地積水或淹水災情，可減輕志工與社區民眾的負荷，輔助防救災

單位研判因應；甚至在災後的補助申請時，除了原有的水尺之外，可以使用紅外線水平儀雷射器測量確認淹水高度，相對較為公平，以避免產生爭議。藉由這些資訊的提供，讓民眾可以正確瞭解災害的嚴重性。

> 受訪者 G：水有淹到多高，這個盒子裡面會盛水，到哪個點，
> 　　　　　一、兩次就知道嚴重性，然後雷射筆橫掃一下，街道
> 　　　　　淹多高就馬上一清二楚。

3. 自認不嚴重

對於感知嚴重性的問題，部分民眾在水患發生之後，並不認為其所處環境的淹水情況很嚴重；即使民眾身處在官方所公布的淹水潛勢區之中，其受到水患風險影響程度相對較高，但民眾可能還是未必會感受到嚴重性。其中涉及的因素，包括民眾本身風險意識的高低，也可能是民眾確實沒有遭遇太多災情嚴重的水患經驗所致。甚且，根據受訪者表示，不僅止於臺南，臺灣其他地區的民眾，也有相似的情形。

> 受訪者 F：那種對於風險無感在臺灣很普遍，在水患風險裡頭，
> 　　　　　發現居民都無感，明明很危險，他們無感，這是感受
> 　　　　　性的事情。

此外，部分民眾認為政府針對易淹水地區，已經興建結構式（如：堤防等）防洪設施進行減災，民眾會認為這些設施是抵擋水患的堅固防線，其心理層面感覺很安全，因而即使居住在河堤旁並不覺得擔心，也未注意都市成長所造成的影響。但是如果外水潰堤、溢堤，或是內水久久不退，所造成的災難可能更為嚴重，導致長期災害風險反而增加，此即為「堤防效應」。

> 受訪者 E：政府投入那麼多的錢，把外水問題處理的差不多，可
> 　　　　　以去看淹水發布或是災損補償，去判斷淹水有沒有減
> 　　　　　緩，目前還仍然是災損嚴重地方的民眾，這感受性如
> 　　　　　何？要留意「堤防效應」。

二、調適評估（adaptation appraisal）

調適評估是指個人評估自我避免受到威脅傷害與採取行動所需的成本，調適評估只有當風險評估達到某種程度時才會發生。以下將從「認知的調適行為效能」、「認知的自我效能」與「認知的調適行為成本」，分別予以說明。

（一）認知的調適行為效能

認知的調適行為效能，是指民眾對於採取調適行動或反應，能夠有效保護自己（或他人），避免受到威脅傷害的信念，以下將分項予以說明。

1. 治水工程

對於水患問題，傳統的治水方法大多採取興建堤防、加高橋梁與道路、設置抽水站等硬體工程，但經常所費不貲，且未必能獲致預期成果。即使須要投入許多經費，近年來臺灣仍常採取此類的調適行為；同時，得要認真檢視興建堤防、疏濬、排水等治水工程，是否能徹底解決水患問題。不過，臺南部分地區的淹水情形，並未完全獲得改善。

> 受訪者 E：傳統治水方式，就是加高堤防，然後橋梁加高，然後把道路加高，然後把河川縮小，然後設抽水站，這幾種方式絕對是沒有效果的。

> 受訪者 D：臺南早期淹水嚴重，沒辦法處理就不斷投錢，有的根本沒有看到效果，可能只有看到抽水站或抽水機。

甚且一般常見政府採取的硬體工程，就是採取「三面光」的梯形混凝土河堤。雖然支持水利工程與生態工法人士，對於這種工法容有不同觀點，但以永續的觀點而言，水泥化水道、河道不透水、清除植物、依附河岸生存的生物消失，溝渠水泥化改變河川的樣貌，也同時破壞原有的生態系統。當水患來臨時，不但河水流速加快，也無法留住水資源以補充地下水源。

2. 政府調適行為：疏濬與滯洪池

近年來「短延時、強降雨」經常造成山坡地大量的土石崩塌，導致河道淤積，疏濬工程已成為常態性的工作；特別是在災情嚴重的水患之後，常會使得河道淤積嚴重，疏濬將可提升通洪效率與蓄洪量，減低豪大雨致災之可能性，希望能降低河川沿岸淹水風險，以確保民眾生命財產安全。在每年汛期來臨之前，水利署各河川局都會積極進行淤積河段疏濬、河道整理等工程。此外，近來常見各地方政府興建滯洪池，搭配抽水站及其他排水設施，雖然由於滯洪池的功能有其容量極限，無法完全避免積淹水災情的發生，但相較於過去，確實減少積淹水面積和遲滯時間，但同時也應思考如何提高滯洪池對地下水的填補。

3. 政府調適行為：遷村

在調適行為的方案中，規模相對較大的即為遷村。遷村一事必須考量很多因素，特別是由於遷村計畫之遷住戶，多數屬於弱勢戶，其原有住宅大多殘舊不堪，加上收入不穩定，平時難有積蓄可供改善或更新住宅品質。這些僅可遮風避雨之住家，一旦受強風豪雨侵襲而被摧毀，導致民眾無家可歸時，政府應以弱勢戶「居住權」之人文觀點加以解決（謝志誠等，2008：95-96）。

此外，尚須思考居民的意願與風險意識，及其對原來土地歷史、感情與生活的連結，對新土地之調適與再生、搬遷經費補助與效益等因素。遷村最大的問題之一，即為當地居民的經濟能力是否足以負擔。倘若當地是易淹水地區，即使民眾有意願遷村，但礙於經費而可能無法配合搬遷；如果政府願意提供補助，方能協助民眾有能力在遷村之後去他處置產。

> 受訪者 E：遷村會比較好嗎？以前鄰居阿伯、阿婆大家都住在一起，忽然把他們鄰居拆散，戀舊的人會不習慣。而且你遷村以後政府要做什麼補助？

> 受訪者 G：我們那裡店家的生意都很好，一間房子雖然淹得很恐怖，但一坪都是 2、30 萬，所以要他遷村是不可能

的；如果說你原來一坪只有 10 萬，遷村後的一坪是
2、30 萬，那就可能要來遷。

受訪者 J：遷村如果真的要實行，他本身如果想要遷村的，就有
　　　　　困難，要叫我去買房子，政府經費補助不夠的話，我
　　　　　就負擔太多。

4. 民眾調適行為：沙包與防水閘門

上述各種政府的防災思維與措施，未必足以面對日趨嚴峻的水患災
害。尤其是在強降雨頻率與強度都加劇的情況之下，排水系統如果超出原
先預期規劃的容量，更會加重水患災害的程度。面對水患的問題，目前政
府除了正積極推動相關防洪設施之外，也開始留意從人文面向思考，如何
協助民眾採取調適作為；甚且，在政府治水範疇與能力有限的狀況下，最
常見到民眾採取自保且有效的調適作為，亦是吾人應該重視的議題。在民
眾經費有限的條件之下，業者已經開發出民眾可以採取的調適行為之一，
即為在住家或工廠堆放沙包或設置防水閘門。

受訪者 A：業者有開發出很多它可以防水的設備，例如：沙包或
　　　　　水閘門，可以去避免這種水患的損失。

5. 民眾調適行為：水患自主防災

除了前述各項硬體建設之外，相對地也有一些因應水患的非水利工程
之調適行為；特別是社區的形成有其背景脈絡，若該地區屬於國土中的敏
感地區，更須小心為之。例如：有些地區因為先天自然條件之故，相對不
易採取水利工程改善現有的水患問題，因應作法之一即為水患自主防災社
區。

受訪者 B：防範水患可能牽涉人文與環境的整個調整，或許自主
　　　　　救災社區也是方式之一，我們是由成大協助輔導防災
　　　　　社區的推廣。

一個成功案例即為安南區鹽田社區，其第八鄰三棟寮曾遭受莫拉克

風災影響，淹水深度達一公尺以上，不得已必須採取遷村工作。由於前述風災的受損經驗，致使該社區積極推動水患自主防災，在市政府與成大防災中心的合力協助之下，加強防災組織運作，訓練社區民眾踏勘易淹水區域、訓練觀測降雨量、規劃疏散避難路線和製作防災地圖，學習如何即時應變、離災、避災，成為災害發生時保全人命的重要作為，並多次獲選為水患自主防災的績優社區。

> 受訪者 I：我們的水患自主防災社區是跟警察局、消防局，還有
> 　　　　　區公所配合，如果有狀況的話，成大防災中心會先在
> 　　　　　LINE 群發布消息，我們跟這些單位配合，因為這個
> 　　　　　計畫目前都沒有遇到很重大的災害損失，執行起來是
> 　　　　　滿順利的啦。

在社區之中的水患自主防災團隊，有不同專業分工的組別，例如：疏散組、警戒組、整備組、引導組及收容組，依據各組的特性區分平時與災害發生時的任務，透過災前的預防與災時自助與互助的方式，以降低社區發生災害的影響程度與範圍。

> 受訪者 G：在防災的過程，我們自主防災的團隊就會巡排水溝
> 　　　　　有沒有垃圾，這個垃圾如果來到中排，把活水閘門給
> 　　　　　塞住了，這樣怎麼抽都沒有用，還會倒灌，所以除了
> 　　　　　去訪視保全戶之外，警戒組的要巡視一些水路、排水
> 　　　　　的地方，不然如果剛好流過來塞住了，那事情就大條
> 　　　　　了。

6. 調適行為之可行性分析

在採取調適作為之前，實須思考治水方案之可行性分析。例如：部分地區的住民有限，但得花費相對較高之治水經費，是否有其必要性？其次，雖然地方政府的治水方案，是採取科學方法計算而成，但也應同時參採地方人士的在地發展脈絡與經驗。再者，部分政治人物為了力求表現，

會建議應該採取何種治水方案，但政府仍應以整體性之思維通盤檢視，否則無法達成應有的目標。

> 受訪者 C：像有些地區已經治水很久，花一千萬、兩千萬去保護那一戶人家不淹水，錢這樣花值得嗎？

> 受訪者 H：有些地方我們知道比較容易發生水災，要參考在地經驗才真正有效。有時一個議員說這邊要做工程就要做，如果排水要能夠通暢，就一定要從整段一起思考，效果才會出來，不然只是多做的而已。

　　除了硬體的治水方案之外，由於自然災害頻傳，世界各國均朝向深化自助、互助及公助的機制努力，其中首重自助、互助。自主防災措施，均需有核心參與者落實自主防災經營的能力，建立由下而上的永續運作機制；希望藉由培育防災士，成為民間自主防救災工作的種子（內政部消防署，2017）。根據內政部「災害防救深耕第 3 期計畫」，重點之一即為培訓社區民眾成為防災士。為了強化社區與民眾自主防災能力，防災士的角色包括：協助韌性社區相關工作，做為韌性社區推動的主要骨幹；協助公所推廣韌性社區，讓更多社區能有意願參與韌性社區工作；災時，於政府救援到達前，進行初期救助、避難疏散、災情查通報等災害應變措施，協助社區採取正確行動，使居民能夠迅速應變；在災時協助公所應變工作，如收容所開設與管理等；災後，參與避難收容及災民照顧，能夠協助引導外部資源進入社區，協助地方政府復原重建（內政部，2017：71）。

　　不過，一般民眾目前對於防災士瞭解有限。誠如受訪者 G 期待防災士如同里幹事一樣，在接受過專業訓練之後，專職協助里長負責防災工作：「防災士陪同里長，里長熟每個道路，巡視一下哪個地方要改善，防災士就準備來應對，那個功能才能展現，要不然這條錢多花的而已，不然叫里長兼職就好，因為一個防災士是經過訓練比較厲害，但他自己肯定在這個社區辦不了什麼防災的事情。」

　　事實上，自主防災必須團隊合作，防災士絕對無法單槍匹馬面對水患

問題，部分受訪者認為既然防災如此重要，就要結合現有的里辦公室與自主防災社區團隊，無論是平時或災時都可以發揮功能。

> 受訪者 J：防災其實要一個團隊，一個人的力量有限啦，公部門既然要設置，應該要有給職啦，配合地方的自主防災或者里辦公處這邊，像如果現在我們啟動疏散組跟警戒組的人員在外面巡邏了，防災士也可以做這個災害發生之前的工作。

7. 調適行為之效能

政府在治水工程竣工時的驗收，是由主辦工程機關會同監造單位及承包商，根據工程圖說與規範，詳細核對工作項目及數量，以確定承包商是否確實依照契約規定施工。不過，即使完成驗收程序，僅是符合對於契約的要求，但是否能真正通過大自然的考驗，則是另外一個層面的問題。

> 受訪者 F：有政府官員說之前的梅雨季節都會淹水，經過整治之後就不會，但把降水的區域分布圖調出來看，降雨只是區域性的，或是降雨下來都不是到有整治的區域，當然沒有接受科學的檢驗。

甚且，除了依照施工圖或契約之內容執行治水工程之外，由於這些工程經費是來自於廣大納稅義務人，也應充分妥適運用所擁有的經費，避免無謂的浪費，並獲致良好的治水效果。

> 受訪者 I：把老百姓的稅金，最少也要 1 塊錢當成 1 塊錢來使用啦，我們的公共工程如果是 10 塊錢，大概才做 4、5 塊而已，這樣就浪費掉我們納稅人的錢啦。

（二）認知的自我效能

自我效能是指民眾認知對於自己能否實際執行調適行為的能力評估，以整個社區而言，當其面臨要推行防範水患的工作時，常須考量其本身之

條件,以下將分項予以說明。

1. 社區屬性

以水患自主防災社區為例,該里或社區在決定申請參與之前,常會思索該社區之結構與屬性;即使決定要申請,還要評估撰寫申請計畫之能力。

> 受訪者 D:要看社區發展協會與里長合不合,或是我這邊都是老人,叫我做很費力,……因為這是自發性,也沒有懲罰機制,聽過里幹事拜託里長來掛名,里幹事自己來寫計畫。

2. 預防性疏散撤離

預防性疏散避難作業的決策,是將災害保全戶從「災中」疏散撤離提前至「災前」階段,以避免發生孤島效應,也可減少政府投入疏散撤離民眾的成本。大規模水災的救援疏散撤離對象,主要針對位於淹水潛勢區(尤其是未達防洪標準地區)、建築物低矮或居住於地下室之危險聚落,健康情形不佳有特別需求之個人或機構(如:醫院、護理之家、長期照護機構、療養院、寄宿學校),人潮聚集的場所(如:森林遊樂區、農產集散地或大型活動),以及長期受水災圍困地區等(馬士元、林永峻,2010:6-7)。

尤其針對自立疏散撤離避難有困難之特殊需求者,如老人、行動不便者等,應依據其特殊需求規劃相對應之避難對策;例如針對獨居老人,應考量其行動能力、資訊接收能力、交通工具需求、可能的安置地點等。縣市政府應能確實推動優先撤離名冊的執行,以督促地方政府針對高潛勢地區居民及特殊需求者能有較好的應變能力(國家災害防救科技中心,2018)。

> 受訪者 C:在不同人口的差異性,例如:住平房的,有沒有水患經驗的,有造成一些災害的,可能對他們的風險意

識，或者災後調適都有一些差異性，最常看到就是針
對保全對象優先撤離。

　　災害之疏散撤離大多以雨量之預估或實際降雨作為標準，較能事先掌
握（馬士元、林永峻，2010：6-7）。當有水患災害發生或有發生之虞時，
政府常會對民眾勸告、預防或強制疏散撤離，但以往曾有部分住戶因為缺
乏風險意識、認為災情應該不嚴重、不想到臨時收容所等原因，造成執行
撤離工作之困擾。因此實有須要在承平時期，事先調查所轄民眾（特別是
保全對象）預防性疏散撤離的意願。針對這些不同原因，政府方能於災時
依照不同需求讓民眾願意配合撤離。如有不願配合之民眾，則開具勸導
書，或依災害防救法第 24 條規定勸告或強制撤離，並做適當之安置。另
針對弱勢族群、行動不便之民眾，應調派車輛前往協助運送。

　　受訪者 H：區公所平常會透過里辦公處查訪保全戶，調查保全戶
　　　　　　　在災前預防性撤離的意願，也須要瞭解這些里民居住
　　　　　　　的情形還有拒絕撤離的原因。

　　受訪者 G：莫拉克風災的時候有人就是不走，里長也是頭大，
　　　　　　　就跟民眾說，要蓋章下去，自己要切結願意付法律責
　　　　　　　任。

　　一些居住在容易淹水區域的民眾，原本不太願意配合預防性疏散撤
離；但在經歷過幾次水患侵襲之後，目前都可以配合政府的指令，甚至提
早完成疏散撤離或依親，以防真正遭遇嚴重問題。

　　受訪者 B：以前他們都不願意早點撤，但現在像東山區南勢里五
　　　　　　　叉溝、東山區南溪社區、南化區關山里，現在就已經
　　　　　　　撤到很習慣，以前都不撤，敲門、打電話都不撤，現
　　　　　　　在會提早撤、或去依親。

3. 災害救助標準

依照「水災災害救助種類及標準」的住戶淹水救助規定，實際居住之

住屋因水災淹水達 50 公分以上，才符合補助標準。但是對於有實際造成
損失，卻未符合補助標準的民眾，依照規定是不能予以補助，卻可能引來
民怨。未來地方政府應該重新思考，是否可能依照損失比例提供補助，而
非將 50 公分的標準當作唯一門檻。

> 受訪者 H：規定是 50 公分才有補助 5,000 元，40 公分沒有，所
> 　　　　　以建議按照比例算，你就要給他訂定，淹水的話大家
> 　　　　　都有損失，大家都要有補助。我的里民抱怨說只有 49
> 　　　　　公分，現在也不能幫他開證明，差 0.5 公分就沒辦法
> 　　　　　補助了。

　　地方官員面對上述的問題，常會面臨其能否妥適執行現有調適方案的
能力評估。為了避免造成爭議，地方官員須要借重其他的標準，作為評斷
補助與否的依據。例如：在河流岸邊、河川橋墩、水利設施、電線桿，或
行車地下道旁以金屬板張貼或油漆繪製的水尺，其目的在於瞭解當地因降
雨導致低窪地區或排水不良造成的積淹水高度；甚且因為其比例放大，並
以不同顏色區別，能夠便於觀察水位者從遠處或利用望遠鏡，可即時掌握
水患的嚴重性，也能預防車子誤闖或行人踩空。

> 受訪者 G：那種東西設置在街道上，淹到多高肯定一清二楚，里
> 　　　　　長就是以這個為標準。

4. 颱風洪水險

　　在民眾對於自己實際執行調適行為能力的評估之後，倘若認為即使
有治水的軟硬體設施，都不足以應付水患造成的衝擊；或是即使有災害救
助，但仍不足以支付水患所造成的損失。基於上述各種可能的情境，開始
有人倡議採取颱風洪水險以轉移風險。但即使是颱風洪水險的方案，還須
思考是採取由政府開辦之全民納保的方式？或是由民眾自行向民間保險公
司購買？其中主要考量的原因在於，如果有人在金錢上較有餘裕，就有能
力去購買，是否會讓弱勢族群反而無法獲得保護？

受訪者 C：像全民健保一樣，大家都納入，自己跟民間保險公司
　　　　　買，變成一般私人保險的險種，但變成有能耐的才有
　　　　　能力去買。

5. 受災經驗

　　除了前述社區屬性、預防性撤離、災害救助或保險機制之外，民眾在評估自己有沒有能力面對水患問題的因素之一，即為過去是否有受災的經驗。倘若位處淹水潛勢區或是地勢相對低窪，勢必相對容易發生淹水的災情；如果發生的災情嚴重或是常常發生，當地民眾就會累積受災經驗，也會評估自己有無應付的能力。

受訪者 H：如果說之前就有淹了，如果淹水是一定會發生的事
　　　　　情，如果被嚇到一次，他就會怕了，當然就有經驗去
　　　　　做了！

受訪者 J：有些地方就是碗公底，就是會淹水，今天淹這樣明天
　　　　　淹這樣後天淹這樣，總有一天會淹到你受不了，你不
　　　　　離開自己也吃虧啦。

　　如果是居住透天厝的民眾，以往常將 1 樓做為客廳使用；但若根據過去淹水的經驗，1 樓的家電與家具常會因泡水而受損。這些民眾如果暫無能力於他處購買新屋，則會將一樓騰空、不放置固定的生活物品，而移往 2 樓以上居住，亦或是採用墊高的方式預防。

受訪者 G：以前 1 樓是客廳，結果時常淹水，家具或家電都淹
　　　　　壞，後來把 1 樓就變成車庫，客廳搬到 2 樓以上，會
　　　　　有這樣的風險意識，因為沒辦法買新房子搬走……不
　　　　　然就是較貴重的家電墊高一點。

　　正由於過去的受災經驗，肇因於缺乏提早預警系統的問題，因此在部分橋梁下游裝設水位計，鄰長家及附近之電桿裝設警示燈及警鈴，緊急時會以簡訊通知里長、區公所（區長、課長）、應變中心、派出所與消防分

隊，俾利預先疏散避難撤離。

> 受訪者 G：水淹到什麼程度的時候，有設 1 個警鈴就會響，警鈴
> 響大概有 1 個小時可以離開，但是上次經驗是還不到
> 1 個小時，水很快就來了，所以他們現在會提早做警
> 報，然後他們撤出來。

6. 身體狀況

民眾即使先前曾有受災經驗，但面對水患時，仍須評估自身的身體或生理狀況，是否能夠實際執行調適行為。在水患來臨之前，民眾除了密切留意氣象的降雨資訊，預判可能的淹水情形，也應預留時間堆放沙包、裝設防水閘門或建置其他防水措施，以減少因淹水造成家中財物之損害，並有利於後續環境之整理。不過因為沙包、防水閘門的重量因素，在放置時要考量搬運的問題。以防水閘門而言，就有受訪者 I 表示「1 塊鋁板差不多有 20 公斤，如果家裡沒有年輕人，一個老人家怎麼搬？」。

針對身體狀況較為不佳之保全對象，如老人、身心障礙等行動不便者，倘若其居住之地區有遭遇水患之虞，針對有家屬可接回照顧者，里長會聯繫其親友接返。如無特殊設備需求者，可與一般民眾共同安置於臨時收容所；如有特殊醫療設備需求者，應聯繫派遣救護車輛轉送醫院。

> 受訪者 B：有些身障又獨居，自理能力很差，以前都是里長幫忙
> 送餐，後來知道颱風要來，有發布颱風警報，就是那
> 些獨居老人或是身障的，一個一個打給他家屬，請他
> 家屬帶回家去照顧，如果沒有帶走的，因為公所會開
> 災害應變收容所，里長就協助把他載到公所，如果有
> 特殊需求的就送醫院。

（三）認知的調適行為成本

2017 年政府開始推動「前瞻基礎建設計畫」，其中包含因應水患風

險的「水環境建設」。建設內容是要加速治水、供水及親水基礎建設；目標是希望能建構穩定供水、循環永續、透水城市、國土保安、水綠融合、優質環境的幸福水臺灣（行政院，2019）。若以個人而言，調適行為成本是指採取調適行動以減少風險所須付出的成本，例如：經費、時間、努力等。雖然反應成本與自我效能是相關的，但個人可能因為知覺到的效能過低或反應成本太高，而認為採取調適行為是困難的，以下將分項予以說明。

1. 內水問題

以水災而言，參考水災災害防救業務計畫，其災害特性可分為內水（市區積淹水）與外水（河川氾濫）兩類。造成內水的原因，例如：排水道或側溝堵塞，鄰近地面雨水不易排除；或因為排水口徑較小，超過瞬間降雨強度，雨水宣洩不及而淹水；抽水機、抽水站的抽排水能力不足，無法即時將雨水排出；地勢低窪，造成不利排水的先天條件。相對而言，外水可能因為河道淤積、河流斷面縮小、排水坡度減緩，以及閘門與橋梁的設計缺陷等造成河水溢堤，而使得堤防內的區域淹水。

就防治水患的成本而言，外水災害須針對流經都會區的河道進行整治，內水災害則須依據在地的特性，興建滯洪池、增加透水鋪面或改良排水系統。整體而言，內水的整治就要比外水複雜且昂貴（經濟部水利署，2016a）。因此臺灣過去多項治水計畫與工程，主要都是針對外水進行防治，將外水阻絕於堤防之外；但現今遇到的問題，卻都是內水無法排除。根據水利署分析，內水之所以不易處理，主要是因為在都市或民眾居住的聚落中，並無法立刻針對排水設施進行大幅變動的水利工程。故而，水利法增加「逕流分擔、出流管制」專章，希望藉由流域內逕流分擔及土地開發出流管制之治水新制，藉由水道及土地共同分擔洪水方式，提升國土耐災程度。

> 受訪者 F：在一個都市計畫裡頭，馬上要把排水設施，整個抽
> 　　　　　換、更新、擴大，幾乎不可能。所以這次水利法增加

「逕流分擔、出流管制」專章，有它的必要性。

2. 水利工程成本

政府長期投入治水工作，從 2006 年易淹水地區水患治理特別預算，總計 8 年 800 億、之後加碼到 1160 億，於 2014 年預算用罄後，政府在 2015 年繼之推出 6 年 600 億的流域綜合治理計畫，直至當前的前瞻基礎建設，有 1200 多億預算是用在水環境建設，目的之一即為達到「防洪治水、韌性國土」的目標（王玉樹，2018）。但這些經費是否用在真正須要整治的河川？是否都有達到原訂的施工品質與防洪效果？實值吾人予以關注。

> 受訪者 E：當初 6 年、8 年，幾百億幾百億的預算，希望把錢花在刀口上，各個部門應該是要比較落實一點啦。

3. 跨域成本

根據立法院預算中心（2010）之評估報告，發現中央政府之易淹水地區水患治理計畫，編列經費千億餘元，雖以流域為單元進行規劃，惟長期以來，未以流域觀念統合水患風險治理，上、中、下游分由各不同專責機構辦理，治水機關事權分散，欠缺整體規劃及統籌協調機制，水患風險治理資源難以有效整合，治水成效不彰；另水患治理計畫之執行，涉有多項缺失，影響水患風險治理成效。對應於地方政府，亦有類似此種分工但不合作的情事發生，倘若要整合中央與地方或地方局處之間的流域治理工作，必然要花費較高的心力。

> 受訪者 E：公部門會各行其是啊。治水工作涉及都市發展局、工務局、水利局、農業局……各有各的業務，不搭調，能要有什麼成果？……因為本身結構就沒有改變。

4. 人力成本

針對地方的水患調適方案，雖然原本以水為主要關心重點，但若涉及

民眾參與時，遭遇的問題可能未必只有水患本身，地方上「人」的問題可能更為棘手。例如：在參與自主防災社區之前須要填寫計畫書，但對於部分地方人士而言，可能連參與的意願都沒有，承辦人員親自邀約也無動於衷。

> 受訪者 B：我去拜訪過里長，他在泡茶，我跟里幹事去，我進去
> 他就一直倒茶給我，我跟他講 1 個小時都不理我。

但也有部分里長表示，即使他有意願參加，但礙於心有餘而力不足，自己沒有能力撰寫申請計畫書，就必須尋求市政府同仁或里幹事協助。

> 受訪者 C：里長有意願，但沒能力寫，可能要找里幹事。

不過，最為嚴重的問題，是倘若有幸申請到參與水患自主防災社區計畫，但地方首長對於該社區的動員能力不夠、社區中以年長者占多數、或是里長與社區發展協會的思維不同，都可能讓該社區參與計畫的執行過程問題不斷。

> 受訪者 B：人合不合是個問題，有沒有人願意出來也是個問題，
> 最怕他叫不動社區的人，或是社區中的老人家占多數
> 也不願意參加。

5. 颱風洪水險

以颱風洪水險的政策方案而言，主要有兩種方式，其一為全民皆強制納入保險機制，保費可能相對較低；其二是將其視為市場商品，市場或保險公司必須相對健全，資訊揭露須公開透明，但保費會因個人或住家條件而有所不同。

如果以全民納保的機制而言，就必須考慮在現今民眾抱怨經濟條件不佳的前提下，於考量成本之後的接受度為何？對於不曾或相對較少遭遇水患的民眾而言，其公平性為何？若是採取市場商品的角度，政府的監督機制則相當重要，參與之保險公司的財務健全與資訊公開狀況，都是首要考量之因素。

受訪者 A：如果它是一個社會福利政策，但這幾年民眾薪水沒有
　　　　　漲、物價一直漲，所以民眾接受度就是個問題。不過
　　　　　也不是每個地方都淹，住在大樓的或是說他還沒有遇
　　　　　過淹水的，為什麼還要花這些錢。

受訪者 D：如果保險是商業產品，政府的監督角色要做的非常
　　　　　好，保險公司要財務穩當嘛，然後政府要督促保險公
　　　　　司，做到資訊公開透明化。

6. 受災經驗之成本

對於一般民眾來說，在採取調適行為之前，會考慮該行為所具有之成
本。以一般家中物品而言，如果一些貴重的家電或家具能夠以墊高方式避
險，則相對是成本較小的調適行為。倘若淹水對其之損失相對較少，或是
其在原處整體利得高於損失，或是其所須負擔之調適行為的成本較少，就
不會選擇成本較大的調適方案。

受訪者 I：他們會去評估這一些資產、動產能不能移動這些東
　　　　　西，哪些比較貴重的東西，他們會堆放在比較高處。

受訪者 G：大家都會評估比例原則，可能一年淹個兩、三次，但
　　　　　是這兩、三次我一年在這邊可能賺個幾十萬幾百萬。
　　　　　損失的比較少，得到的比較多，就補過去了。因為不
　　　　　是每次都要遷村，淹水如果損失少，也早就習慣了。

第五節　小結：從知易行難到知行合一

壹、研究結果

在本研究中，筆者試圖探究於臺南市水患風險中，個人背景變項在
風險意識與調適行為上之差異性，並討論風險意識與調適行為兩者之關聯

性。吾人認為近年來在水患風險的影響下，民眾會因其風險意識而促使其採取個人調適行為，以避免生命財產損失。根據本研究之結果，風險意識確實正向影響調適行為。

其次，根據筆者針對人口背景變項對於風險意識、調適行為變數之差異性分析，研究結果發現「工作現況」、「是否曾參與水患防災教育課程與相關宣導活動」，以及「是否具有保全對象」的身分，在調適行為上有相當程度之差異性。尤應注意，「是否曾有水患損失經驗」之個人變項，更是在風險意識與調適行為上，均呈現顯著性差異。由此可知，受災經驗是影響民眾風險意識相當重要之變數，並可能促使其採取調適行為。

若進一步分析可能影響民眾表現之調適行為，從「風險評估」觀之，在「感知可能性」面向上，會受到其本身是否為脆弱族群與風險資訊是否透明所影響；在「感知嚴重性」面向上，是會與其所處環境之災害嚴重性以及個人感知嚴重程度有關。以「調適評估」而言，在「認知的調適行為效能」面向上，會因政府的治水工程、政府的調適行為、民眾的調適行為、調適行為之可行性分析、調適行為之效能所左右；就「認知的自我效能」面向上，會受到社區屬性、預防性疏散撤離、災害救助標準、颱風洪水險、過去受災經驗自己身體狀況所影響；在「認知的調適行為成本」面向上，會受到內水問題、水利工程成本、跨域成本、人力成本、颱風洪水險、受災經驗之成本所影響。由此可知，即使從量化研究上發現民眾會因其風險意識，而促使其從事調適行為；但由質化深度訪談之結果，可再探析會影響民眾是否能知行合一、呈現其調適行為的可能因素。

貳、研究建議

藉由本研究發現不同群體在風險意識與調適行為上會有所差異，因此筆者建議政府後續在制定、實施或行銷相關政策時，須將此人口要素納入考量。其次，政府在水患相關政策上，應透過更落實的教育宣導或發布正確的觀念資訊，使民眾擁有正確的水患防災知識，藉此提升民眾面對水患的風險意識。

　　對於水患的防災策略，即使政府已加強許多結構上的硬體水利設施，並藉由媒體或政府公關行銷的方式，可經常看到宣傳水利工程改善水患的助益；惟此舉可能造成民眾對此風險有所鬆懈。故而，政府應讓民眾瞭解水患之現況，並體認到災害仍有其不確定性，現有的水利工程亦絕非萬無一失，進而促使民眾願意從事實際的調適作為。

　　甚且，根據問卷調查的結果，「曾參與水患防災教育課程與相關宣導活動」者採取調適行為的意願較高。因此，政府須更為全面性地推廣水患防災教育課程與相關宣導，俾利讓人民瞭解當前都市水患風險治理的相關政策，以及水患前應從事哪些準備工作，進而鼓勵民眾一起投入防範水患的調適作為。

　　此外，無論從風險評估（包括感知可能性與感知嚴重性）或是調適評估（包括認知的調適行為效能、認知的自我效能、認知的調適行為成本等），是民眾面對水患時，即使有風險意識也可能未必會有對應調適行為之影響因素。特別是無論何種災害，每個地方都無法避免不同程度的衝擊，但各級政府救災資源是有限的，無法時時刻刻全方位照顧每位災民。故而，政府不僅要做好水患災前、災中或是災後的風險管理，更要提前制定與推動因應策略，協助民眾能表現出應有的調適行為，方能符合「自救、互救、公救」的比例為 7：2：1 之原則（Hayashi, 2019: 8），並將其列入政府未來推動防救災工作的重要項目。

第七章　聽你在講？！都市水患治理的風險溝通[*]

第一節　前言

　　原則上，多數人會意識到風險災害及其所造成的影響，但不同個體的風險意識程度會有所差異。個體之間對於風險災害所出現的認知不足或分歧等問題，可能進而造成對此風險資訊的溝通不良、甚至沒有溝通。在吾人體認風險意識的差異之後，如果要落實有效的風險溝通，須顧及相關個體迥異的風險意識。政府若能在承平時期，透過妥適的風險溝通模式，提供民眾預防風險的資訊，方能提升因應風險與回應課責的治理能力。而此正是於 2015 年 12 月聯合國氣候變化綱要公約第 21 次締約國會議通過的「巴黎協定」（Paris Agreement）中，第 12 條所揭櫫的重要原則（UNFCCC, 2015）。

　　以 IRGC 的「風險溝通」面向觀之，其強調讓科學家、風險評估者、風險管理者、政策制定者、企業或公眾等利害關係人，能夠交換或共享風險相關數據、資訊與知識，理解風險評估和管理各階段的結果和決策之基本概念，也應該幫助他們做出風險管理的明智選擇。以目前國內關於災害風險的研究，雖有採民眾風險意識角度進行研究者，卻非以水患為研究背景；或是單以風險意識為研究主題，較少一併連結如風險溝通等議題；亦或是因時空條件改變，而須增修其研究變項。整體而言，以水患探究民眾風險意識與風險溝通之論著，在國內的相關研究相對較少。

---

[*] 本文部分初稿內容，曾發表於「第 3 屆東吳蘇州城市發展論壇」，筆者感謝評論人徐淑敏教授提供之寶貴修正意見，亦感謝高雄師範大學吳裕泉同學在 GIS 製圖技術之協助。

其次，民眾之間或是民眾與政府之間，因對風險災害的意識不足與差異，導致真正遭遇災害問題時，常出現意見不合的衝突場面。因此在風險治理的架構中，不能將民眾視為同質的群體，其中如過去公共行政學界相對較少研究保全對象等弱勢族群，亦實應關注其意見。在臺南市存在淹水潛勢區，但民眾究竟是如何看待所遭遇或可能遭遇的水患風險？淹水潛勢區中的不同社會群體之間，以及此區與臺南市其他區域群體之間的風險意識與風險溝通是否存有差異？值得進一步探析。

甚且，在水患風險的前提下，筆者於研究過程中曾發現受訪者會出現類似之語詞：「聽你在講」、「認真的『聽你在講』什麼」、「完全不『聽你在講』什麼」、「誰有空『聽你在講』」、「沒有『聽你在講』什麼」、「『聽你在講』，不然你來……」，在這些內容之中，蘊含著風險溝通的受眾對該語句之不同意義。例如：「認真的『聽你在講』什麼」是指認真聽講；「聽你在講」可能是認真聆聽表達者所要陳述的內涵，也可能暗指單向式、只「聽你在講」的溝通，亦可能是表現出有點不滿意或不屑意思；「完全不『聽你在講』什麼」、「誰有空『聽你在講』」、「沒有『聽你在講』什麼」等，則是受眾沒有意願或時間，接受表達者所希望傳遞的內容；「『聽你在講』，不然你來……」，則呈現受眾不僅不滿意表達者所述之內容，甚至希望他自己採取行動。然而，究竟水患治理中的風險溝通內容與管道為何，實應探索不同利害關係人之觀點。

第二節　文獻探析

本節將分就「水患災害」、「風險意識」、「風險意識與風險溝通」等相關研究，予以進一步檢視與說明。

壹、水患災害

學者認為（Emmons, 1997; Smith, 2013）災害是因自然或人為所引起

的事件，其可能造成人類生活不便、生命財產損失或是自然資源流失。進言之，水患衝擊的影響程度，除了其本身性質的因素之外，更須考量暴露量（exposure）、脆弱度（vulnerability）、敏感性（sensitivity）及調適能力（adaptive capacity）（McCarthy et al., 2001）。而「災害風險管理」的主要工作，即在於降低暴露量及脆弱度，並增加韌性（resilience），以因應水患的負面衝擊（IPCC, 2012）。

　　正因為上述各種因素及其發生機率，致使某些群體較容易遭受災害影響，所以不同群體的受災風險並不相同。各種不同的受害程度，實基於社會、經濟、人口、健康、政府治理、生計資源取得、權利及其他因素的差異。然而，在既有災害防範的制度下，卻仍有民眾對其認知不足。若要減輕災害的衝擊，不僅要有外在硬體防災工程類的因應規劃，White（1974）、Lindell 和 Perry（1992）建議須思考非工程類的政策行為。其主張從人類社會為主體的角度出發，當潛在的災害事件曾是生活中實際發生的災害經驗，或是感知現實環境災害可能嚴重威脅生活安全的災害想像，方能觸發防災的風險意識。

貳、風險意識

　　由於水患災害可能會造成民眾在心理層面的緊張或恐慌，進而形成其風險意識，因此以下將分別說明風險意識之內涵，以及民眾在水患中可能產生的風險意識。

一、內涵

　　Mileti（1980）將風險意識定義為「人類對於環境極端威脅嚴重性的認知或信念，以及經歷極端環境之後，在主觀上認定之可能性」。Slovic（1987）指出風險意識為個人和社會團體，在有限及不確定資訊的環境下，應用風險評估來計算當可能遭遇危險事物時所進行的直覺風險判斷，即稱為風險意識。Cvetkovich 和 Earle（1992）認為，風險意識是一種社

會性建構的過程，行為者會依據不確定性及模糊的資訊，對於風險狀況予以推論。Sitkin 與 Pablo（1992）以及 Sitkin 和 Weingart（1995）皆認為風險意識，乃是個體評估情境所指涉的風險多寡，包括：決策者如何描述情境、對風險的控制性、評估情境不確定性程度及機率估計、不確定可控制的程度，以及對估計的信心度。

　　Cutter（1996）所定義的風險意識，是指人們為瞭解與判斷特定風險之程度，並進一步對於風險產生評估與行動的過程。Flin 等人（1996）指出所謂的「風險意識」，意指人類判斷日常所可能遭遇的風險時，未必是憑藉理性且科學化的衡量標準，而是採取主觀地量化評估，並以其所感知的結果從事各種活動。Wogalter、DeJoy 與 Laughery（1999）界定風險意識為廣義的安全警告概念，包括全面的察覺，以及瞭解有關危害之可能性與潛在結果；其中可能導致潛在傷害的情境風險是客觀存在，但因人的主觀感受，使得風險存在不確定性。Lindell 與 Perry（2000）以環境災害、災害調適、社會背景、家戶特質等四項環境災害與調適行為的互動關係模式，說明受災家戶的風險意識。吳杰穎等人（2007）將風險意識解釋為人們在面對風險時的主觀判斷，用來解釋何以不同的人們對風險的危險程度，會做出不同程度的估計。Miceli、Sotgiu 及 Settanni（2008）將風險意識定義為未來某一事件的發生，而該事件造成損失可能性的主觀評估。

　　彙整前述諸多學者對於風險意識內涵所提出的不同見解，本研究將水災風險意識界定為「當行為者得知出現水災風險的衝擊及其可能性之後，會透過個體價值系統之過濾和判斷過程，形塑出一個意象，進而作為爾後該行為者採取災害預防、處理與調適行為的參考依據」。

二、水患的風險意識

　　風險意識的研究，在行為地理學領域中發展甚早，如 White（1974）發表許多有關人類如何適應水患的問題，並發現洪災並沒有隨著政府投入大量經費興建防洪設施而減少。根據前述相關文獻檢視之結果，許多因素皆會影響個體的風險意識，例如過去經驗、對環境的認知、個體的社經狀

況以及個人條件，而且風險意識要成為外顯的行動，尚須考量諸多因素。

　　水患屬於自然災害，得以由人類意志所控制或是控制程度相當低，即便可以透過硬體設施或非工程措施減低傷害與衝擊，災害仍然充滿著不確定性。若一個人經歷過水患災害，可能對於風險擁有比較豐富的相關知識，或是某些人在資訊汲取上有多元管道，不論是主動吸收或是被動取得，皆能對風險有所瞭解。如果擁有知識較多，在面臨災害時能選擇較佳的防禦作為或決策，同時心理也可能已有準備，造成的衝擊會相對降低；惟若不斷經歷相同的災害，特別是在短期之內重覆的發生，由於對於災害已有豐富經驗，甚至是達到熟悉的程度時，可能會習慣於此類的災害，先前的恐懼感受便會隨著經驗的增加而遞減。若以不同觀點思考，恐懼卻也可能因為不斷的累積而加深負面效果，使其出現抗拒災害的態度。由此可知，民眾在面對環境風險，歷經災害發生和影響的過程，及其自身的因應行為，皆與居民的風險意識有密切關係。

參、風險意識與風險溝通

　　根據 IPCC 的主張，為能達到有效的水患調適及災害風險管理，適當且即時的風險溝通是非常重要的；而明確的闡述不確定性及複雜性，能夠強化風險溝通的效果。有效的風險溝通，建立在交流、分享及整合來自各種不同群體的水患相關知識；不同的群體對於水患災害風險的認知，源自心理及文化因素、價值觀及信仰。從轉型社會之系絡而言，風險社會存有許多資訊不對稱的狀況，許多風險評估除了根據自然科學的研究，建制各種風險衝擊的評估方法之外，更須要考量受該衝擊所影響之群體。據此，為顧及公眾風險意識與社會價值，並建立政府與民眾之間的互動，應採取風險溝通的方法（IPCC, 2012: 15）。

　　在前述風險溝通內容的說明中，可以發現資訊接受者或是民眾對於資訊的需求性。不過，在因應災害的風險溝通研究中，發現參與風險溝通者能獲致較多之防災資訊。例如在 Terpstra、Lindell 和 Gutteling（2009）的研究中，認為有實際參與討論水災風險事務者，有相對較高的風險認知分

數；根據 Kievik 與 Gutteling（2011）的實驗，觀察到接受風險與減災相關資訊者，較有意願進一步尋求風險資訊並採取自保的防災行為。

　　事實上，對於一般民眾而言，很難實際理解為何會遭遇水患風險。民眾可能因為面臨水患感到不滿，而要求政府保護其免於水患威脅（Kahlor et al., 2006）。倘若民眾很積極地尋求與處理資訊，卻遇到因政府管理不善而增加水患的傷害，民眾可能會更加憤怒（Griffin et al., 2008）。

　　由於溝通是引導政府與民眾討論對於風險事件回應、學習與瞭解的適當性，其中須要檢驗哪些因素會增加或減少風險，溝通訊息如何在不同民眾的排列組合中影響災害結果，在社會公眾、媒體與政府制度間複雜互動與回饋之何種模式可減少發生災害的機率（Sheppard, Janoske & Liu, 2012: 2）。職是之故，政府必須透過風險溝通的程序，以滿足民眾對於風險資訊的需求（Kellens, Zaalberg & De Maeyer, 2012: 1379），包括：設定風險溝通目標、瞭解風險溝通對象、建立信任感、納入領袖人物與中介組織參與、提供明確有感的風險資訊，以及將回饋的資訊進行修正與轉達（曾敏惠、吳杰穎，2017：16-20）。

　　近年來，災害成為全球注意的焦點之一；但由於資訊分布的不均勻，使得不同類型民眾的風險意識以及參與風險溝通的程度上，仍然呈現極大的差異性（Lee et al., 2015）。惟因風險溝通在災害管理決策的公共議程當中，涉及決策、實務管理、專業技術等，所以在可能受到災害影響的群體之間，扮演重要的角色（Boholm, 2008）。為了妥善提升水患管理決策的品質，政府採取災害風險溝通之目的，就是希望利害關係人都能充分傳遞與災害相關的訊息，以採取適當的調適策略。特別是在風險溝通過程中，對於潛在受威脅的民眾，較能辨識風險意識、認知、情感評價、尋求資訊與調適行動之間的差異性（Marx et al., 2007; Yang & Kahlor, 2013）。

第三節　研究設計與方法

　　在水患災害發生之前或當下，吾人常發現不同群體之間的風險意識

與溝通模式存在差異。因此，本研究聚焦於水患災害之風險意識和溝通模式的主題，針對不同群體進行問卷施測，希望據以瞭解其間的差異性；其次，透過地理資訊系統（GIS）的空間分析，找出群體間的異同；繼之採取焦點座談方式，希望更瞭解水患中民眾風險意識與溝通行為之實況。此外，筆者將遵循貝爾蒙特報告書的原則，據以保障問卷調查與焦點座談受訪者於研究過程中的權益（The National Commission for the Protection of Human Subjects of Biomedical and Behavioral Research, 1979）。

壹、問卷調查

　　根據 Maidl 與 Buchecker（2015: 1585）的研究，發現若具有自然災害背景知識的專業人士，如地方消防隊或民防機構的成員，對於水患風險會有較高的認知，獲得更多風險資訊，以協助其採取必要的防護措施。以政府官員而言，關注於風險現況的事實，並以專業知識與經驗檢視，試圖找尋水患預期將會出現的衝擊和可能性；民眾則多方參酌自身利益、社會價值、地方認知與發展期望，對於風險作出回應。即使在相似的情境下，不同群體也可能產生不同的風險意識，並採用不同的溝通方法。

　　針對自然災害造成的威脅，可以透過風險意識與溝通模式的量表進行施測，蒐集不同群體的觀點。據此，為知悉政府部門與民眾之間，對於水患所造成的實際影響，在風險意識與溝通模式上存在何種程度的差距，本研究採取問卷調查方式，希冀探詢一般民眾、保全對象、區公所官員與市政府官員之意見。

　　本研究使用之數據資料，為筆者執行科技部「水患災害、風險意識與風險溝通：台南市水患治理之個案分析」研究計畫（MOST105-2410-H024-002-MY2）的部分內容。在正式發放問卷之前，筆者先邀請兩位專家學者，檢視初擬問卷之妥適性，並於增修問卷之後正式施測。調查對象主要為現（曾）實際居住在臺南市（包括縣市合併之前的臺南縣）6 個月以上、且年滿 20 歲以上者；除一般民眾之外，尚邀請臺南市政府的各局處、二級機關，37 個行政區之區長、承辦災害防救業務部門之課長與承辦

人協助填寫。

貳、地理資訊系統

　　水患是臺灣較為常見的自然災害之一，由於本文希冀瞭解臺南市水患中民眾的風險意識與風險溝通等實存狀況，而地理資訊系統（Geographic Information System, GIS）可同步分析地理現象與人口社會屬性資料（Krishnamurthy & Krishnamurthy, 2011），故將其作為研究工具。

　　對於本文而言，根據前一步驟之問卷結果，以 GIS 空間分析及資訊統計功能，以瞭解風險意識與溝通模式於各行政區的分布狀況。在風險意識與溝通的計算上，是利用各構面之統計數字，透過 Z 分數運算，得到一個該區的風險意識與溝通指數，界定以大於 0 為風險意識與溝通程度高，反之則為風險意識與溝通程度低。

參、焦點座談

　　本研究是以「立意抽樣」來選取焦點座談的參與者，而針對邀約參與焦點座談之適當人數，Krueger 與 Casey（2009）認為通常是由 5 至 10 人所組成，但其組成人數可以彈性調整，以介於 4 人至 12 人較為適宜。為避免團體順從（group conformity）或團體盲思（groupthink），致使焦點團體的參與者，於過程中受到其他人的意見與決定所侷限，因此本研究為了希望讓每位受邀者都能充分討論所有的議題，即依照市政府局處、區公所、里長、民間團體等不同政府層級或身分的場次邀約。總計召開 4 個場次、共計 20 位參與者（請參見表 7-1）。

表 7-1　焦點座談參與者一覽表

場次	受訪者代號	受訪者服務機關
1. 市政府局處	受訪者 B1	臺南市政府災害防救辦公室
	受訪者 B2	臺南市政府水利局
	受訪者 B3	臺南市政府民政局
	受訪者 B4	臺南市政府社會局
	受訪者 B5	臺南市政府消防局
2. 區公所	受訪者 D1	臺南市北門區公所
	受訪者 D2	臺南市鹽水區公所
	受訪者 D3	臺南市麻豆區公所
	受訪者 D4	臺南市新營區公所
	受訪者 D5	臺南市北區公所
3. 里長	受訪者 V1	臺南市後壁區〇〇里
	受訪者 V2	臺南市永康區〇〇里
	受訪者 V3	臺南市仁德區〇〇里
	受訪者 V4	臺南市安平區〇〇里
	受訪者 V5	臺南市學甲區〇〇里
4. 民間團體	受訪者 O1	〇〇社區大學
	受訪者 O2	〇〇社區大學
	受訪者 O3	臺南市〇〇環保團體
	受訪者 O4	臺南市〇〇環保團體
	受訪者 O5	臺南市〇〇環保團體

資料來源：本研究。

第四節　水患中民眾風險意識與溝通行為之現況與瓶頸

以下將依照問卷調查、地理資訊系統與焦點座談等各項研究方法所獲致之成果，依次予以進一步說明。

壹、問卷調查

　　本研究於 2017 年 3 月 3 日至 2017 年 4 月 7 日期間進行問卷發放，總計發放 1418 份問卷、回收 1413 份，有效問卷為 1382 份。為確保抽樣調查之樣本代表性，筆者以臺南市政府民政局（2017）公布 2017 年 4 月之 37 區行政人口數，進行問卷發放後續之加權依據，以利日後進行統計分析時，避免某一行政區因問卷收集過多或過少，而將其意見予以高估或低估。表 7-2 列出加權之後，受訪者人口基本背景變項的樣本分布。

表 7-2　樣本說明

人口變項	分類	人數	有效百分比
性別	男性	535	39.9
	女性	803	59.9
	其他	2	0.2
婚姻狀況	已婚	568	42.63
	同居	9	0.68
	鰥寡	16	1.17
	離婚	14	1.02
	分居	4	0.29
	未婚	723	54.21
住宅型式	公寓或大樓	269	20.2
	透天厝	961	72.1
	平房	102	7.7
是否曾參與水患防災教育課程與相關宣導活動	是	524	39.5
	否	803	60.5
身分	一般民眾	780	58.3
	政府官員	558	41.7

資料來源：本研究。

一、風險意識

　　從表 7-3 觀之，無論是何種類型的受訪民眾，都會擔心水患災害的不確定性。對於市政府的官員而言，因為其可能須要統籌防範水患災害的預

防與救災，所以同意的傾向（63.5%），明顯多於其他類別的受訪者。

表 7-3　您會擔心水患災害的不確定性

身分 程度 項目	一般民眾		保全對象		市政府官員		區公所人員	
	百分比	同意／ 不同意 傾向	百分比	同意／ 不同意 傾向	百分比	同意／ 不同意 傾向	百分比	同意／ 不同意 傾向
非常不同意	7.0%		2.0%		4.3%		5.0%	
不同意	8.3%	25.8%	5.1%	16.3%	5.1%	19.3%	14.4%	29.4%
有點不同意	10.5%		9.2%		9.9%		10.0%	
普通	16.0%		24.5%		17.2%		14.4%	
有點同意	21.6%		18.4%		22.8%		23.9%	
同意	18.4%	58.1%	21.4%	59.2%	19.6%	63.5%	16.1%	56.1%
非常同意	18.2%		19.4%		21.2%		16.1%	

資料來源：本研究。

表 7-4　因過去曾發生過的水患，使您提高對於水患的風險意識

身分 程度 項目	一般民眾		保全對象		市政府官員		區公所人員	
	百分比	同意／ 不同意 傾向	百分比	同意／ 不同意 傾向	百分比	同意／ 不同意 傾向	百分比	同意／ 不同意 傾向
非常不同意	3.4%		1.0%		2.9%		1.7%	
不同意	4.0%	17.7%	3.0%	8.1%	3.7%	13.8%	3.9%	16.6%
有點不同意	10.3%		4.0%		7.2%		11.0%	
普通	18.9%		18.2%		16.2%		9.9%	
有點同意	24.7%		25.3%		26.6%		26.5%	
同意	21.1%	63.4%	24.2%	73.7%	21.5%	69.9%	26.5%	73.5%
非常同意	17.7%		24.2%		21.8%		20.4%	

資料來源：本研究。

　　以表 7-4 而言，因過去曾發生過水患的經驗，皆會使受訪者提高對於水患的風險意識，其中保全對象可能因為其本身的身心狀況或經濟條件，

致使其會特別提高對於水患的風險意識（73.7%）。

表 7-5　若發生水患，您可能會成為受災戶

程度 身分 項目	一般民眾		保全對象		市政府官員		區公所人員	
	百分比	同意／不同意傾向	百分比	同意／不同意傾向	百分比	同意／不同意傾向	百分比	同意／不同意傾向
非常不同意	12.3%		6.1%		8.5%		10.5%	
不同意	20.2%	53.2%	11.1%	35.4%	18.0%	45.1%	23.2%	55.8%
有點不同意	20.8%		18.2%		18.6%		22.1%	
普通	15.8%		16.2%		23.1%		21.5%	
有點同意	14.8%		22.2%		14.1%		9.4%	
同意	7.4%	31.0%	9.1%	48.5%	9.3%	31.8%	6.1%	22.7%
非常同意	8.9%		17.2%		8.5%		7.2%	

資料來源：本研究。

　　正由於保全對象的身心狀況與經濟條件相對較為不佳，因此一旦發生水患，其成為受災戶的可能性大為增加。在表 7-5 的反應態度中，也呈現相對較為擔心的傾向（48.5%）。

表 7-6　未來您居住的地區可能會發生水患

程度 身分 項目	一般民眾		保全對象		市政府官員		區公所人員	
	百分比	同意／不同意傾向	百分比	同意／不同意傾向	百分比	同意／不同意傾向	百分比	同意／不同意傾向
非常不同意	10.7%		6.1%		8.2%		11.0%	
不同意	17.3%	47.4%	9.1%	31.3%	15.9%	44.6%	22.7%	53.0%
有點不同意	19.4%		16.2%		20.4%		19.3%	
普通	18.3%		20.2%		22.8%		22.7%	
有點同意	17.7%		23.2%		15.1%		9.9%	
同意	8.6%	34.3%	12.1%	48.5%	8.5%	32.6%	9.9%	24.3%
非常同意	8.0%		13.1%		9.0%		4.4%	

資料來源：本研究。

表 7-7　您與家人未來會受到水患影響

身分 程度 項目	一般民眾		保全對象		市政府官員		區公所人員	
	百分比	同意／ 不同意 傾向	百分比	同意／ 不同意 傾向	百分比	同意／ 不同意 傾向	百分比	同意／ 不同意 傾向
非常不同意	9.5%		6.1%		6.9%		11.6%	
不同意	15.9%	44.7%	8.1%	27.3%	14.9%	40.1%	20.4%	48.6%
有點不同意	19.3%		13.1%		18.3%		16.6%	
普通	19.3%		24.2%		23.9%		24.3%	
有點同意	18.1%		24.2%		14.9%		16.6%	
同意	9.4%	36.0%	9.1%	48.5%	11.4%	36.1%	7.2%	27.1%
非常同意	8.5%		15.2%		9.8%		3.3%	

資料來源：本研究。

　　相對地，非保全對象雖然都顯現出對於水患的風險意識（請參見表7-4），但即使發生水患，因自身並非須支援護送之弱勢族群（如長期病患、獨居老人、行動不便、身心障礙等），故而在表7-5、表7-6、表7-7中可發現，相對較不認為自己會成為水患的受災戶、居住的地區不太可能會發生水患、其與家人未來不太會受到水患影響。

二、風險溝通

　　由於風險溝通應採取雙向的方式，以下分從不同群體在「接收訊息」與「反映意見」主題之問卷調查結果予以說明。

（一）接收訊息

　　受訪者大致是會從「市政府」（請參見表7-8）、「區公所」（請參見表7-9）、「里鄰長」（請參見表7-10）等處接收水患相關訊息，而且多數會從與自身空間距離較近的政府單位獲取，因此呈現層級的傾向。

表 7-8　您會從「市政府」接收水患相關訊息

身分 程度　項目	一般民眾		保全對象		市政府官員		區公所人員	
	百分比	同意/ 不同意 傾向	百分比	同意/ 不同意 傾向	百分比	同意/ 不同意 傾向	百分比	同意/ 不同意 傾向
非常不同意	3.4%		2.1%		4.1%		1.7%	
不同意	5.8%	19.4%	6.2%	17.5%	3.2%	15.4%	2.8%	13.9%
有點不同意	10.1%		9.3%		8.1%		9.4%	
普通	18.1%		25.8%		22.2%		18.3%	
有點同意	28.1%		16.5%		23.0%		28.9%	
同意	20.2%	62.5%	24.7%	56.7%	19.2%	62.4%	21.1%	67.8%
非常同意	14.2%		15.5%		20.3%		17.8%	

資料來源：本研究。

表 7-9　您會從「區公所」接收水患相關訊息

身分 程度　項目	一般民眾		保全對象		市政府官員		區公所人員	
	百分比	同意/ 不同意 傾向	百分比	同意/ 不同意 傾向	百分比	同意/ 不同意 傾向	百分比	同意/ 不同意 傾向
非常不同意	5.2%		2.0%		7.6%		0.6%	
不同意	9.1%	26.0%	2.0%	10.1%	6.2%	28.4%	2.8%	8.3%
有點不同意	11.7%		6.1%		14.6%		5.0%	
普通	22.4%		19.2%		29.2%		17.2%	
有點同意	23.6%		28.3%		17.8%		24.4%	
同意	15.6%	51.6%	22.2%	70.7%	12.2%	42.4%	23.3%	74.4%
非常同意	12.4%		20.2%		12.4%		26.7%	

資料來源：本研究。

表 7-10　您會從「里鄰長」接收水患相關訊息

程度＼身分 項目	一般民眾 百分比	同意／不同意傾向	保全對象 百分比	同意／不同意傾向	市政府官員 百分比	同意／不同意傾向	區公所人員 百分比	同意／不同意傾向
非常不同意	7.1%		1.0%		8.1%		5.6%	
不同意	8.5%	27.9%	3.1%	11.3%	8.1%	29.0%	7.9%	26.4%
有點不同意	12.3%		7.2%		12.7%		12.9%	
普通	21.6%		19.6%		28.7%		22.5%	
有點同意	21.7%		19.6%		16.8%		20.2%	
同意	16.1%	50.5%	30.9%	69.1%	13.3%	42.3%	14.0%	51.1%
非常同意	12.7%		18.6%		12.2%		16.9%	

資料來源：本研究。

（二）反映意見

　　從表 7-11 與表 7-12 得知，一般民眾不見得會向市政府或區公所反映水患相關意見，保全對象則是相對仰賴里鄰長（請參見表 7-13）；而市政府的受訪者是在不同群體中，相對容易傾向選擇「普通」的項目，亦即整體對於反映意見的態度不甚明確；區公所人員比起市政府人員積極一點，較會反映水患相關意見。

表 7-11　您會向「市政府」反映水患相關意見

程度＼身分 項目	一般民眾 百分比	同意／不同意傾向	保全對象 百分比	同意／不同意傾向	市政府官員 百分比	同意／不同意傾向	區公所人員 百分比	同意／不同意傾向
非常不同意	8.4%		3.2%		4.1%		1.1%	
不同意	13.3%	35.3%	9.5%	21.1%	5.5%	21.5%	6.3%	14.8%
有點不同意	13.6%		8.4%		11.9%		7.4%	
普通	25.5%		24.2%		26.8%		18.2%	
有點同意	17.5%		18.9%		16.9%		27.3%	
同意	12.2%	39.2%	18.9%	54.7%	18.2%	51.7%	21.6%	67.0%
非常同意	9.4%		16.8%		16.6%		18.2%	

資料來源：本研究。

表 7-12　您會向「區公所」反映水患相關意見

程度　身分 項目	一般民眾		保全對象		市政府官員		區公所人員	
	百分比	同意/不同意傾向	百分比	同意/不同意傾向	百分比	同意/不同意傾向	百分比	同意/不同意傾向
非常不同意	11.5%		4.1%		7.7%		0.6%	
不同意	12.1%	37.5%	6.2%	18.6%	6.6%	27.1%	3.9%	10.1%
有點不同意	14.0%		8.2%		12.9%		5.6%	
普通	24.3%		17.5%		28.8%		16.3%	
有點同意	15.4%		21.6%		16.4%		26.4%	
同意	12.8%	38.2%	20.6%	63.9%	14.0%	44.1%	21.3%	73.6%
非常同意	9.9%		21.6%		13.7%		25.8%	

資料來源：本研究。

表 7-13　您會向「里鄰長」反映水患相關意見

程度　身分 項目	一般民眾		保全對象		市政府官員		區公所人員	
	百分比	同意/不同意傾向	百分比	同意/不同意傾向	百分比	同意/不同意傾向	百分比	同意/不同意傾向
非常不同意	10.2%		3.1%		8.8%		3.4%	
不同意	11.3%	32.5%	2.1%	13.5%	6.9%	24.5%	9.0%	19.7%
有點不同意	11.1%		8.3%		8.8%		7.3%	
普通	22.1%		18.8%		26.6%		26.4%	
有點同意	16.8%		17.7%		16.5%		21.9%	
同意	16.0%	45.4%	27.1%	67.7%	18.4%	48.9%	17.4%	53.9%
非常同意	12.6%		22.9%		14.0%		14.6%	

資料來源：本研究。

　　整體而言，多數受訪者會較為願意接受與水患相關的資訊，卻相對較少反映水患相關意見。顯見目前的水患風險溝通，仍呈現由上而下的模式。

貳、地理資訊系統

　　本研究利用問卷中風險意識、風險溝通之數值轉換成標準化分數（Z分數），並在 GIS 軟體中與 25 年重現期之淹水潛勢圖（以點狀呈現）進行套繪，將標準化分數小於零者以深灰色、大於零者以淺灰色呈現，以茲區別 [1]。

一、風險意識

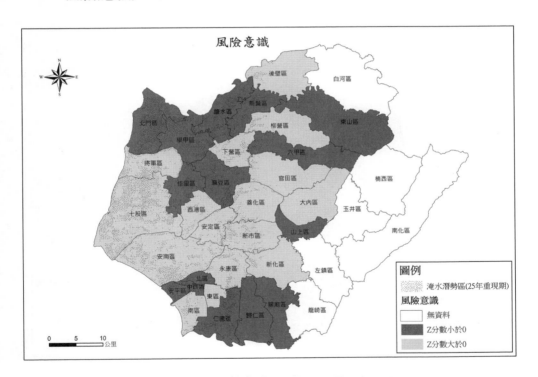

圖 7-1　臺南市民風險意識之行政區分布

資料來源：本研究。

---

[1] 於本研究調查期間，經參考臺南市地區災害防救計畫（臺南市政府災害防救辦公室，2015：3-24），白河、楠西、玉井、南化、左鎮、龍崎等行政區位處臺南市東側，多屬於山區地形，相對比較不會淹水，即使有淹水情形，亦僅有少數低窪或排水不良地區，因此並未將其納入此次分析範圍。

　　從圖 7-1 觀之，在風險意識的部分，大多數區域較平均值為高。在分數較平均低的區域中，東山區、六甲區、山上區、關廟區及歸仁區因為屬於淹水潛勢區的面積極小，故可以較不擔心；但在沿海區域的北門區及安平區，以及淹水潛勢較零碎的學甲區、鹽水區、新營區、麻豆區、佳里區、北區、中西區、仁德區，可能須思考相關的加強措施應對，提高居民的風險意識，以面對可能之水患災害。

二、風險溝通

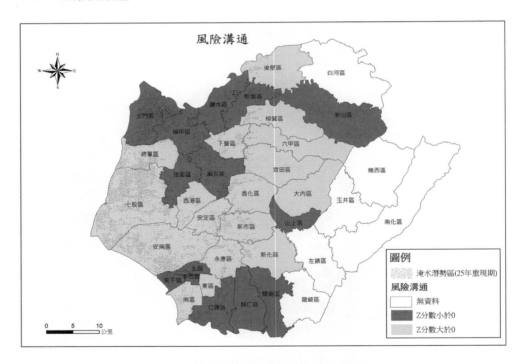

圖 7-2　臺南市民風險溝通之行政區分布

資料來源：本研究。

　　以圖 7-2 而言，在風險溝通的部分，大多數區域較平均值為高。在分數較平均低的區域中，東山區、山上區、關廟區及歸仁區因為屬於淹水潛勢區的面積極少，故可以較不擔心；但在沿海區域的北門區及安平區，以

及淹水潛勢較零碎的學甲區、鹽水區、新營區、麻豆區、佳里區、北區、中西區、仁德區，須思考提供更多樣的管道，加強訊息的傳遞，提高居民的風險溝通能力，加強對水災之應變。

由以上兩張圖，可以看出風險意識、風險溝通兩者的分數情形類似，故應特別加強這些得分較低區域的風險治理措施。惟應如何有效提升，亦將透過焦點座談，進一步找尋改善之道。

參、焦點座談

針對前述風險意識與風險溝通，在經由地理資訊系統分析之後，發現與實存狀況似有不一致之處，因此採取焦點座談以釐清與瞭解落差之所在。本研究於 2018 年 5 月 8 日至 2018 年 6 月 21 日期間，依照不同類型的對象召開焦點座談，總計 4 個場次、20 位參與者。以下就風險意識與風險溝通之座談結果，分別予以說明。

一、風險意識

民眾面對水患可能產生之風險意識，可能會受到對於生命財產的認知、居住地區的人文屬性、地理條件，以及治水工程的考量。

（一）對於生命財產的認知

一般民眾對於財產的觀念，可概分為自己從事之工作產業以及家戶資產。以下分別以產業與住家兩方面，分析民眾於身處水患之際，對於生命財產的風險意識。

1. 產業型態

根據社會生產活動的類型來界定產業結構，可區分為產品直接取自於自然環境的第一級產業，對於初級產品進行加工的第二級產業，以及為經濟市場提供服務的第三級產業。因此就以三類產業，分別敘述其風險意識的態樣。

（1）第一級產業

　　由於當地居民的產業型態，部分是以漁業、養殖或是鹽業為主，會關注水患資訊，是擔心水患造成財物損失。但因為這些產業都與水有關，致使其在習以為常的工作或生活環境時，相對較為不易察覺或不認為有風險的存在，即使有淹水情況，會採取垂直避難等調適方式，對於水患的忍受度也較高。

　　受訪者 O4：很多都在水裡面生活啦，所以他不會講淹水問題，只是會擔心那個暴潮去打上來，整個淹掉啦。

　　受訪者 V4：沿海人口稀少，居民忍受度很高，都是討海人，損失也不是很大，所以不會把淹水當一回事。

　　受訪者 B5：北門的鹽田旁邊都是蓄水池，它平常就像淹水的狀況，反正淹水就只是做垂直避難而已；像七股跟將軍，其實平常都是類似像海埔新生地，只是比較乾燥的狀態，鹽田平常幾乎都是有水的狀態，你淹水來只是面積更大而已，所以差異性沒那麼大。

（2）第二級產業

　　位處都市中的工業廠商，都不是沿海區域；但如果自身是位在易淹水地區，且由於其生產價值等經濟因素的考量，致使於評估產值之後，相對於前述沿海、與水有關的產業聚落，會較為擔心水患的問題。

　　受訪者 B1：如果說非沿海地區，基本上應該是比較都市的地區，比如說明星災區，仁德那邊都是工廠，他自己的產值多少絕對會比較緊張啊！

（3）第三級產業

　　都市中的商業店家，倘若遭遇水患而必須採取封路等措施，確實會影響其營業收入。店家在綜合考量該區的房租、地價等成本與後續的營業收入，再加上因為一年中淹水的次數與影響期間有限，所以對於商家而言，即使擔心水患造成的損失，但多數會是採取自認倒楣的態度。

受訪者 V2：我們封路就是說不要造成商家、店鋪的損失，也有
　　　　　一些是沒得選擇，因為要買一間房子也不是那麼簡
　　　　　單，而且我們那邊生活機能高，做生意有一定的收
　　　　　入，淹水可能一年幾天吧，就忍下來。

2. 住家財產

居住在都會區的民眾，因為獲取資訊的管道較為多元，相對比較容易蒐集災害資訊。如果是居住在低樓層、透天、平房等住宅型態，一旦遇到水患就會影響其生活等；如果家中擁有較多貴重物品則其損失可能更多，會相對注意水患等災害問題。

受訪者 O1：都會型的社區就比較注重淹水的問題，店鋪一淹水
　　　　　損失很大，他會注重說儘量不要淹水，現在樓下的
　　　　　一些裝潢、音響、昂貴的車輛，淹水就有損他們的
　　　　　財務啦，還有一些出入的不方便。

若依照經濟部訂定之「水災災害救助種類及標準」，規定災址處住屋（以臥室、客廳、飯廳及連棟之廚廁、浴室為限）淹水深度逾 50 公分以上且有居住事實之現住戶，才能獲得補償。因此淹水高度、受損程度和補償與否，也是會影響民眾對於水患的風險意識。

受訪者 O3：淹水地區居民受損程度以及嚴重程度，你若說比較
　　　　　嚴重的話他們會痛心，一般淹水因為程度不同，
　　　　　比如說市政府補償的淹水高度標準是要 50 公分以
　　　　　上，不到 50 公分就不能補償。

（二）居住地區的人文屬性

對於民眾而言，比較擔心水患會影響交通或生活；而過去的受災經驗，可能也會影響其對於水患的風險意識。

1. 交通便利

倘若淹水或積水，可能會造成民眾行車或交通的不方便。例如：常見因道路或地下道淹水、路樹倒塌、土石滑落等而封路，無論是對於上班、上學的交通運輸，或是生活物品的購買等，都會造成嚴重的影響。

> 受訪者 B5：非沿海的地區如果淹水的話，就可能會封路，也要
> 繞路，造成他的生活不便會影響很大，因為你可能
> 會淹水然後沒有食物，還有小孩上學、上班的交通
> 會有影響！

2. 受災經驗

由於民眾在該地居住的時間不同，曾遭遇水患的經驗亦有所不同。倘若居住時間較長，即可能會遇到較為嚴重的水患（例如：八七水災、八八水災），也可能因為這些受災經驗，會提高其風險意識；如果即使有受災經驗，但次數相對較少，也可能會降低其風險意識；此外，倘若該地原來就是低窪地區，因此淹水成為常態，受災經驗相對較多。

> 受訪者 O2：住 10 年以上的、5 年的或者其他不同的居住時間，
> 想法可能就會不同。

> 受訪者 B2：有一次颱風來正好遇到大潮，運河的水滿出來，就
> 那麼一次，不然印象中其實沒有什麼很明顯的淹
> 水。

> 受訪者 O4：淹水，他習慣了，那地方就是低窪、容易淹水。

其次，如果過去的受災經驗較為嚴重，現今淹水的影響程度或時間若不如以往，則會降低其對於水患的風險意識。

> 受訪者 O2：八七水災在南部是我最早有的印象，如果說在這邊
> 居住過那麼長的一段時間，就會記得這個經驗，之
> 後如果遇到其他比這個輕的，他就會覺得說沒有什
> 麼。

受訪者 V3：因為以前比較嚴重的八七水災、八八水災，曾經淹到一、兩層樓高，現在只淹 30、50 公分，當然不算嚴重，而且一年 365 天差不多才淹個幾天而已，民眾不會有淹水嚴重的感覺啦！

不過，倘若該地區時常淹水，即使有政府的治水措施，但如果仍常出現淹水情形，不僅會讓民眾對於政府的水利設施失去信心，面對水患災害也可能會變成習以為常。

受訪者 D3：因為大家都知道那些地區其實以往就是常常在淹水，雖然政府會有一些措施，但如果又一個颱風來的時候照常會淹水，其實讓民眾會覺得說政府做的這種水利措施都是這樣，其實慢慢會覺得有點無感。

（三）居住地區的地理條件

民眾居住在沿海或非沿海的低窪地區，是否會使其風險意識相對較高？根據訪談結果，似乎並非如此。

1. 沿海地區

雖然部分行政區（例如：北門、將軍、七股、安南等）臨海，海平面與海岸屬於相鄰的狀況，致使水患來臨之際，經常造成淹水的災害。因此對於臨海的部分民眾而言，淹水已經是常見的天災；甚且因為臨海的地緣關係，淹水的面積也會相對較大。

受訪者 D1：因為在北門是沿海地區，海平面跟海岸大約都相差不到 1 公分啦，颱風還是大雨來的時候都會淹水。在七股是沿著整個海岸線，它很多的里都是在海邊，所以淹水的時候是全面淹，淹水面積會很大啊！

　　其次，居住在沿海地區的民眾，因為對於該區熟悉、具有豐富經驗，且自稱能判斷強降雨、潮汐、淹水等現象；即使水患出現，也知道該如何因應以及後續發展為何，所以其風險意識相對較低。

> 受訪者 D2：其實靠海的人，因為他知道潮汐，什麼時候要漲潮，什麼時候要退潮，經驗就是告訴我看潮汐大概會有怎樣的情形，所以他平常其實就有這樣的準備，萬一今天大潮、又有下雨的時候大概會怎樣，他已經心裡有這樣子的底，風險意識就會比較低。

> 受訪者 V4：你看他們住在海邊都不願意離開，覺得生活都是我們可以去控制的，萬一淹水我還可以跑得了，他們自己的心理準備不像我們想的那麼憂慮。

　　不過，正因為部分民眾自恃長年居住在海邊的生活型態，以及過去遭遇水患時的經驗，認為居住在沿海低窪或地層下陷區域，即使海水倒灌時海水蔓延到達陸地，只需一小段時間就會退去，無須過於緊張。但正因為民眾風險意識相對較低，一旦面對如 2016 年的梅姬颱風，臺南安平運河水位高漲，甚至一度溢堤造成附近道路積水，造成民眾生活不便時，才驚覺事態嚴重。

> 受訪者 O3：居民已經習慣，若有淹大水，居民會認為在幾小時內就會消退。

> 受訪者 D1：靠天吃飯，大概也比較習慣，上次梅姬淹水，他們原來都說不可能淹！為什麼？因為海水一進來，等一下又順著退出去了。潮來一定潮退嘛！結果 40 年來，就這次淹大水，就不能下到樓下來，所以他們原來完全不會覺得會有這種狀況。

2. 非沿海的低窪地區

非沿海地區之所以出現淹水現象，成因主要為強降雨、雨水量超出都

市雨水下水道及道路側溝的設計標準、先天地勢低窪、開發時填土墊高導致鄰近地區成為相對低窪等因素，而在非沿海區出現淹水災情，導致該地區人民可能相對容易出現不同程度的風險意識。

> 受訪者 D4：其實市區會淹水，是因為短時間內的降雨所造成的淹水，跟沿海的淹水其實是不一樣的，和道路的設計有關，還有它的洩洪量是不是足夠。

> 受訪者 V3：我們那邊有三爺溪、二仁溪，還有大灣排水，永康、歸仁的水都排到我們那邊去啊！

> 受訪者 B5：像北門那邊地層下陷，大潮的時候有些低的地方就會淹水。

> 受訪者 V4：科工區裡面事實上是不會淹水的，因為當初在開發的時候有墊高，變成會影響到隔壁里的，安南區海尾寮舊部落那邊還是常一下雨就淹水，因為那邊是只比海平面高一點。

（四）治水工程的考量

治水工程的執行，包含不同工法的考量，並須依照不同可能性評估防洪的標準。以下將針對工程施作與防洪標準，探討民眾的風險意識。

1. 工程施作

以工程施作而言，可以區分為政府與民間兩類。政府施行的工程，無論在規模、區域、經費，都遠大於民間自行施作的工程，但兩者似乎都無法全然降低民眾的風險意識。

（1）政府工程

針對都會水患的治理而言，可以分為內水與外水等治水工程。外水來自河川中上游山區丘陵地的山洪，而內水便是降在都會區內部，須要往外排出的水（李柏昱，2014），直接影響都市居民的生活。依據水患治理計

畫所採用的流域整體綜合治水對策，將逐步推動「外水不溢堤，內水不入門」的目標（經濟部水利署，2016b）。

> 受訪者 B5：他們在水利工程，這種叫外水，如果是說安平或中西區這種是內水，比較在裡面的，然後像北門，它只有外水，就有可能會像海平面，剛好大潮的時候，水宣洩不及的時候，外水進來的時候，相對會有這種差異在。

不過，針對內水與外水的防制，有其根本方式上的差異。以平原河段而言，外水須注意流經平原的河段整治，由於外水可能帶來的高額損失，在預算的考量下，會儘量採取高防洪標準。相對地，平原的內水是落在民眾聚落所在之區域內的水，面對地形坡度平緩不利排水、都市不透水鋪面比率高、基礎建設防洪標準不敷使用等問題，如果想用高防洪標準的工程思維整治內水，花費的預算成本也會極為高昂（李柏昱，2014）。

目前的水利工程，主要在於試圖減少淹水潛勢的區域；而政府現行推動「都市總合治水」，是由流域整體治理觀點所提出的治水方式，透過土地利用管制、防災策略、工程措施、非工程措施與相關技術規範規劃等方法進行「滯洪」、「分洪」及「減洪」，漸次提高都市防洪能量，強化都市防災、適災能力，擴大城市空間在因應水患上的可能性（內政部營建署，2019）。但因水利工程科技專業性的整體考量，一般民眾無法對其有深入之瞭解，可能會影響其對於水患與治水工程成效之評估。

> 受訪者 B5：水利署在縣市合併後一直在做治水工程，他們有請成大協力團隊幫忙，淹水潛勢已經有做一些縮減。

> 受訪者 O5：治水的工程是全面性的，可能是以科技測量出哪個地方高低，哪個地方容易淹水，整個流水體系是政府相關單位通盤檢討，治理的效應比較大。一般民眾你說有沒有治理，他可能沒有信心，還是說一般民眾沒有特別去關心這個區塊，是可能不知道這些

　　　　　　知識，有淹就罵，他只想到說門口的水溝幫忙清一
　　　　　　清。

　　甚且，部分民眾會認為治水工程，原本應該是改善淹水問題；但現今部分治水工程，卻可能導致民眾生計受到影響，甚至可能會影響排洪功能，與原先預期的結果不同。民眾認為即使編列預算施作的水利設施，反而不利於地表逕流的排除。

　　　　受訪者 O5：有堤岸跟沒堤岸一樣，蓋了堤岸民眾反而不方便，
　　　　　　　　　因為船不能下海嘛，因為現在就是這樣啊，堤岸蓋
　　　　　　　　　起來船不能下海那會影響民眾生計，那你不要蓋的
　　　　　　　　　時候你水上來它就是會下去嘛。

　　目前政府的水利工程，主要是採取綜合治水之理念，並常以重力排除為優先考量，針對區域之排水特性及淹水型態，希望將高地洪水由渠道排出，儘量運用現有排水路的功能；渠道內無法接納之洪水量，採分區滯洪或減洪方式處理；低地排水區之集水，因受外水高漲影響而無法重力排出之問題，亦可設置低地滯洪池或局部抽水方案解決（經濟部水利署，2008：6-1）。

　　不過，政府的水利工程如果未依照上述原則規劃，或是未能參酌當地民眾意見，反而可能適得其反。甚且，如果水利工程受制於人為因素，而在非主要淹水地區施作工程，當然會影響治水的成效；倘若施作之後仍會淹水，更會影響民眾對於政府治水之後的信心與風險意識。

　　　　受訪者 V1：河川做了堤岸，當然這是好的，但是你想如果說從
　　　　　　　　　白河的水到我們這邊是 20、30 公里遠，水這樣來
　　　　　　　　　是多大，水來了讓水沒辦法出去把它堵住，這會怎
　　　　　　　　　樣？本來有一處兩、三百甲是要做滯洪池，水不讓
　　　　　　　　　它往裡面排，要叫它往哪邊排？本來是那片低的在
　　　　　　　　　淹水，結果你把水擋起來，就是要淹隔壁！

受訪者 V5：你看疏濬，這是很好的建設，但是尾段沒有做，那
　　　　　　這些水要往哪邊流？不是建設沒用，建設其實很有
　　　　　　效，錢花下去就好了，就是沒有把錢用在該用的地
　　　　　　方。

（2）民間工程

　　民眾基於對自己生命財產的考量，除了仰賴政府的治水工程之外，尚
可能採取自救的措施，例如裝設居家水閘門、堆放沙包等，以降低暴露於
水患風險的可能性。

受訪者 D4：如果是比較市區這邊……可是你在沿海地區他們知
　　　　　　道說如果淹水會淹進來會是什麼狀況，其實他們就
　　　　　　有做基礎的防備，比如說裝了水閘門、放沙包可能
　　　　　　就不容易淹了嘛。

2. 防洪標準

　　面對水患時的解決方法，無論是過去的河川整治和區域排水工程或近
期的「易淹水地區水患治理計畫」，主要都在於透過治水工程。當政府的
解決工具僅限制在治水工程時，則水利規劃人員應具有充分的實務經驗。

（1）工程思考

　　植基於過去水患風險的經驗，原有的防洪標準已經無法抵抗歷年颱風
或強降雨的衝擊，因此在八八風災之後，政府編列預算、提高防洪標準，
並作為治水工程的依據。歷經多次的軟硬體工程施作與增修，目前已經逐
步改善淹水的狀況，民眾感覺是有改善的。

受訪者 V5：以往超過 200 毫米整個社區就泡在水裡面了，然後
　　　　　　八八之後，水利局跟市政府在我們這邊投入大概 5
　　　　　　億以上做了大排、堤防、疏濬、抽水站、滯洪池之
　　　　　　後，淹水程度大幅降低，像 2017 年海棠颱風時，
　　　　　　柳營跟新營地區下了 289 毫米，但我們社區只有一
　　　　　　個往酪農區的道路，因為強降雨、瞬間排不出去，

　　　　　　　大概淹了 30 公分，整個社區其他地方完全沒淹
　　　　　　　水，民眾感覺是有效的。

　　由於提高防洪標準與滯洪池、抽水機等相關治水工程，目前除了因短時強降雨所造成的積水之外，民眾對於水患都逐漸瞭解後續可能的災情發展。

　　受訪者 O1：永康地勢本來就低窪，它的排水狀況現在已經做得
　　　　　　　非常好，有滯洪池、抽水機，排放得很快，所以除
　　　　　　　了急降雨之外，幾乎不會產生 10 年前那樣淹水的
　　　　　　　狀況。

　　（2）人為影響

　　不過因為政府預計施作之水利工程，倘若水利規劃人員未能充分掌握當地水情實況，僅利用水工模型等計算「10 年防洪標準、25 年不溢堤」之標準，將可能會因誤判而無法施作最為有效的工程方案。

　　受訪者 V3：我們那邊原本的水溝都很小，最近都是在改善排水
　　　　　　　工程，希望達到防洪標準，但是水利的專業跟我們
　　　　　　　當地人的經驗不一樣，水要怎麼流的考量又是不一
　　　　　　　樣，我們會懷疑他們的專業到底行不行得通。

二、風險溝通

　　針對溝通的內容，政府部門大多會經由不同管道，針對不同災情、不同對象，提供不同的溝通內容。不過，面對政府提供的溝通內容，與民眾對於政策的理解，如果存在資訊不對稱的狀況，反而會讓民眾不支持政府的防災資訊。此外，因為民眾的「在地知識」，蘊含豐富的環境風險經驗，與現代防災科技資訊未必是一致的，而可能採取不重視的態度。

（一）溝通內容

現行政府採取的風險溝通的內容，主要包含：防災資訊、治水工程，與政令宣導等。

1. 防災資訊

政府主要的防災資訊，主要在於強調提供颱風或水患可能影響的資訊，包括區域、時間、嚴重性等。當災情較為嚴重之際，尚須提供民眾撤離等相關資訊，讓民眾得以預作準備。

> 受訪者 B1：市政府要求預測颱風的動向、行徑的路線，進入暴
> 風圈以前我們會下指令，要求在下午天黑以前做預
> 防性的疏散，……區公所會回報回來，大概疏散、
> 撤離的時間要多少。

> 受訪者 B2：通報淹水區啦，比如說自主防災社區我們一定是通
> 報，他有加入我們有那個名冊！有群組有電話都有
> 通報！

2. 治水工程

政府常見的防洪工程即為硬體設施，例如：抽水機、抽水站、堤防等，而這些工程之施作，容易形成政府進行風險溝通的重點，也希望降低民眾對於水患的恐慌。而且這些防洪工程常為新聞報導的重點區域，因此相對容易成為工程規劃的熱區。

> 受訪者 O4：我們很多報導主要都在市區啦，很多的資源目前都
> 是投注在那些熱點，熱點都設抽水機，當然可能會
> 改善，這個是不談它的投資效率問題。

不過因為政府對工程施作成效之評估，是希望採取宏觀性、整體性與長遠性的規劃，透過工程改善水患的範圍、期間與項目等，但民眾希望獲得短期、立即可以看到改善成果的水利工程。倘若這些溝通的內容不如民眾預期，仍是會產生民眾與政府之間資訊落差的現象。

受訪者 B3：政府做的是全面性的，但民眾要看的就是我這個區
　　　　　　域應該立即要做到怎樣好，只要做我這小小的地
　　　　　　方，政府做那麼大片且又做 10 年，跟民眾要及時的
　　　　　　東西是不一樣。所以有落差啊！而且那個宏觀性跟
　　　　　　長遠性其實是不一樣的。

3. 政令宣導

除了前述治水的硬體工程之外，政府針對軟體工程的宣導仍是不遺
餘力。例如：配合協力團隊向區公所說明如何選定避難收容所，向民眾宣
導針對不同災害安排避難收容處之位置，救濟物資、安全存糧、避難背包
等。但應注意資訊須充分傳達，避免產生資訊不對稱的問題，否則民眾有
可能會因為誤解而不支持政府的防災政策。

受訪者 B4：這幾年邀請成大團隊針對怎樣選定避難收容所，跟
　　　　　　區公所的承辦、課長說明，也會要求公所落實避難
　　　　　　處所、安全存糧、避難背包的宣導，但民眾如果收
　　　　　　到不充分的資訊，就有可能因為誤解反而更不會支
　　　　　　持。

在宣導之際，可能會出現老人家與年輕人之間的代際問題，不同世
代對於政府防災資訊的接受程度容有不同狀況；但經由與家人多次溝通之
後，民眾的觀念會有所改變，會逐漸接受政府的防災資訊與工程結果。即
使一開始年輕人未必會接受，但隨著年齡增長，也會慢慢瞭解政策的內涵
及其成效。

受訪者 B3：家人可能就會跟他說，政府的政策是比較好的，慢
　　　　　　慢會改變觀念。年輕人會頂上來，他慢慢就會接受
　　　　　　了。我覺得是一、兩次跟他說，他久了就會知道，
　　　　　　原來是這樣子的政策喔。像我們做的那 10 年防
　　　　　　洪，也是到現在人家才有感，要不然外水以前可能
　　　　　　就淹進來。

甚且，以往公共工程常由工程部門主責規劃、設計與執行，常出現民眾訴病不符期待與需求。因此，政府對於民眾的溝通，應盡可能達到雙向溝通。在溝通過程中，必須運用民眾可以接受的庶民語言，而非呈現難以理解的專業工程模型與數據。如有民眾須要政府解釋的問題，應運用較長的時間溝通，讓民眾真正瞭解溝通的內容，方能達成溝通效果，更讓民眾與政府部門之間的誤解與爭議可以獲致共識，透過減少過程中的歧見而加速工程進行。

> 受訪者 O2：雙向溝通就是政府一定要做的啊，今天是怕說就隨便叫你來看抽水站、集水井、抽水機，也不好好解釋……因為開公聽會要花費時間，政府官員要有一些耐性，不要只強調自己的專業，不然就他自己專業在講，最好就是問民眾有沒有什麼問題，針對問題的來解釋一場、兩場的話，反而是有那個預期的功效，要不然民眾不知道市政府在做什麼。

（二）溝通管道

關於溝通管道，須針對不同的對象，採取不同管道與方式。承平時期，學校中的環境教育和風險教育相當重要；而更為常見的溝通管道，包括實體的區公所、里鄰長等溝通方式，以及平時或災時的網路、電視、廣播與 LINE 等。

1. 市政府

最為常見的溝通管道，即為市政府透過層級節制的方式，採取由上而下傳遞資訊，甚至希望可以透過規範與考核，向民眾宣導避難收容處所與救濟物資等重要防災資訊，並須要依照行政區人口數完成一定比例的宣導場次，希望達成溝通的目標。

> 受訪者 B4：我們針對災民收容所的律定，還有宣導民眾一些救濟物資！並對於在律定避難收容所的部分，成為對

公所的考核指標，也要求公所依照不同區的人口
數，對轄區人口要有一定比例的一個宣導！

　　臺南市共有 37 個區公所，依行政區總人口數分成三組進行考核：甲組（4 萬 5,000 人以上）、乙組（2 萬 2,000~4 萬 5,000 人）、丙組（2 萬 2,000 人以下）（臺南市政府災害防救辦公室，2019）。事實上，區公所在災防辦的指導之下，希望能充分發揮在地的力量，認真宣導防災的相關概念與作為，期待民眾能如預期接收到政府所要傳達的資訊。

　　受訪者 B1：我們依行政區總人口數分成三組進行考核，他們各
　　　　　　　自須要宣導要達人口數的一定比例，就是針對平常
　　　　　　　的一個宣導的部分，我們也希望透過公所這些鄰里
　　　　　　　的力量。因為我們災防辦在考核到各區公所真的花
　　　　　　　很多錢，可是我就是打一個問號，就是這些東西有
　　　　　　　辦法到民眾那裡去？

2. 區公所

　　區公所針對水患的風險溝通，會結合當地的社團與企業，常見以文宣方式傳遞資訊，例如：印製該行政區的交通旅遊地圖時，整合避難地圖、避難處所與防災手冊等。

　　受訪者 D5：區公所結合在地的社團，或是企業，就是對避難地
　　　　　　　圖、交通旅遊地圖的編印，把避難處所等等結合起
　　　　　　　來，還有一些區的防災手冊等等，把這些東西都加
　　　　　　　進來，然後再加強對民眾的宣導。

　　事實上，區公所針對水患的風險溝通，業已加入不少巧思與創意，例如：設計彈珠檯、撲克牌等新興媒材，整合不同災害的避難收容所、避難地圖等防災資訊，甚至可以將其安置於校園中，當作課程教案或是下課娛樂的一部分，得以傳遞給學生或青少年，增加接觸的溝通管道。

受訪者 B3：公所現在做很多很好玩的東西，例如：他們做那個
　　　　　　彈珠檯，就會寫你這個里的避難地點在哪裡？這邊
　　　　　　是什麼廟啊？……打彈珠他就送你禮物，用寓教於
　　　　　　樂的方式，或者是玩撲克牌的，也有避難地圖劃在
　　　　　　上面，就會有學生想要來玩玩看，其實就是慢慢教
　　　　　　育啦，這以後如果放在學校，下課的時候就來打彈
　　　　　　珠，效果會不錯。

3. 里鄰長

　　因為部分居民年紀較長，習慣與里長等直接面對面接觸與溝通；而且
也由於部分民眾未必習慣使用智慧型手機、甚至沒有手機，更不一定會使
用通訊軟體，年輕人現今常用的社群軟體等溝通方式，不一定受到其他群
體的青睞。因此最接近民眾的里長，就成為溝通管道的第一線人員，而且
扮演預防災害的關鍵角色。

受訪者 D3：因為鄉下人用 2G 很多，甚至沒有手機更多，用其
　　　　　　他軟體效果不大好……鄉下地方對民意代表或是當
　　　　　　地里長有高度倚賴性，認為用其他軟體或比較先進
　　　　　　方式傳播效果不會那麼好，如果好只會限於少數群
　　　　　　體，因為年齡性差異很大。

　　由於里長對於當地的水患防災工作，一直是扮演領頭羊的角色。例
如：面臨淹水時須要提醒民眾領取與堆置沙包的方式，氣象局發布豪雨或
颱風警報時，必須提早訪視保全戶，並進行預防性撤離。倘若民眾因故不
願或無法撤離至政府指定的避難安置處所，會建議其採取依親或是垂直避
難的方式。

受訪者 V2：民眾一直反應淹水，這個沙包要去哪邊拿，因為我
　　　　　　們里長都有帶頭的作用，當里長管這個區塊，你今
　　　　　　天發布豪雨特報還是颱風警報，我們就去訪視保全

戶，叫他們留意一下，避難包準備一下，在某個點
我們會預防性的撤離，你如果不撤離的話，就請他
們去依親或是左鄰右舍有樓層就暫避一下！

里鄰長於水患的災前與災時，所能提供的溝通功能有所不同。於災害
來臨之前，會配合當地民眾的生活習慣，將平時的避災、減災策略與活動
規劃融入防災元素，如宣導、拜訪、教育、訓練、演練、參訪，並會結合
社區活動時推廣。

> 受訪者 B1：因為我們在防災考核上，會要求區公所、里辦去宣
> 導，有時候里長有一些不錯的 idea，比如說辦個活
> 動，再搭配做一些宣導。

不過，當面臨災害即將來臨或已經造成損失時，地方的政府官員主要
會忙於勘災或救災，希望動用救災物資，儘速減少民眾的不便與損失。因
此，里鄰長於災時的溝通，主要重點是與政府其他部門協調的事項；針對
民眾的溝通，則是著重提供相關災情的通報，提醒注意居家與自身安全。

> 受訪者 B5：其實我們在災害發生的時候，里長或是里幹事其實
> 都是較忙著勘災或救災，就是哪邊有淹水的，可能
> 就相對提供政府機關的協助，可能趕快派水利局去
> 設抽水馬達，也要提醒民眾注意安全。

倘若現行採用科技或是傳統方式的溝通管道，無法順利將災害訊息
傳遞給民眾，仍要由里長、自主防災社區成員或是社區組織幹部去逐戶通
知，特別是應關心住在位置較遠、分散而居，獨門獨戶的居民。

4. 學校教育

我國各層級學校教育中均包含防災教育，成人教育是散見於不同政府
的主管機關中，尚未能完整涵蓋災害防治之減災、整備、應變及復建四個
環節，且課程教材分為國小、國中、高中、大學乃至成人教育各階段，相
對缺乏一貫性與完整性（陳龍安、紀人豪，2013：49-54）。

為了使防災教育更為普及，應充分利用學校教育的溝通管道，讓風險溝通的資訊可以藉此傳遞給更多民眾瞭解，甚至可延伸為家庭防災教育的一部分。學校除了自身積極推動防災教育之外，亦可結合社區推廣與宣導防災知識，共同推動防災工作，增進災害防救能量。

> 受訪者 O5：學校教育也很重要，我女兒有一次還在唸國小的時候，那時候她就跟我說，媽媽我們約一個地點，發生災害的時候，如果我們失散了，要在那邊集合！就是防災卡！所以我覺得從學校教育由小孩子回饋到家長，也是一個蠻不錯的方式。

5. 社群軟體

科技部所屬的行政法人國家災害防救科技中心於 2018 年 3 月和 LINE 合作，設立「國家災害防救科技中心 LINE 官方帳號」，提供民眾訂閱在地化的即時防災資訊。災防科技中心彙整災害業務主管機關、地方政府與民間機構的開放資料，透過災防科技中心 LINE 官方帳號，推播來自 14 單位、25 項防災資訊。訊息類型包括颱風、地震、降雨、雷雨、低溫、強風、濃霧、海嘯、淹水、河川高水位、水庫放流、道路封閉、土石流、停班停課、傳染病、國際旅遊疫情、空氣品質、鐵路事故（臺鐵及高鐵）、水門資訊（臺北及新北）、開放臨時停車（臺北及高雄）、水位警戒（臺中），民眾可以訂閱所在或關心的行政區域，若有示警資訊發布時，就會透過 LINE 主動推播的功能提供即時資訊。甚且，不僅有文字訊息，當有颱風、地震或低溫時，也會藉由淺顯易懂的圖卡，提醒民眾應注意事項，提供綜合性、正確性的資訊與防災知識（國家災害防救科技中心，2019a）。

除了國家層級的 LINE 帳號之外，臺南市政府於 2012 年 11 月開設全臺第 1 個官方 LINE 帳號，也是僅次於日本首相官邸、全球第 2 個。目前有新北市、高雄、桃園、屏東、彰化、宜蘭等縣市已陸續開設。市府官方 LINE 在災害出現之際，皆可即時傳遞防災避難、是否停班停課等訊息（洪瑞琴，2016）。針對某些特定群體，是一個相當便利的溝通管道。

受訪者 B1：市政府的官方 LINE 群組當中，現在變成我們在
　　　　　　整個防災的過程當中非常重要的管道，民眾加入
　　　　　　LINE 群組的，都是比較年輕特定的群體。

6. 網際網路

臺南市政府災害防救辦公室所建置的防災資訊服務入口網，會提供國內外災防新聞、防災教育訓練宣導、防災相關法令規定、災害潛勢圖資、復建工程執行情形、臺南市地區災害防救計畫、災害防救電子報等。由此可知，市政府無論於平時或災時，都會將防災相關資訊，置放於網頁上提供市民參考（臺南市政府災害防救辦公室，2019）。

根據臺南市政府「水災災害事件標準作業流程」，在水患的整備階段，市政府全球資訊網首頁開設災害應變告示網，提供災害應變中心整備會議決議事項與相關防颱措施宣導。於災中應變階段，應變中心各進駐人員，應確實掌握救災救護處置措施及相關災情資料彙整，同時回報災害應變中心；各業務權責機關提供彙整及查證確認之災情資料，由災害防救辦公室彙整統計，提供指揮官、新聞處發布訊息。而上述各項災情資料，皆須於市政府災害應變告示網發布（臺南市政府資訊中心，2017）。

受訪者 B5：市政府在針對災情的狀況，一般來講分成兩個部
　　　　　　分，第一個部分就是說我們有開設應變中心之後，
　　　　　　市府網站就會變成防災應變告示網，會把封路、封
　　　　　　橋或是災情，就會在網路公布。

7. 電視

目前多數民眾獲致防災資訊的主要媒體即為電視，但因電視新聞的報導，大多數以全臺灣為觀點，除非真有發生災情，否則不太容易會聚焦於某一縣市或某一區。倘若未能從電視清晰得到居住地之防災資訊，或是電視新聞所提供的資訊未能及時更新，民眾就可能會對於預防災情有所誤判，致使延遲自己的因應作為。

> 受訪者 B1：我曾經到左鎮區岡林里去疏散兩戶，有一對老夫婦
> 　　　　　　跟一個孤家寡人的中年婦女，問他們怎麼不疏散，
> 　　　　　　他說看電視的氣象報導，說這一次的颱風雨會下在
> 　　　　　　臺北，所以就失去警戒心，即使市政府、區公所、
> 　　　　　　里鄰長再多的訊息給他，他已經先入為主，而且電
> 　　　　　　視每天一直輪播，等到他要撤離的時候已經來不及
> 　　　　　　了！

　　由於電視為多數民眾得知資訊的主要媒體，因此如何妥適運用電視傳播災情，結合電視頻道的跑馬燈等方式傳遞資訊，可以讓少用網路的民眾，仍能適時得到防災訊息。

> 受訪者 D1：在大眾媒體的部分，政府要怎麼去跟它結合會比較
> 　　　　　　好。我們的畫面永遠比不上電視台。如果能夠結合
> 　　　　　　起來，可能效果其實就會出來。

> 受訪者 B1：去年我們開始跟臺南市的五家有線電視業者協商，
> 　　　　　　所以我們現在會在有線電視的走馬燈裡面加上防災
> 　　　　　　資訊。

8. 社區廣播

　　內政部消防署於 2011 年開始建置「災害預警與無線廣播通報系統」，這套系統包括語音廣播、跑馬燈、緊急雙向語音通話，以及運用弱勢團體接收預警訊息設備，向弱勢團體進行廣播；當電力、通訊中斷時，村（里）長可以利用終端站臺儲存的太陽能電力，透過立桿本身配置的無線電話，向應變中心通報災情。此系統亦可提供中央、各直轄市、縣市、鄉鎮單位，對各地方聚落進行即時災情影像監控，利用防災資通訊科技作為掌握、傳遞災情的新管道。除了預警及通報災情的功能外，這套系統平常還可以跟民眾生活互相結合，村（里）長如果有要對民眾廣播的事項，也都能利用它來放送（內政部消防署，2015）。

對於中南部的地區，因為住宅型態之故，許多與民眾相關的資訊，會以社區廣播系統轉知民眾。但是目前遇到的問題，包括：部分居民覺得社區廣播系統的聲音不清楚，可能原因為在家裡會聽不清楚廣播的內容，傳播過程中空間造成的雜音，社區範圍較大導致傳播效果不佳，或是廣播系統各自獨立而不貫連。甚且，若受制於偏遠山區或海邊，可能就得設置無線電中繼站，以便於資訊傳遞。

> 受訪者 V1：除非那個社區裡面有自主防災社區，不然大概就是里鄰長會用他們的社區廣播而已。

> 受訪者 B3：如果是颱風天，廣播不一定傳得出去！我們現在有做那個無線電中繼站台，未來就會在各地比較危險的潛勢區，或是山裡面，或是海邊，會多幾支無線電給他，如果有狀況就可以提供救援資訊。

針對社區廣播，應該符合在地模式，成為地方的防災傳播平台，相關內容可以有效在地化，照顧社區當地需求。

9. 細胞廣播

因應部分沒有使用智慧型手機或安裝防災 APP 的民眾，中央與地方政府合作，針對淹水潛勢區提供細胞廣播的推播服務。「災防告警細胞廣播訊息」是指利用電信業者 4G 系統的細胞廣播服務功能，提供政府機關在短時間內，以廣播方式將訊息同時傳送給特定區域內的 4G 用戶手機，讓民眾能儘早掌握災害資訊。例如大雷雨即時訊息、水庫洩洪警戒等（國家災害防救科技中心，2019b）。

> 受訪者 D2：我們有配合中央的細胞廣播，會針對淹水潛勢區的民眾，只要你有 4G 手機的話，它會主動去推播。

除了細胞廣播之外，經濟部水利署近期也提供「主動式民眾淹水預警系統」，其中包括兩種內容，包括：「接收淹水警戒語音廣播」與「接收淹水警戒簡訊」，主要是水利署為了加強為民服務，免費提供可能發生淹

水地區的語音廣播或是簡訊服務，讓民眾能及早採取防災措施，以確保該地區民眾的生命與財產安全（經濟部水利署，2015）。

（三）訪談內容之反思

　　雖然眾多受訪者都提到政府進行許多風險溝通的工作，也確實呈現一些成效。但是有以下幾點值得商榷：

1. 政府召開公聽會，理應是邀請對於該討論主題熟稔之專家或利害關係人參與，而非只是為了滿足行政程序要件；倘若承辦人員僅為了滿足形式要件或程序，隨意邀請與該議題無關者，並無法真正達到風險溝通的功能，爾後若真正執行時所遭遇的問題，將衍生更多的困擾。

受訪者 V5：有時候開個公聽會，公部門為了方便隨便找幾個不相關的人來，要不然就是小貓兩三隻，公部門已經交差了事，但事實上這些人有聽沒有懂！後來發現事先溝通有問題，因為找來聽的人跟他的工程是沒有關係的，但當要做的時候，地主開始出來反對了。

2. 政府執行成果，須適時讓民眾知道。這些成效須經由不同溝通管道被呈現出來。例如：倘若防災業務之成效能有效揭露，不僅讓民眾瞭解政府的實際作為，也應表彰公務人員勇於任事的功績。甚且，以興建滯洪池為例，除了原有的防災功能之外，也能顧及與提升當地民眾的居住品質。

受訪者 V5：公部門工程做完之後要把那個成效顯現出來，不只是當地的民眾，其他外面的民眾，也讓他瞭解說工程在做什麼事情，這樣的話可以鼓勵公務人員，他勇於任事，對地方來講都是好事。

受訪者 V1：滯洪池對於防災有一定的功效，今天政府做一個滯
　　　　　　洪池，要考量社區、居住的發展，當中的考量是相
　　　　　　輔相成，帶動社區居住的品質，不只是把淹水的狀
　　　　　　況改善。

3. 政府承辦人員針對防災業務，可能具有相當程度的專業性。不過
　　因為防災工作涉及許多時間因素的考量，倘若能充分參考居民的
　　在地智慧，方可更完整地考量防災要素。

受訪者 V2：有一些真的也是地方里長說在地智慧，淹水淹到有
　　　　　　經驗了，他水怎麼流，為什麼會形成這個區塊會淹
　　　　　　水，我們有概念，我們知道。

4. 政府部門在進行都市水患風險治理時，必須站在地方民眾的角
　　度，使用庶民語言與民眾熟悉的方式傳遞政策訊息，讓民眾真正
　　瞭解才能獲得支持，否則即使政策立意再好也是枉然。

受訪者 V1：政府要跟民眾溝通，市政府在做什麼，民眾不知
　　　　　　道，這個常發生喔，有時候是專業呈現，你講一
　　　　　　講，你們聽不聽得懂沒關係，政府的說明是溝通重
　　　　　　點啦，你專業技術、專業的解說呈現出來的，有時
　　　　　　候會讓人聽不懂，說明就是針對社區民眾，所以要
　　　　　　讓人家聽得懂，溝通的來這樣子，要不然是沒成
　　　　　　效。

5. 政府的風險溝通，必須秉持「即時」與「誠實」等原則。特別是風
　　險溝通常都有時間壓力，因此負責溝通的人員，必須在有限時間
　　內進行事實查證或釐清，無論消息好壞、也非掩惡揚善，在可告
　　知範圍內盡可能說明事件始末，才能取信於民，也可以避免出現
　　有心人操作的空間。

受訪者 V3：大家都希望排水溝要清淤，但等到清淤出來的那個
　　　　　　淤泥要放在哪裡，沒得放那怎麼辦，就是要請里長
　　　　　　提早溝通來跟人借地，借地的話你就要挑選離住家
　　　　　　遠一點的，要不然那種味道也受不了。

第五節　小結：有溝也有通的都市水患風險治理

　　臺灣面對水患防治課題，政府規劃許多治水措施，包括：2005 年行政院核定的「水患治理特別條例」，立法院於 2006 年將其修正為「易淹水地區水患治理計畫」，相關部會署編列 8 年 800 億元（後續擴增到 1,160 億）的治水預算，2013 年提出 6 年 600 億元「易淹水地區後續治理及維護管理計畫」，2017 年提出包括以「大幅降低淹、缺水風險」為水環境建設願景之「前瞻基礎建設計畫」。

　　惟在上述各種建設計畫，仍以傳統的硬體防洪之水利設施為主，相對較少關注於如提升防災的風險意識與溝通協調等軟性政策。致使如果水患超過水利設施的設計上限時，民眾缺乏必要的風險意識與風險溝通，無法在都市水患風險治理上協助防救災。對於水患發生之地區，若提升民眾之風險意識，優化風險溝通機制，以改變政府與災害管理者之觀念，並提醒居民在災害衝擊即將來臨前，進行必要的防減災措施。

　　本研究藉由邀請臺南市之一般民眾、保全對象與政府官員填寫問卷，經由統計分析發現其在風險意識與風險溝通之差異性；並將風險意識與風險溝通構面之相關題項，以 GIS 的製圖方式，呈現臺南市的不同行政區，在風險意識與溝通程度高低之分布狀況。

　　根據問卷與 GIS 之分析，發現政府官員與一般民眾之間、行政區之間皆存有風險意識與風險溝通程度的差異，但究竟何以致之？因此，植基於問卷與 GIS 的分析結果為基礎，透過焦點座談發掘造成前述各種差異性之原因，俾利能夠清楚瞭解臺南水患風險治理之現況，也方能進一步提供可供解決的方案。

　　經由檢視焦點座談的研究結果，在風險意識的面向上，主要是因為對於生命財產的認知、居住地區的屬性、治水工程的迷思所產生的差異性。為減少前述之差異性，應該在溝通管道上，除了充分運用比較常見的網路、電視、廣播與 LINE 等方式，且須顧及當地民眾的生活習慣，近期推動的細胞廣播計畫，應能更廣泛地提供防災資訊。此外，對於在地知識與科學專業之間，應該抱持融合、互補的態度，俾利發展一套新的知識論，以體現「在地知識」的各種意涵層面。

　　此外，隨著水患發生頻率與強度呈現漸增之勢，民眾逐漸產生水患的風險意識；甚且因水患災害無法單憑硬體水利設施而改善，若民眾願意藉由風險溝通獲取水患資訊，甚至採取減災或調適行為，方能有效降低水患所致之生命財產損失。故而建議政府的風險溝通，應從單向「傳遞式」轉變為雙向「對話溝通式」，試圖從多元面向瞭解社會不同群體的想法，方能整體提升民眾與政府間風險溝通的品質。

　　其實「左傳」中有「吳城，溝通江淮」的句子，此處的溝通，意思就是開溝渠使兩水相通（教育部，2015）。故而，都市水患風險治理中的「有溝也有通」，不只是指透過治水工程建置溝渠等水利設施，增加都市排水的通洪能力，更應是透過語言和符號的傳遞，經由雙向互動與反饋之管道，讓彼此的意見能夠相通，進而減少水患災害的不確定性，最終達成都市水患風險治理之目標。

第八章　韌性都市對抗任性水患：邁向更具韌性的都市水患風險治理

　　誠如政府間氣候變遷專門委員會（IPCC）強調，全球環境變遷的許多風險主要是集中在都市地區；如果在都市採取建立韌性和實現永續發展的機制，則可以加速對於環境變遷的調適（IPCC, 2014: 18）。其中的部分策略，是鎖定在制度和治理結構，以增強住家、都市和基礎設施的韌性與調適能力；甚且，在環境韌性的路徑中，是結合風險和調適方案、能力和行動，而其對於強化韌性和轉型之標的，主要關注於低收入家庭和社區，希望減少不公平和改善人類福祉（IPCC, 2017）。由此可知，面對水患風險，主要應關注於都市層級；而在採取因應的減緩與調適作為之際，亦應留意韌性治理。

　　不過，就在筆者開始撰寫本書之初，於 2018 年 8 月 22 日，熱帶性低氣壓從臺灣海峽南部逐漸往東北移動接近西南部陸地，強度雖不及颱風，但由於南側與西南季風挾帶豐沛水氣，其所伴隨之雨量十分驚人。近中心環流與西南氣流在西南部近海及陸地上形成氣流輻合區，造成西南部平地之劇烈降雨，再加上環境導引氣流微弱、移動速度緩慢，導致累積雨量不斷攀升。8 月 23 至 25 日期間，24 小時累積雨量均超過當地排水系統保護標準。在 24 小時內雲林、嘉義、臺南、高雄、屏東地區累積雨量超過 500 毫米；48 小時內嘉義、臺南高達 900 毫米以上，超越 1959 年的八七水災降雨量，也接近莫拉克颱風的降雨量；72 小時累積雨量高達 800 至 1,200 毫米，造成苗栗、中彰投、雲嘉地區嚴重淹水災情（臺北市消防局，2018：1-2）。根據行政院的分析，本次豪雨致災主因，在於熱帶性低壓及西南氣流接續侵襲臺灣，且時間長達一週之久，加上適逢農曆 7 月大潮，沿海的高潮位導致河川及區域排水因下游頂托而減低排洪能力。過去我們建置的區域排水只有 10 年重現期的保護標準，亦即 24 小時的保護標準雨量約為 250 至 300 毫米，本次強降雨的雨量遠超過區域排水系統的設

計保護標準。沿海地勢低窪或地層下陷區，更因地表高程多低於海平面，無法使用重力流方式進行排水，只能藉由抽水機等設備將內水抽出（行政院，2018：5）。

　　於筆者撰寫本書即將完稿付梓的當下，中央氣象局於2019年8月12日深夜11時發布大雷雨即時訊息，警戒區民眾須嚴防劇烈降雨、雷擊、溪河水暴漲、坍方、落石、土石流，低窪地區嚴防淹水（黃翊婷，2019）。由於季風低壓環流的「西南季風」影響臺灣，季風低壓內的大氣，低層暖濕，對流不穩定度激發「劇烈天氣」（雷擊、強風、瞬間強降雨、龍捲風……等）的能力，帶來連日大量降雨的潛勢與梅雨季類似（吳德榮，2019）。若以3小時最大累積雨量而言，以永康區196mm最大，其次是歸仁區（188.5 mm）、仁德區（183 mm）及東區（180 mm），已達中央氣象局3小時累積雨量100 mm以上之豪雨特報類型，也都超過國家災害防救科技中心所定義之「短延時致災降雨」，且因降雨尖峰時段適逢大潮漲潮影響，內水更不易排出，導致積淹水災情頻傳（陳俞安，2019）。經臺南市各區公所通報住戶淹水達50公分以上者，至8月13日13時10分止，預估832戶淹水，其中，仁德區：仁德里190戶、一甲里480戶、太子里150戶；東區：大同里11戶、富強里1戶（臺南市政府，2019）。

　　除了這兩次豪雨造成較大範圍與程度的損失之外，2019年5月20日因對流雲系發展旺盛，臺灣西半部及東北部地區有局部短暫陣雨或雷雨，南投縣仁愛鄉、埔里鎮、國姓鄉一帶出現強降雨，部分路段淹水影響交通；而臺南市出現水稻倒伏災情，受害面積約194公頃（楊思瑞，2019）；新竹縣各鄉鎮傳出淹水災情，新豐鄉淹水情形最為嚴重，埔和村有牧場因淹水，損失9,000隻幼雞（陳斯穎，2019）。繼之於2019年6月11日，受到滯留鋒面及西南氣流影響，雲嘉南等地出現積水災情，所幸雨勢雖大，但多屬短時間強降雨。水利署緊急完成災害緊急應變小組的二級開設，隨時監控降雨及淹水，並調度支援南投、臺南地區五台大型抽水機加速低窪地區排水。此次大雨造成高雄岡山及通往阿蓮地區的嘉興里一帶嚴重積水；也造成臺南市東區裕義路、裕德街、小東地下道，仁德區

太子路國道 1 號下方涵洞附近、永康區崑山科技大學附近、左鎮草山二號橋附近積水（中央社，2019）。從上述不勝枚舉的水患災害觀之，顯示小區域、短延時強降雨的型態已非罕見，且其對於民眾的影響未來仍不可輕忽。

　　2019 年正好為「八七水災」災後 50 周年、「莫拉克風災」（又稱八八水災）災後 10 周年。無論是 50 年或是 10 年的期間，颱風、水患的災害，仍然無情的出現，例如：1986 年韋恩颱風、1996 年賀伯颱風、2000 年象神颱風、2001 年納莉颱風、2005 年龍王颱風、2007 年柯羅莎颱風、2013 年蘇力颱風、2015 年蘇迪勒颱風、2016 年梅姬颱風、2017 年海棠颱風、2019 年利奇馬颱風。這些颱風致災之後，究竟我們是以何種方式，重新思考治水的問題？

　　根據行政院「0823 中南部水災之治水機制專案報告」，論及面對大自然的威脅，除了謙卑面對之外，我們也要精進各項策進作為，包括（行政院，2018：10-15）：強化天氣及豪雨預報及預警的精準度；因應環境變遷滾動檢討工程效益，持續完成相關水利建設；提高國土韌性讓臺灣永續發展；健全調整防災體系；運用智慧創新科技，整備防救災及預警能量。不過行政院的相關因應措施，多數都是植基於理工面向，強調人定勝天的概念。

　　面對超過防洪標準設施的雨量，就政府治水的實況而言，例如：加高堤防、建置抽水站、添購抽水機、加速疏浚、強化重力排水、高地與低地分洪、沿海地區第二道防線、濱海地區排水拓寬加高、滯洪池配合抽水平台、加強潟湖與沙洲復育等策略（曹婷婷、潘建志、劉宥廷，2018）。惟因工程設計與施作有其極限，如果只是希望採取工程方式突破極限，可能不符合成本效益原則；而且此類工程容易形塑出居民安全感之假象，導致人口往淹水潛勢區集中，但事實上卻可能只是將災難延後與擴大。

　　事實上，水患風險治理能力與都市治理之間具有交互作用的關係。水患風險治理能力的培養，有助於都市治理的過程與成效；而都市治理的人文面向，則提供因水患受創的都市，關於減緩與調適之思維模式。水患風險治理是都市治理所須具備的一項核心能力，缺乏水患風險治理能力的

培養，都市治理的成果可能毀於一旦；特別是因都市治理是一個須要永續
經營的動態過程，若都市缺乏水患風險治理的能力，將無法應付水患來臨
時，所要面對多元複雜的問題。

　　由於近年來的水患災害頻傳，下雨地點從山區往平地挪移，災害也從
土石流變成都市淹水（朱淑娟，2019）。甚且，從多次的都市水患個案發
現，強降雨常超出人為水利設施抗洪的範圍。因此，實需在硬體的水利工
程之外，以「軟硬兼施」的思維，同步採取非工程措施，並關注民眾對於
水患風險的態度與作為，希冀提升都市水患風險治理的韌性。

　　以「韌性」的定義而言，普遍認為是系統能夠吸收外界干擾的能力
外，可以保持一定的功能；受到外界干擾之後能夠透過學習、再組織而回
到新的平衡；能夠減低損失的機會，並快速恢復正常功能；此外，包含軟
體（技術、知識）、硬體（設備、體制）於衝擊後能夠恢復的速度與程度
（潘穆蓉、林貝珊、林元祥，2016：57）。而本書從人文面向的角度，分
析與都市水患風險治理相關之公民參與、環境正義、調適行為和風險溝通
等主題，並探索前述主題的現況與阻礙。本章以下將對應本書在前述主題
中之研究發現、政策意涵，以及後續研究建議，分節予以說明。

第一節　理論與實務的對話

　　以現有與都市水患風險治理相關的文獻檢視，大多數是從災情檢討、
計畫內容、工程技術、政府組織等相關面向進行分析，但似乎相對較少檢
視民眾的觀點。倘若都市水患風險治理能參酌由下而上的觀點，從人文社
會的角度提供政策建議，方能更為周全地達成都市水患風險治理的目標。

　　由於都市經常面臨水患所致的風險，因此如何減緩與調適之治理方式
相形重要。本書第二章藉由引介與比較國際間較為重要的都市風險治理架
構之後，擇定以 IRGC 風險治理架構為基礎，依照預先評估、風險衡量評
估、風險特徵之描述和評估、風險管理、風險溝通等五個面向，並以民眾
的角度聚焦於該面向之重點，作為本書各章節之依據。

壹、預先評估與公民參與

當一個都市遭遇水患問題之際，就 IRGC 整合性架構的「預先評估」面向，應該準備建構、預警和處理風險等工作。由於公民社會的成員皆同處該環境系絡之中，除了聽取政府部門、專家學者、非政府組織的意見之外，並應讓各方利害關係人皆能參與，得以瞭解與風險有關的各種意見和策略，更希望不同見解能夠影響如何界定風險與相關決策，以減緩或調適水患所帶來的影響；在此參與過程中，也希望提升民眾對於風險的認識。因此本書第三章主要關注於隨著公共治理與民主社會的發展，民眾日漸提升的風險意識，能否激發公民參與環境事務的意願與行為。根據調查結果顯示，由於受到都市水患風險的影響，民眾產生對其之風險意識，進而使得民眾有積極的公民參與行為，惟仍須考量「參與者選擇」、「溝通與決策」、「權威與權力」等因素，對於公民實際參與的影響。

貳、風險衡量評估與都市比較

在瞭解公民參與都市水患風險治理的現況之後，為進行「風險衡量評估」，要瞭解評估風險的技術和因果關係，應盡可能蒐集與風險特徵、評估與管理相關的知識和工具，以決定如何採取風險管理的措施。惟在風險衡量評估過程中，須觀察不同行為者如何與為何界定風險，以及採取何種預防、減緩、調適或轉移風險的因應行為。而前述之探討過程，無法僅憑純粹的科學技術與工具，還須透析評估標的所在之社會與環境系絡。

據此，風險衡量評估相當強調社會系絡及其與環境等因素的相互影響，是否進而影響個人和社會的風險意識與相關行為。為比較不同社會背景要素的影響，本研究選定常見水患災害的臺南與曼谷，分析這兩個都市的民眾，在同樣面對水患災害時，其風險意識、風險溝通與調適行為之現況。根據研究結果顯示，兩個都市民眾於風險意識、風險溝通與調適行為等面向，由於生活習慣、淹水程度、自身利益與資訊獲得等因素之影響，確實存有其異同之處。

參、風險特徵的描述和評估與環境正義

在「風險特徵的描述與評估」面向上，IRGC 強調須將風險評估結果
與具體標準進行比較，特別應考量道德、規範和社會價值觀等因素，因此
於第五章以問卷調查與地理資訊系統等方法，檢視不同群體的民眾，對於
都市水患風險中環境正義的認知是否存在差異，並瞭解社會脆弱族群位於
災害潛勢區之分布現況。本文根據問卷結果，彙整出環境正義三個構面：
「充分資訊的權利」、「民主的參與及社區的團結」與「行為偏好與決
策」，也發現不同個人背景因素，會影響其對於環境正義的觀點。此外，
以地理資訊系統（GIS）分析淹水潛勢區的圖資與社會脆弱族群之屬性資
料，發現各種社會脆弱族群皆有不同程度之空間群聚現象。

肆、風險管理與調適行為

在 IRGC「風險管理」的面向中，除了包括策略方案的產生之外，尤
須關注民眾自己決定和採行因應風險所需的行動和管理方案。而且民眾於
面對都市水患風險時，可能會產生風險意識，進而產生因應的調適作為。
本書第六章藉由問卷調查的方法，探詢不同群體的風險意識與調適作為之
關係及差異，研究結果顯示風險意識確實會正向影響調適行為。進一步分
析個人變項後，發現工作現況、曾參與水患防災教育課程與相關宣導活
動、具有保全對象身分、曾有水患損失經驗者，對於調適行為上有相當程
度之影響。其次，以深度訪談得知，無論從「風險評估」之「感知可能性」
與「感知嚴重性」面向，或是「調適評估」之「認知的調適行為效能」、
「認知的自我效能」與「認知的調適行為成本」面向，都是可能會影響民
眾是否採取調適行為的影響因素。

伍、風險溝通與溝通差異

面對水患風險時，民眾常會須要獲得相關資訊，IRGC 即主張整合性

風險治理架構中須包含風險溝通。不過，雖然學理上認為應該採取開放、透明和包容性的風險溝通，但可能因不同民眾對於風險災害的認知不同而有所差異，因此本書第七章即希冀以問卷調查與 GIS 之研究方式，分析風險意識與風險溝通之關係，結果發現風險意識確實會影響風險溝通；政府官員與一般民眾之間、不同行政區之間，皆存有風險意識與風險溝通程度的差異。為探詢造成前述差異性之原因，本文繼之採取焦點座談，發現影響民眾風險意識的在地性因素；為減少這些因素的影響，應該針對不同受眾採取不同的溝通方式與管道。

陸、對於理論的回饋與反思

以本書各章重點觀之，主要包括：公民參與、環境正義、調適行為與風險溝通。若以上開與都市水患風險治理相關的主題而言，藉由風險溝通的管道，向不同利害關係人傳遞水患資訊，會強化其採取調適行為的可能性；一旦民眾為因應水患風險而採取調適行為，或許會希望瞭解調適行為及其對應之水患風險策略是如何制定，甚至是參與界定風險與相關決策的過程；透過公民參與都市水患風險治理的過程，事實上是與環境正義中的程序正義有關。故而，即使 IRGC 架構中的面向原本是各自獨立，但在都市水患風險治理的研究主題之中，彼此之間是具有其關連性。

不過，IRGC 架構的基本假定，是社會與組織皆已發展出執行各風險面向所須具備的制度和組織能力。當然這是此架構最為理想的態樣，卻忽視都市水患風險治理中所遭遇的現實問題（IRGC, 2005: 58）。例如：在公共事務的場域中，部分行為者想要藉由風險獲致利益，有些行為者希望對於風險避而不談，而多數民眾可能只想降低風險的影響。由此可知，並非所有人對於都市水患風險治理具有共同的目標。

故而，若希望以 IRGC 的架構為基礎探討水患風險，可能必須加入相關主題之分析。例如：各級政府如何看待水患風險治理？現行都市水患風險治理的法令規章有無疏漏之處？利害關係人遵守法令規章的實況為何？都市水患風險治理所需的資訊、經費與技術是否足夠？對於各利害關係人

於都市水患風險治理方面的教育與資訊傳遞是否普及？各利害關係人形成的社會網絡和跨域管理，影響都市水患風險治理的範圍與程度為何？

第二節　政策意涵

　　具備韌性的都市，是知道自己資源與限制之所在，並善加利用和管理資源，俾便照顧都市的每一個利害關係人，而在面對重大變遷必須採取轉變之際，也同時能尋找到妥適的方案（李長晏、李玟憲，2015：29）。因此本書討論在都市水患風險治理過程中的公民參與、都市比較、環境正義、調適行為與風險溝通，特別是從風險治理的人文社會面向進行分析。植基於各章主題的討論，筆者認為都市水患風險治理，須要以環境正義為思考核心，因應地方社會脈絡制定與執行客製化的政策方案，鼓勵當地民眾的多元參與，盡其所能的採取調適行為和風險溝通。以下將根據本書研究討論的結果，提供政策建議。

壹、避免社會排除的公民參與

　　由於都市水患風險的影響，民眾產生對其之風險意識，進而使得民眾有積極的公民參與行為。於第三章發現個人風險意識和公民環境參與行為間的關聯性，也發現除了個人變項之外，Fung 民主立方體理論提及的「參與者選擇」、「溝通與決策」、「權威與權力」等三要素，都會影響民眾實際參與都市水患風險治理的可能性。

　　根據本章之研究結果，發現其實在都市水患風險治理中，存在著社會排除的因子，導致部分民眾受限於類似玻璃天花板的條件，無法達到如部分倡議公民參與的學者所主張普羅大眾皆參與的境界。社會排除可能是肇因於經濟地位或社會關係，也正因為社會經濟弱勢與缺乏參與存在著關聯性，若能增加被社會排除群體的參與和資源近用性，應可增加民眾對於政府的信任（許立一，2004：84）。

有鑑於此，筆者建議政府在進行都市水患風險治理之際，應盤點現有的治理機制，檢視與削減造成社會排除的有形或無形條件；並藉由學校與社會的環境教育管道，傳遞正確的事實與觀念。具備前述要件之後，審酌適當的公共議題，正向鼓勵與擴大公民參與的機會和範疇。

貳、重視在地脈絡

臺南與曼谷民眾對於水患風險治理的風險意識、調適行為或是風險溝通的態樣大相逕庭，即使是在該都市內部也存有差異性。然而比較之結果，不宜判斷孰優孰劣，而應解釋為因不同都市之間或其內部，各有其發展的自然與人文脈絡。

正由於都市發展涉及土地使用、文化、水文條件、生活環境、地形、住宅、河岸生態、社經狀況、空間、水患經驗、基礎設施、聚落、歷史等在地脈絡的紋理，故而進行都市水患風險治理時，必須考量上述各項因素，將有助於減低未來水患治理時可能遭遇之阻力。

再者，無論是政府官員、專家學者或是非營利組織，為瞭解決水患風險的問題，除了須努力學習專業的水利知識之外，也應向在地居民請益，方能以更為長期、多元的角度，設計出較能達成都市水患風險治理的方案內容。

參、以環境正義為基礎

在都市水患風險治理中經常倚重水利專家和學者意見，相對較為忽視在地民眾的脆弱實況。因此本書於第五章試圖釐清脆弱族群與淹水潛勢區在空間上的關係，希望瞭解社會與自然脆弱性的連結。

民眾如果有社會或經濟能力，會基於趨吉避凶的理性考量，希望搬離高淹水潛勢區；如果民眾遲遲並未遷移，可能是基於其他因素或是沒有選擇的選擇。如同全球調適委員會（Global Commission on Adaptation, GCA）（2019: 12）指出，要避免「氣候種族隔離」（climate apartheid），政府當局應該基於聞聲救苦的服務精神，實地瞭解民眾的想法，並據以作為擬定都市水患風險治理方案之原則。

甚且，由於個人背景條件實存之殊異性，社會結構中的脆弱性亦有所不同，建議政府基於環境正義的觀點，針對不同個案之差異性，瞭解水患對其所造成的衝擊；其次，政府應瞭解環境系絡的變遷，以及對於脆弱族群的影響程度；再者，政府應探詢都市水患風險治理的政策方案，是否如預期對於脆弱族群產生正向效果。此外，政府應該因地制宜，放寬對於社會脆弱族群的補償標準，避免一體適用，以強化在淹水潛勢區域中脆弱族群的調適能力。

肆、軟硬兼施的調適行為

隨著水患發生的頻率增加，根據行政院（2018：12-13）在「0823 中南部水災之治水機制專案報告」中提及：「建構一個『不怕淹水』具備韌性耐災的環境」、「透過轉移淹水區位及建構防災生活通道的手段，如公園綠地、學校操場高程的降低產生微型滯洪空間、易淹水區位道路與人行道的高程調整等」、「高地截流、低地蓄洪、村落防護設施等，降低嚴重地層下陷地區的淹水風險與時間」、「利用土地高程管理或建築設計手段，訂定洪水基準高程」、「增加公共設施蓄洪空間，如採用透水鋪面、道路分隔島及公園綠地滯洪等，減輕雨水下水道系統排水負擔」、「藉由聚落旁農田降挖或魚塭堤加高方式，增加蓄洪空間」。不過仔細檢視前述之治水方案，雖然並非過去常見的堤防或排水等設施，但本體仍是採取工程方式希望解決水患問題。

事實上，政府之所以採取水利工程，乃是因為降雨、蒸發散、截流量、入滲、土壤水、地下水及河川逕流等水文系統，影響到人類的生活與生存。如果人類並未處於水文系統影響的區域，是無須採取因應行動；但若要與水爭地，勢必會遭遇水患的風險，因此長期以來都試圖透過堤防、水庫、排水系統等工程設施，避免因為水患所造成的不便與傷害。

惟因工程設施有其侷限性，亦即水文系統不能超過設計標準；再加上

近來降雨的強度與範圍更甚以往，致使原有工程水源涵養能力不斷受到挑戰。正由於硬體的治水工程有其極限，政府應考量兼採軟性的防災策略。軟性的治水政策，例如：提高風險意識、增加資訊能力、強化自救能量、加強溝通效能等。若能使得軟硬兼施的多元治水方案相互配合，將得以有效地減輕災害損失。

伍、推動雙向式風險溝通

　　政府對於水患相關政策或防災策略，試著透過學校、媒體、民間團體、社區及村里等加強宣傳相關水患資訊，希望達到防減災的成效。但目前政府之各種溝通方式，大多仍是屬於單向資訊傳遞與政令宣導等制式的溝通內容。特別應注意風險溝通絕非是風險公關，並不是資源運用於公關、運用高明的話術，來進行單向的公眾說服（杜文苓，2015：217）。部分民眾覺得傳統政府風險溝通的傳遞方式與資訊豐富度應再加強，以免政府的溝通事倍功半、適得其反。

　　在採取雙向溝通之前，政府得先確認參與溝通的利害關係人具有溝通的意願；各方都必須釋出善意，提供必要的資訊、減少資訊不對稱的差異程度，甚至是政府必須以開放的心態，願意分享決策權力或參採民眾意見（李翠萍，2012：238），以強化其他利害關係人繼續進行風險溝通的意願。

　　為考量公民參與機制的要求，建議未來風險溝通應從「傳遞」轉變為「對話」的雙向風險溝通模式，盡可能反映出不同利害關係人的利益和價值觀，但須同步考量管道、對象、內容與情境等風險溝通因素。以溝通管道而言，社群軟體有助於運用多元方式進行風險溝通，但亦應考量數位落差、在地性等社會背景與條件之限制。政府可以考慮與具有地方常民知識的社會團體合作，對於水患中的不同群體，提供客製化的防災訊息與建議。其次，讓民眾充分地瞭解在地水患之嚴重性，增加水患相關資訊的可及性，盡量減少民眾蒐集資訊之時間成本。甚且，並非每種風險溝通情境皆適合雙向溝通，尤其是災時的緊急應變，單向式的風險溝通模式，恐將

更為適合因應時間壓力（許耿銘，2019：68）。

第三節　在未來的下一章開始之前：後續研究建議

　　政府針對易淹水地區所採取的水利工程，於一定程度之內應該是可以減少水患程度與發生機率。不過若實際的降雨強度超過現有防洪設計的保護標準時，仍可能出現水患風險。因此水利工程對抗水患不等同於韌性的表現，如果過度依賴水利工程，可能未蒙其利、先受其害。主要是因為沒有水患經驗的民眾，可能不具有風險意識，沒有在承平時期預作準備，在水患真正來臨之際，就無法有妥當之調適行為。有鑑於此，韌性都市絕非「不淹水」，而是要建構出「不怕水淹」的都市（廖桂賢，2017）。為了能夠建構更具有因應水患風險的韌性都市，筆者對應本書之探索主題，分別提出後續可供進一步研究之主題建議。

壹、增加公民參與的可及性

　　本書第三章於結論之處，曾論及現行公民參與之限制，並將其以「公民社會的結構」比擬為「玻璃天花板」所造成之現象。惟因其非該章的論述重點，僅作為文末之省思。事實上，公民參與的社會排除，是在 2007年 Levitas 等多位學者試圖建構社會排除矩陣（Bristol Social Exclusion Matrix），以呈現社會排除的多面向性及其強調動態關係的其中一種類別。

　　「社會排除」（social exclusion）在歐洲自 1960 年代起即開始成為議題，到了 1980 年代出現連續性的政治與社會危機之後，社會排除即被視為社會弱勢的一種形式（Silver, 1994）。學者將社會排除定義為多面向的匱乏，是某些個人、群體、區域或國家，因無法或只能部分參與經濟、政治與社會上的關鍵活動，而逐漸被邊緣化或被排除的過程（朱柔若、孫碧霞，2008：109；張菁芬，2010）。視為被社會排除的群體，包括社會邊

緣者（如：失能者）、不穩定工作者、長期失業者、弱勢家庭與喪失社會地位者等。Silver（1994: 539-544）即指出，社會排除的意義，會隨著國家政治脈絡、意識型態、社會文化、公共議題的觀點，而有不同的社會排除界定與對抗社會排除的策略。

若以本書之水患風險治理的主題而言，Jha（2015）以比哈爾（Bihar，位於印度北部）之科西（Kosi）地區發生大規模水患之個案研究，發現水患造成的災難不是偶然的發生或中斷，而是與社會排除有關。在社會邊緣化的背景下，水患使得脆弱族群在救災和復原的過程，不只強化社會排除的現狀，更進一步加劇結構性的不平等。在復原過程中，多數的救援物資被上層社會的民眾所占用，使脆弱族群遭受排除，並被迫生活在更加脆弱的環境中。

由於在制度規範與實務運作中，透過歧視或高壓方式所致的社會排除，將使得部分民眾在水患之中是處於不平等的地位，因此實須進行社會排除相關主題的研究。此類主題的研究，不僅是對於社會排除現象的探析，更應著重於如何化解具有社會排除性質之政策，增加公民參與的可及性。甚且，公共事務領域近來倡議的「社會資本」，是隱含社會排除的成分，主要是因為某一個群體的結社，往往必須排除或犧牲其他成員的參與（Woolcock & Narayan, 2000: 231; Fukuyama, 2001: 8; Aldrich, 2012；何明修，2007：35）；而此一反思觀點之提醒，亦須從事此議題研究與實務之先進審慎參酌。

貳、風險治理的公共事務系絡

筆者於臺南與曼谷進行訪談時，兩市的受訪民眾皆有提到政治與政黨因素，對於都市水患風險治理的影響，也可能會造成政策變遷的問題。受訪者認為倘若政府部門可以減少政治面向之考量，確實以在地整體性的觀點，重新盤點現行治水的各種計畫方案，俾利民眾減緩與調適水患對其之影響。

事實上，不同都市良善的風險治理，必須取決於多元的重要條件，例

如：科學研究、系統知識、採納原則、解釋框架、法定程序、組織文化、社會脈絡等，即使相同的風險資訊交由不同的風險管理單位分析，研判結果或預擬策略可能會大相逕庭。

此外，在考慮現代社會中的環境風險時，許多因素都具有其影響力。例如政府、企業、民間等行為者，及其與政治、經濟、社會、文化等因素的互動關係，都會影響風險治理。正因為不同的影響因素，會促成不同的風險治理態樣，所以應該廣為蒐羅更多都市水患風險治理的個案，再據以進行類型化的探析。

參、脆弱族群之指認

先前公共事務的相關文獻中，相對較少專門討論都市水患風險治理之脆弱族群的問題；即使須探究脆弱族群的類型，亦經常仰賴西方的文獻。如果從西方文獻檢視脆弱族群，主要指涉的是年長、年幼、原住民、婦女、中低收入戶以及某些特殊群體。但在實務面向上，這些群體真的是脆弱族群嗎？

以臺灣近年來遭遇之水患或地震為例，可以看得到小朋友按照過去訓練的經驗，依照師長指示採取避難行動，反而是大人們遇到災害來的時候，未必遵循過去接受防災教育時所接受到的資訊採取必要的避難措施，卻常見在第一時間以手機、電腦確認災害資訊或是張貼災害文。

其次，如原住民過去被認為是弱勢族群，但他們是不是真的屬於弱勢呢？以過去的研究經驗來看，原住民有自己文化上防災的經驗和方法，例如颱風草；而曾有一個原住民部落，由政府補助設置之科技型防災預警系統，在災害來臨之際並沒有發揮真正的功能，反而是社區裡面的狗兒聽到異常的聲音，以狂吠的方式提醒部落的民眾逃難。

再者，從文獻中我們認為中低收入戶可能是水患中的脆弱族群，但在筆者進行深度訪談時，曾邀約一位屬於經濟弱勢的受訪者，其表示雖然經濟拮据，一旦水患來臨時，會根據過去的經驗採取必要的防減災行動，而且也因為經濟之故家產有限，水患所致的財損也相對不多，並不認為自己

是脆弱族群。

　　故而，究竟在水患中誰是脆弱族群？是誰來認定？依照西方文獻所歸類的項目，是否就能適用在臺灣本土的個案研究上？其實都是值得後續研究，依照不同風險類型，再行確認脆弱族群之內涵。

肆、成本考量之知行合一

　　根據學者的研究，除了大規模的防洪設施之外，也應重視個人及家戶採取的水患調適行為（O'Neill et al., 2016）。個人及家戶採取防減災之相關行動，例如：堆疊沙包、備妥避難包、設置防水閘門、減少地下室使用、墊高房屋、拆遷、整地、重新建構基礎設施、投保颱風洪水險等。為了執行這些工作，皆可能須負擔一定金錢成本。但 Botzen、Aerts 與 van den Bergh（2013）發現個體若低估災害造成損害之可能性，會因而決定不想支付任何成本。

　　葉欣誠、陳孟毓、于蕙清（2017）認為雖然一般民眾對於水患會感受到威脅，也知道改善環境須付出金錢成本，但要實際支付代價之接受度則相對較低。如果民眾基於理性自利的考量，且無法獲得及時的效益，而不願意負擔成本，若又沒有集體採取支付行為，將導致支付意願更為降低（Harrison & Sundstrom, 2007: 1; 施奕任、楊文山，2012）。

　　現階段臺灣社會對於採取水患調適行為須支付相關費用，出現不同面向考量的態樣。甚且，部分民眾認為災害的保護責任在於政府，因此較不具有支付意願（Bichard & Kazmierczak, 2012）。故而，民眾面對水患須採取調適行為時，是否有支付意願？程度為何？有哪些考量因素？是值得進一步探詢的課題。

伍、多元面向之風險溝通

　　在水患所帶來的嚴重性越趨明顯的前提下，政府如能藉由風險溝通給予民眾水患的相關資訊，方能使民眾於水患發生前做好防災準備。風險

溝通者應提供完整且正確的風險資訊，並瞭解訊息接收者所需要之風險資訊，透過妥適的訊息管道和內容，做為擬訂和執行方案之參考（Lindell & Perry, 2004）

　　風險溝通應包括溝通情境、溝通管道、溝通內容、溝通對象等面向。首先，在「溝通情境」面向上，風險溝通應該包含承平與災害發生階段；不過在面對災害之際，政府囿於時間壓力，得採取單向式的資訊傳遞，恐難如 Rollason 等學者（2018）建議採取參與式的雙向溝通。其次，在「溝通管道」方面，政府需考量透過多元管道，將資訊準確地傳達給不同受眾，使其有反映意見的多元機會；且應瞭解有哪些群體有數位落差的問題，影響其資訊蒐集行為之能力與成本，進而針對不同的群體，研究如何設計不同可及性的管道。再者，從「溝通內容」觀之，防災資訊應採親民、在地的方式呈現，將會讓民眾更容易清楚知悉災害的狀況。最後，針對不同「溝通對象」的受眾，需在風險溝通機制上有不同之設計，不應只有政府或具有專業知識的人才能擁有資訊，而需共同採取必要的防減災行為（許耿銘，2019：64-68）。

　　當民眾獲知水患風險的嚴重性，同時意識到其對於水患風險的知識不足時，將促使人們從事資訊蒐集之行為。為有效提升民眾的風險意識，政府在水患相關政策的溝通上，應透過更落實的教育宣導或發布正確的資訊。當民眾蒐集更為完整的資訊時，將可能更有意願和能力參與風險溝通。

參考文獻

一、中文部分

中央社（2019）。間歇強降雨 各地傳零星積水災情，2019 年 8 月 21 日，取自：
　　https://www.cna.com.tw/news/aloc/201906110210.aspx。

中央研究院（2011）。因應氣候變遷之國土空間規劃與管理政策建議書（中央研究
　　院報告 No. 007），未出版。

中央氣象局（2017）。觀測資料查詢，2017 年 2 月 20 日，取自：https://e-service.
　　cwb.gov.tw/HistoryDataQuery/index.jsp。

中央氣象局地震測報中心（2018）。有關「災防告警細胞廣播訊息系統」（PWS）
　　與氣象局地震相關資訊之說明，2019 年 1 月 18 日，取自：https://www.cwb.
　　gov.tw/V7/news/Upload/PWS_Earthquake1070201.pdf。

內政部（2017）。災害防救深耕第 3 期計畫，2019 年 8 月 1 日，取自：http://
　　pdmcb.nfa.gov.tw/introduction/show/111。

內政部消防署（2015）。災害預警與無線廣播通報系統，2019 年 7 月 31 日，取自：
　　2015https://www.nfa.gov.tw/cht/index.php?code=list&flag=detail&ids=21&article_
　　id=434。

內政部消防署（2017）。防災士培訓，2019 年 7 月 19 日，取自：http://pdmcb-
　　achievement.nfa.gov.tw/dp/intro。

內政部消防署（2019）。臺灣地區天然災害損失統計表，2019 年 8 月 30 日，取自：
　　https://www.nfa.gov.tw/cht/index.php?code=list&ids=233。

內政部營建署（2019）。計畫簡介，2019 年 7 月 26 日，取自：http://iufm.cpami.
　　gov.tw/begin。

水利署（2018）。加速全面推動逕流分擔，2019 年 2 月 2 日，取自：https://www.
　　moea.gov.tw/MNS/populace/news/News.aspx?kind=1&menu_id=40&news_
　　id=81167。

王永慈、游進裕、林碧亮（2013）。淹水對沿海地層下陷區之貧窮家庭的社會影
　　響－以臺灣西海岸漁村為例。臺灣社會工作學刊，（11），81-113。

王玉樹（2018 年 8 月 26 日）。10 年千億預算 綁樁多於治水。中時電子報，2019
　　年 7 月 18 日，取自：https://www.chinatimes.com/newspapers/20180826000430-

260102?chdtv。

王俊秀（1998）。新竹市「檳榔景觀」的調查與分析：「環境正義」的觀點。**國立臺灣大學建築與城鄉研究學報**，（9），23-31。

王思樺、黃書禮、李叢禎、蕭儀婷（2016）。都市能源使用 CO2 排放變動趨勢之降尺度分析－以臺北都會區與高雄市為例。**都市與計劃**，**43**（4），369-394。

王景平、廖學誠（2006）。公共電視「我們的島」節目中環境正義與媒體地方感之分析：以「斯土安康」影集為例。**地理研究**，（44），1-21。

丘昌泰（2010）。**公共政策：基礎篇（第四版）**。高雄：巨流圖書股份有限公司。

外交部（2014a）。「聯合國氣候變化綱要公約（UNFCCC）」基本資料，2019年 11 月 18 日，取自：https://www.mofa.gov.tw/igo/cp.aspx?n=9157634B03B0E393。

外交部（2014b）。巴黎協定，2019年 11 月 18 日，取自：https://www.mofa.gov.tw/igo/cp.aspx?n=5BCEFD9636EDFFE4。

石忠山（2015）。後國族時代的民主與法律－哈伯瑪斯政治思想的若干反思。**人文及社會科學集刊**，**27**（1），89-133。

石慧瑩（2017）。論環境正義的多元涵義。**應用倫理評論**，（63），101-122。

石慧瑩（2018）。環境正義理念的發展脈絡。**哲學與文化**，**45**（5），163-178。

石慧瑩、劉小蘭（2012）。由環境正義觀點看美濃反水庫運動。**客家公共事務學報**，（6），81-106。

立法院預算中心（2010）。中央政府易淹水地區水患治理計畫第 3 期特別預算案審查報告，2019年 9 月 1 日，取自：https://www.ly.gov.tw/Pages/List.aspx?nodeid=8514。

朱元鴻（1995）。風險知識與風險媒介的政治社會學分析。**臺灣社會研究季刊**，（19），195-224。

朱柔若、孫碧霞（2008）。對抗社會排除：歐盟政策檢討。**國家與社會**，（5），99-157。

朱淑娟（2019）。莫拉克十周年，不同類型的大雨依然是困境，2019年 8 月 21 日，http://shuchuan7.blogspot.com/2019/01/blog-post_22.html。

行政院（2018）。施政方針與報告－ 0823 中南部水災之治水機制專案報告，2019年 2 月 24 日，取自：https://www.ey.gov.tw/Page/5C208DA85C814C47?page=1&K=0823&M=S。

行政院（2019）。前瞻基礎建設計畫－奠定未來 30 年國家發展根基，2019年 7 月 18 日，取自：https://www.ey.gov.tw/Page/5A8A0CB5B41DA11E/9cf2eef1-e2d2-4f37-ba6e-9498deb422b4。

行政院主計總處（2019）。中華民國統計地區標準分類，2019年 8 月 20 日，取自：

https://www.stat.gov.tw/ct.asp?xItem=955&ctNode=1313。

行政院經濟建設委員會（2012）。**國家氣候變遷調適政策綱領**。臺北：行政院經濟建設委員會。

行政院環保署（2019）。**國家氣候變遷調適行動方案（107-111 年）核定本**。臺北：行政院環保署。

何明修（2007）。公民社會的限制－臺灣環境政治中的結社藝術。**臺灣民主季刊，4**（2），33-65。

吳明全（1998）。維護環境正義推行綠色運動－臺灣生態環保當前課題。**環耕**，（12），48-51。

吳杰穎、邵珮君、林文苑、柯于璋、洪鴻智、陳天健、…薩支平（2007）。**災害管理學辭典**。臺北：五南圖書出版股份有限公司。

吳統雄（1984）。**電話調查：理論與方法**。臺北：聯經出版。

吳德榮（2019 年 8 月 13 日）。台南雷雨釀大淹水。三立新聞網，2019 年 8 月 21 日，取自：https://www.setn.com/News.aspx?NewsID=585020。

呂大慶（2016）。疏散撤離執行與避難收容處所規劃管理，2019 年 9 月 16 日，取自：https://dop.nantou.gov.tw/api/file/download/59d05d3578a77f6d6c162ace。

李永展（1995）。**環境態度與環保行為－理論與實證**。臺北：藝達康科技事業有限公司。

李永展（2006）。環境正義與生物多樣性的共生策略－達娜伊谷案例分析。**建築與規劃學報，7**（1），19-45。

李永展、何紀芳（1999）。環境正義與鄰避設施選址之探討。**規劃學報**，（26），91-107。

李宗勳（2015）。災防的韌性治理與風險分擔之關聯及實證調查。**中央警察大學警察行政管理學報**，（11），1-20。

李欣輯、楊惠萱、廖楷民、蕭代基（2009）。水災社會脆弱性指標之建立。**建築與規劃學報，10**（3），163-182。

李河清、張珍立（2006）。環境正義之死？世界保育組織的問題與挑戰。**應用倫理研究通訊**，（37），38-42。

李長晏（2007）。**邁向府際合作治理：理論與實踐**。臺北：元照出版公司。

李長晏、李玟憲（2015）。韌性治理與環境永續：以中科三期開發為探討個案。**中國地方自治，68**（12），22-37。

李柏昱（2014）。因應氣候變遷，都市淹水防治策略三加一，2019 年 7 月 20 日，取自：https://scitechvista.nat.gov.tw/c/sZWh.htm。

李翠萍（2012）。**褐地重建政策分析：社區能力的觀點**。臺北：五南圖書出版股份有限公司。

李翠萍（2018）。褐地社區修復式環境正義的興起、實作、與條件－美國南卡州斯巴坦堡社區重建政策之個案分析。公共行政學報，（55），73-108。

杜文苓（2006）。挑戰晶片：全球電子產業中的勞工權與環境正義。公共行政學報，（21），179-184。

杜文苓（2015）。環境風險與公共治理：探索臺灣環境民主實踐之道。臺北：五南圖書出版股份有限公司。

杜文苓、施麗雯、黃廷宜（2007）。風險溝通與民眾參與：以竹科宜蘭基地之設置為例。科技、醫療與社會，（5），71-110。

杜文苓、陳致中（2007）。民眾參與公共決策的反思－以竹科宜蘭基地設置為例。臺灣民主季刊，4（3），33-62。

周少凱、許舒婷（2010）。大學生環境認知、環境態度與環境行為之研究。嶺東學報，（27），85-113。

周桂田（2005）。知識、科學與不確定性－專家與科技系統的「無知」如何建構風險。政治與社會哲學評論，（13），131-180。

周桂田（2013）。全球化風險挑戰下發展型國家之治理創新－以臺灣公民知識監督決策為分析。政治與社會哲學評論，（44），65-148。

林子倫（2005）。後京都時代的城市角色：全球化與在地化之關鍵節點，2018年12月19日，取自：http://e-info.org.tw/special/wed/2005/we05061001.htm。

林永富（2018年9月3日）。世行：曼谷2030年近四成土地恐被淹。中時電子報，2019年01月12日，取自：https://www.chinatimes.com/realtimenews/20180903002069-260408。

林冠慧、吳珮瑛（2004）。全球變遷下脆弱性與適應性研究方法與方法論的探討。全球變遷通訊雜誌，（43），33-38。

林國明（2009）。國家、公民社會與審議民主：公民會議在臺灣的發展經驗。臺灣社會學，（17），161-217。

林新沛（2012）。氣候變遷政策接受度：以保護動機理論、責任感和主觀替案效果預測。國科會專題研究計畫（編號：NSC 100-2410-H-110-053），未出版。

邱文彥（2006）。海洋新倫理跨世代的環境正義。應用倫理研究通訊，（37），24-27。

邱皓政（2010）。量化研究與統計分析：SPSS(PASW)資料分析範例解析（第五版）。臺北：五南圖書出版股份有限公司。

施奕任、楊文山（2012）。氣候變遷的認知與友善環境行為：紀登斯困境的經驗測試。調查研究-方法與應用，（28），47-77。

柯于璋（2008）。土地使用減災工具之政策規劃可行性評估：模糊德菲層級法之應用。行政暨政策學報，（47），57-90。

洪瑞琴（2016 年 7 月 16 日）。臺灣第 1 個官方 LINE「祖師爺」在台南年省 700
　　萬。**自由電子報**，2019 年 7 月 31 日，取自：https://news.ltn.com.tw/news/life/
　　breakingnews/1765078。

洪鴻智（2002）。科技風險知覺與風險消費態度的決定：灰色訊息關聯分析之應
　　用。**都市與計畫**，**29**（4），575-593。

洪鴻智（2005）。科技鄰避設施風險知覺之形成與投影：核二廠。**人文及社會科學
　　集刊**，**17**（1），33-70。

洪鴻智、王翔榆（2010）。多元性區域環境風險評估：以陽明山國家公園為例。**都
　　市與計劃**，**37**（1），97-119。

紀靖怡、葉美智（2015）。環境態度與低碳旅遊認知對參與低碳遊程願付價格之研
　　究。**島嶼觀光研究**，**8**（2），21-50。

紀駿傑（1997 年 11 月）。**環境正義：環境社會學的規範性關懷**。第一屆環境價值
　　與環境教育學術研討會，臺南。

紀駿傑、王俊秀（1998）。環境正義：原住民與國家公園衝突的分析。**山海文化雙
　　月刊**，（19），86-104。

紀駿傑、蕭新煌（2003）。當前臺灣環境正義的社會基礎。**國家政策季刊**，**2**（3），
　　169-179。

范玫芳（2012）。從環境正義觀點探討曾文水庫越域引水工程計畫。**臺灣政治學刊**，
　　16（2），117-173。

飛 馬（2011）。泰國水災為何這麼嚴重，2019 年 1 月 10 日，取自：http://
　　legendofflyinghorse.blogspot.com/2011/10/blog-post_30.html。

徐磊清、楊公俠（2005）。**環境心理學－環境、知覺和行為**。臺北：五南圖書出版
　　股份有限公司。

泰國觀光局臺北辦事處（2018）。歷史與地理，2019 年 9 月 19 日，取自：https://
　　www.tattpe.org.tw/About/Info.html?fbclid=IwAR0ZzRSNdZpmyJRGWDuEmPH8
　　EPHmByhy8teUpq4Bu5LMQhNoIJ1N5I3k9-U。

袁國寧（2007）。現代社會風險倫理之探析－臺灣颱風、洪水災害風險管理觀點。
　　亞太經濟管理評論，**10**（2），47-78。

馬士元、林永峻（2010）。**大規模災害弱勢族群救援撤離對策之研究**。內政部消防
　　署委託研究報告（編號：PG9903-0678），未出版。

國家災害防救科技中心（2015）。**2015-2030 仙台減災綱領**。新北市：國家災害防
　　救科技中心。

國家災害防救科技中心（2018）。疏散撤離，2019 年 7 月 18 日，取自：https://
　　easy2do.ncdr.nat.gov.tw/easy2do/2013-05-24-10-57-11/2015-06-04-08-16-51.html。

國家災害防救科技中心（2019a）。國家災害防救科技中心 LINE 官網訂閱人數突破

百萬－全災害、在地化、即時性之防災資訊服務，2019 年 7 月 31 日，取自：
https://www.ncdr.nat.gov.tw/Public_matters_Content.aspx?WebSiteID=5853983c-
7a45-4c1c-9093-f62cb7458282&id=1&subid=10&itemid=157&TypeID=39&News
ID=24146。

國家災害防救科技中心（2019b）。災防告警細胞廣播訊息，2019 年 7 月 31 日，取
自：https://cbe.tw/。

康世人（2019 年 7 月 2 日）。印度孟買豪雨成災 至少 27 人死亡 78 人傷。**中央通
訊社**，2019 年 8 月 30 日，取自：https://www.cna.com.tw/news/aopl/2019070203
46.aspx。

張文彬（2016）。從環境正義的觀點探討臺灣原住民狩獵與國家公園。**臺灣原住民
族研究，9**（3），91-134。

張志新、吳啟瑞、傅鏸漩、朱容練、陳怡臻、李洋寧、林郁芳、黃柏誠、朱吟晨、
傅金城（2011）。2011 年泰國洪災衝擊之探討。**災害防救電子報**，（76），1-25。

張沛元（2007 年 10 月 22 日）。東方威尼斯曼谷 20 年內變水世界？。**大紀元**，
2019 年 1 月 10 日，取自：http://www.epochtimes.com/b5/7/10/22/n1875153.htm。

張宜君、林宗弘（2012）。不平等的災難：九二一大地震下的階級、族群與受災風
險。**人文及社會科學集刊，24**（2），193-231。

張盈堃（2010）。批判教育學之於環境正義的探討。**教育學刊**，（35），1-30。

張菁芬（2010）。**臺灣地區社會排除現象分析：指標建構與現象分析**。臺北：松慧
文化有限公司。

教育部（2015）。表達、溝通與分享，2019 年 9 月 23 日，取自：https://cirn.moe.
edu.tw/WebContent/index.aspx?sid=9&mid=215

曹建宇、張長義（2008）。地震災害經驗與調適行為之比較研究－以台南縣白河、
台中縣東勢居民為例。**華岡地理學報**，（21），52-75。

曹婷婷、潘建志、劉宥廷（2018 年 9 月 23 日）。南高屏泡水體悟 臺灣需治水新思
維。**中時電子報**，2019 年 8 月 21 日，取自：https://www.chinatimes.com/news
papers/20180923000435-260118?chdtv。

莊慶信（2006）。臺灣原住民的生態智慧與環境正義－環境哲學的省思。**哲學與文
化，33**（3），137-163。

許立一（2004）。地方治理與公民參與的實踐：政治後現代性危機的反思與解決。
公共行政學報，（10），63-94。

許晃雄、郭鴻基、周仲島、陳台琦、林博雄、葉天降、吳俊傑（2010）。莫拉克
颱風科學報告，2019 年 1 月 2 日，取自：http://morakotdatabase.nstm.gov.tw/
download-88flood.www.gov.tw/MorakotPublications/%E6%9B%B8%E6%9C%A
C%E9%A1%9E%E6%AA%94%E6%A1%88/%E8%8E%AB%E6%8B%89%E5%

85%8B%E9%A2%B1%E9%A2%A8%E7%A7%91%E5%AD%B8%E5%A0%B1
%E5%91%8A.pdf。

許晃雄等（2017）。**臺灣氣候變遷科學報告 2017**。臺北：行政院國家科學委員會。

許耿銘（2014）。城市氣候風險治理評估指標建構之初探。**思與言：人文與社會科學雜誌，52**（4），203-258。

許耿銘（2017）。「公」民參與還是「供」民參與的能源轉型治理？。載於周桂田、張國暉（編），**轉給你看：開啟臺灣能源轉型**（171-186頁）。臺北：秀威資訊科技股份有限公司。

許耿銘（2019）。在水患風險中怎麼溝才能通？ "Rethinking Flood Risk Communication" 之再反思。**民主與治理，6**（1），61-70。

郭文達、林嫄瑛、高宏名、洪健豪、王豪偉、張雅琪、黃雅喬（2017）。天與水之歌：颱風來了你「災」嗎，2019年9月16日，取自：https://scitechvista.nat.gov.tw/c/sfIt.htm?fbclid=IwAR09jHTkAxDuvkTpkfxQVBRs56PLsRvYNWuBcnC5xr1DqdaUCVNQ_IF6XJU。

郭彰仁、郭瑞坤、侯錦雄、林建堯（2010）。都市與非都市計畫區社區居民參與環境改造行為模式之比較研究－以臺灣南部為例。**都市與計劃，37**（4），393-431。

陳文俊、陳建寧、陳正料（2007）。臺灣民眾與政府的環境正義認知：以高高屏三縣市傳染病防治認知為例。**臺灣政治學刊，11**（2），227-292。

陳可慧、李燕玲、張芝苓、李維森、陳宏宇（2016）。「仙台減災綱領」相對於科技發展之檢視與建議。**木土水利，43**（3），92-98。

陳秀芳（2012）。以批判思考教學實施國小兒童環境正義人權議題。**國民教育，52**（6），67-71。

陳東升（2006）。審議民主的限制—臺灣公民會議的經驗。**臺灣民主季刊，3**（1）：77-104。

陳亮全、林永耀、陳永明、張志新、陳韻如、江申、于宜強、陳仲島、游保杉（2011）。氣候變遷與災害衝擊。載於許晃雄、陳正達、盧孟明、陳永明、周佳、吳宜昭（編），**臺灣氣候變遷科學報告 2011**（頁311-356）。臺北：行政院國家科學委員會。

陳俞安（2019年8月15日）。台南淹水慘重 市府盡速勘災擬定補償方案。**聯合新聞網**，2019年8月20日，取自：https://udn.com/news/story/6656/3990540。

陳思利、葉國樑（2002）。環境行為相關因素之研究—以屏東縣國中學生為例。**環境教育學刊**，（1），13-30。

陳章波、謝蕙蓮、林淑婷（2005）。以海洋保護區為例，談環境正義之落實方案。**應用倫理研究通訊**，（36），35-46。

陳斯穎（2019 年 5 月 17 日）。暴雨淹水 9000 隻幼雞死亡 業者痛心無力估算損失。**聯合新聞網**，2019 年 8 月 21 日，取自：https://udn.com/news/story/7324/3819108。

陳順宇（2005）。**多變量分析（第四版）**，臺北：華泰文化出版社。

陳寬裕、王正華（2011）。**論文統計分析實務 SPSS 與 AMOS 的運用（第二版）**。臺北：五南圖書出版股份有限公司。

陳龍安、紀人豪（2013）。**建立我國推動防災教育策略之研究**。內政部消防署委託研究報告（編號：PG10203-0028），未出版。

彭春翎（2006）。從新竹科學園區焚化爐事件淺談鄰避現象與環境正義。**應用倫理研究通訊**，（37），49-56。

彭國棟（1999）。淺談環境正義。**自然保育季刊**，（28），6-13。

曾宇良、佐藤宣子（2015）。從環境正義與林地利用看臺灣與日本之林業政策。**土地問題研究季刊**，**14**（4），26-38。

曾敏惠、吳杰穎（2017）。水患自主防災社區風險溝通模式之探究。**災害防救科技與管理學刊**，**6**（1），1-22。

湯京平、簡秀昭、張華（2013）。參與式治理和正義的永續性：比較原住民的發展政策的創意。**人文及社會科學集刊**，**25**（3），457-483。

程進發（2005）。休謨論者的環境正義之道德哲學基礎。**應用倫理研究通訊**，（36），61-69。

童慶斌等（2017）。**臺灣氣候變遷科學報告 2017－衝擊與調適面向**。臺北：國家災害防救科技中心。

黃之棟（2011）。美國概念、台式理解：如果環境正義是所有問題的答案，那問題到底出在哪裡？。**空大行政學報**，（22），217-250。

黃之棟（2012）。環境正義繼受的比較研究：以英國和臺灣為例。**空大行政學報**，（24），114-137.

黃之棟（2014）。環境正義的治理：從美國法院判決看環境正義的自我指涉機制。**思與言**，**52**（3），159-199。

黃之棟、黃瑞祺（2009a）。正義的繼受：我們與美國人講的到底是不是同樣的「環境正義」？。**國家發展研究**，**9**（1），85-143。

黃之棟、黃瑞祺（2009b）。環境正義的經濟向度：環境正義與經濟分析必不相容？。**國家與社會**，（6），51-102。

黃之棟、黃瑞祺（2009c）。正義的本土化－臺灣對歐美環境正義理論的繼受及其所面臨之困難。**應用倫理評論**，（46），17-50。

黃東益（2008）。審議過後—從行政部門觀點探討公民會議的政策連結。**東吳政治學報**，**26**（4），59-96。

黃芳銘（2004）。**結構方程模式在教育資料應用之研究**。臺北：五南圖書出版股份有限公司。

黃俊儒、簡妙如（2010）。在科學與媒體的接壤中所開展之科學傳播研究：從科技社會公民的角色及需求出發。**新聞學研究**，（105），127-166。

黃書禮、李盈潔、李叢禎、周素卿、林子倫、張昱諄、…蔡育新（2018）。接軌「都市化與環境變遷」國際研究：台灣研究議題。**台灣土地研究，21**（2），93-110。

黃翊婷（2019年8月13日）。台南大雷雨「崑山水上樂園再開」　水淹半輪高、人孔蓋浮起來。**ETtoday新聞雲**，2019年8月21日，取自：https://www.ettoday.net/news/20190813/1511578.htm#ixzz5xCQfuNb7。

黃瑞祺、黃之棟（2007a）。環境正義理論的問題點。**臺灣民主季刊，4**（2），113-140。

黃瑞祺、黃之棟（2007b）。身陷雷區的新人權理論：環境正義理論的問題點。**應用倫理研究通訊**，（42），38-51。

黃榮村（1990）。知覺、記憶與知識結構－臺灣認知心理學的研究現況與展望。**科學月科，21**（1），52-57。

黃懿慧（1994）。科技風險的認知與溝通問題。**民意研究季刊**，（188），95-129。

楊明珠（2019a年7月1日）。日本九州南部豪雨一人罹難　疏散百萬人。**中央通訊社**，2019年8月30日，取自：https://www.cna.com.tw/news/firstnews/201907010318.aspx。

楊明珠（2019b年8月28日）。日本九州豪雨成災已知1死　籲73萬人撤離。**中央通訊社**，2019年8月30日，取自：https://www.cna.com.tw/news/firstnews/201908280019.aspx。

楊思瑞（2019年5月21日）。台南大雨農損災情　水稻倒伏較嚴重。**中央通訊社**，2019年8月21日，取自：https://www.cna.com.tw/news/aloc/201905210178.aspx。

楊意菁、徐美苓（2012）。環境風險的認知與溝通：以全球暖化議題的情境公眾為例。**中華傳播學刊**，（22），169-209。

經濟部（2013）。易淹水地區水患治理計畫第3階段（100~102年）實施計畫（第1次修正）（核定本），2019年9月21日，取自：http://file.wra.gov.tw/public/Attachment/31816172547.pdf?fbclid=IwAR1m3CpkjHfwO65HXJ5_IRUCVy-f0oJFRtizjyMXYW1huwn4J03zsHWjxCU。

經濟部水利署（2006）。易淹水地區水患治理計畫（核定本），2019年5月22日，取自：http://file.wra.gov.tw/public/PDF/65161424784.pdf。

經濟部水利署（2008）。**高雄地區典寶溪排水系統整治及環境營造規劃報告**。臺北：經濟部水利署。

經濟部水利署（2009）。莫拉克颱風暴雨量及洪流量分析，2017 年 5 月 22 日，取自：http://www.taiwan921.lib.ntu.edu.tw/88pdf/A8801RAIN.pdf。

經濟部水利署（2011）。淹水潛勢圖，2019 年 9 月 21 日，取自：http://fhy.wra.gov.tw/PUB_WEB_2011/Page/Frame_MenuLeft.aspx?sid=27，2016/5/15。

經濟部水利署（2013）。易淹水地區水患治理計畫第 3 階段（100-102 年）實施計畫（第 1 次修正）（核定本），2017 年 5 月 22 日，取自：http://file.wra.gov.tw/public/Attachment/31816172547.pdf。

經濟部水利署（2014）。修正「流域綜合治理計畫（103-108 年）」（核定本），2019 年 9 月 21 日，取自：https://cmp.wra.gov.tw/ct.asp?xItem=64955&CtNode=8388&fbclid=IwAR2gytGM-gG8PcL-QRxK9yaml2d7CPh3nMCXJDVHlJufR8-LvyYU8kHp4r4。

經濟部水利署（2015）。主動式民眾淹水預警系統，2019 年 7 月 31 日，取自：https://fhy.wra.gov.tw/fhy/Disaster/Wranotisys。

經濟部水利署（2016a）。小知識：內水與外水，2019 年 7 月 17 日，取自：https://www.facebook.com/193424980763650/photos/a.1239605482812256/831729493599859/?type=1&theater。

經濟部水利署（2016b）。預期達成效益，2019 年 9 月 24 日，取自：https://cmp.wra.gov.tw/ct.asp?xItem=62872&CtNode=8389。

經濟部能源局（2009）。**我國燃料燃燒 CO2 排放統計與分析**。臺北：經濟部能源局。

經濟部能源局（2019）。**我國燃料燃燒二氧化碳排放統計與分析**。臺北：經濟部能源局。

葉名森（2003）。以環境正義角度看待環境議題的抗爭。**景女學報**，（3），93-103。

葉承鑫、陳文喜、葉時碩（2009）。遊客對其休閒涉入、知覺風險、休閒效益與幸福感之研究－以水域遊憩活動為主。**運動休閒餐旅研究，4**（4），1-25。

葉欣誠、陳孟毓、于蕙清（2017）。我國民眾減緩全球暖化之願付價值與影響因素分析。**都市與計劃，44**（4），339-374。

廖本全（2014）。歧視與暴力下的土地掠奪：臺灣環境正義與人權的凝視。**臺灣人權學刊，2**（4），137-150。

廖泫銘（2009）。地理資訊系統概論，2019 年 9 月 21 日，取自：http://gis.rchss.sinica.edu.tw/HGIS_Class_2009/wp-content/uploads/2009/03/gis_basic.pdf。

廖桂賢（2017）。韌性城市不是「不淹水」，而是「不怕水淹」，2019 年 8 月 25 日，取自：https://opinion.udn.com/opinion/story/8048/2501198。

廖楷民、鄧傳忠（2012）。如何瞭解風險溝通對象—以水災備災行為為例。**災害防救電子報**，（81），1-10。

臺北市消防局（2018）。0823 熱帶低壓水災 災害應變處置作為暨災後檢討報告，2019 年 8 月 22 日，取自：https://www.eoc.gov.taipei/FilesManager/GetFiles?FileID=5dd896bb-599b-496d-943a-bab4b3a30930。

臺南市水患自主防災社區（2018）。緣起目的，2019 年 1 月 22 日，取自：http://www.tainanfrc.com.tw/plan/detail/3。

臺南市政府（2014a）。2012-2013 年臺南低碳城市推動成果報告書，2019 年 2 月 23 日，取自：http://tainan.carbon.net.tw/File/%E5%8F%B0%E5%8D%97%E4%BD%8E%E7%A2%B3%E7%99%BD%E7%9A%AE%E6%9B%B80519.pdf。

臺南市政府（2014b）。臺南市政府第 172 次市政會議市長提示，2019 年 5 月 18 日， 取 自：http://www.tainan.gov.tw/tn/tainan/news.asp?id=%7BAD8A1086-D3AB-4160-AD26-5D2B0C571BA2%7D。

臺南市政府（2015）。臺南市氣候變遷調適計畫，2018 年 9 月 24 日，取自：https://www.bbhub.io/mayors/sites/14/2015/11/TainanCity-_-2014Climate-Change-Adaption-Plan1.pdf。

臺南市政府（2018a）。地理環境及自然生態，2019 年 1 月 10 日，取自：https://www.tainan.gov.tw/cp.aspx?n=13292。

臺南市政府（2018b）。臺南市水災危險潛勢地區保全計畫，2019 年 1 月 12 日，取自：http://140.116.66.35/DPRC/02.html。

臺南市政府（2019）0813 豪雨業務報告－社會組，2019 年 8 月 26 日，取自：https://disaster.tainan.gov.tw/News_Content.aspx?n=19639&s=4164151。

臺南市政府民政局（2017）。臺南市 106 年 4 月分現住人口統計表，2017 年 4 月 26 日，取自：https://bca.tainan.gov.tw/News_Population.aspx?n=1131&sms=13853&sn=162649。

臺南市政府災害防救辦公室（2015）105 年度臺南市地區災害防救計畫－第三編 風水災害，2019 年 5 月 22 日， 取 自： http://publicdisaster.tainan.gov.tw/warehouse/B10000/%E7%AC%AC%E4%B8%89%E7%B7%A8%20%E9%A2%A8%E6%B0%B4%E7%81%BD%E5%AE%B3%201105V13(%E7%A2%BA%E8%AA%8D%E7%89%88).pdf。

臺南市政府災害防救辦公室（2019a）。臺南市政府 108 年度區公所災害防救業務考核執行計畫，2019 年 9 月 24 日，取自：http://publicdisaster.tainan.gov.tw/warehouse/J20000/108%E5%B9%B4%E5%BA%A6%E5%8D%80%E5%85%AC%E6%89%80%E7%81%BD%E5%AE%B3%E9%98%B2%E6%95%91%E6%A5%AD%E5%8B%99%E8%80%83%E6%A0%B8%E5%9F%B7%E8%A1%

8C%E8%A8%88%E7%95%AB.pdf。

臺南市政府災害防救辦公室（2019b）。臺南市防災資訊服務入口網，2019 年 9 月 24 日，取自：http://publicdisaster.tainan.gov.tw/。

臺南市政府社會局（2011）。統計專區，2019 年 9 月 21 日，取自：http://social.tainan.gov.tw/social/titlepage.asp?nsub=F0A600。

臺南市政府資訊中心（2017）。颱風災害事件標準作業流程圖，2019 年 7 月 31 日，取自：http://webadm.tainan.gov.tw/tn/disaster01/warehouse/A00000file/106%E5%B9%B4%E9%A2%B1%E9%A2%A8%E3%80%81%E6%B0%B4%E7%81%BD%E3%80%81%E5%9C%B0%E9%9C%87%E3%80%81%E5%9D%A1%E5%9C%B0%E7%81%BD%E5%AE%B3%E6%A8%99%E6%BA%96%E4%BD%9C%E6%A5%AD%E7%A8%8B%E5%BA%8F.pdf。

臺南市消防局（2013）。中華民國 101 年統計臺南市消防年報，2018 年 10 月 10 日，取自：http://119.tainan.gov.tw/warehouse/D00000/101%E7%B5%B1%E8%A8%88%E5%B9%B4%E5%A0%B1A4.pdf。

臺灣氣候變遷推估與資訊平台（2019）。全臺年累積雨量，2019 年 8 月 30 日，取自：https://tccip.ncdr.nat.gov.tw/v2/past_chart.aspx。

劉淑華（2015）。公民參與低碳城市建構可行性之研究。**中科大學報，2**（1），135-164。

潘宗毅、張倉榮、賴進松、王藝峰、謝明昌、許銘熙（2012）。洪災之人命傷亡風險分析：以臺南市為例。**農業工程學報，58**（4），95-110。

潘穆嬜、林貝珊、林元祥（2016）。韌性研究之回顧與展望。**防災科學，**（1），53-78。

蔡宏政（2009）。公共政策中的專家政治與民主參與：以高雄「跨港纜車」公民共識會議為例。**臺灣社會學刊，**（43），1-42。

鄭先佑（2005）。環境正義、環境人權和治理的歷史淵源與關係。**應用倫理研究通訊，**（36），19-25。

鄭燦堂（2014）。**風險管理：理論與實務**（第六版）。臺北：五南圖書出版股份有限公司。

蕭新煌、許耿銘（2015）。探析都市氣候風險的社會指標：回顧與芻議。**都市與計劃，42**（1），59-86。

謝志誠、張紉、蔡培慧、王俊凱（2008）。臺灣災後遷村政策之演變與問題。**住宅學報，17**（2），81-97。

瞿海源等編（2012）。**社會及行為科學研究法：質性研究法**。臺北：東華書局。

顏乃欣（2006）。**動物放生行為之社會學與心理學研究－子計畫二：由風險知覺的角度探討放生行為（II）**。行政院國家科學委員會專題研究計畫成果報告（編

號：NSC94-2621-Z004-004），未出版。

鐘丁茂、徐雪麗（2008）。「生態殖民主義」vs.第三世界的「環境正義」。**臺灣人文生態研究，10**（1），57-72。

顧忠華（2001）。**第二現代：風險社會的出路**。高雄：巨流圖書股份有限公司。

二、外文部分

Adeola, F. O. (2004). Environmentalism and risk perception: Empirical analysis of black and white differentials and convergence. *Society & Natural Resources, 17*(10), 911-939.

Adger, W. N., & K.Vincent (2005). Uncertainty in adaptive capacity. *Comptes Rendus Geoscience, 337*(4), 399-410.

Adger, W. N., S. Agrawala, M. M. Q. Mirza, C. Conde, K. O'Brien, J. Pulhin, R. Pulwarty, B. Smit, & K. Takahashi (2007). Assessment of adaptation practices, options, constraints and capacity. In Parry, M. L., O. F. Canziani, J. P. Palutikof, P. J. van der Linden, & C. E. Hanson (Eds.), *Climate change 2007: Impacts, adaptation and vulnerability. Contribution of working group II to the fourth assessment report of the intergovernmental panel on climate change* (pp. 717-743). UK: Cambridge University Press.

Adger, W. N., S. Dessai, M. Goulden, M. Hulme, I. Lorenzoni, D. R. Nelson, L. O. Naess, J. Wolf, & A. Wreford (2009). Are there social limits to adaptation to climate change? *Climatic Change, 93*(3-4), 335-354.

Adger, W.N., N. Brooks, G., Bentham, M. Agnew, & S. Eriksen (2004). *New indicators of vulnerability and adaptive capacity*. Norwich UK: Tyndall Centre for Climate Change Research.

Agliardi, E., & A. Xepapadeas (2018). Introduction: Special issue on the economics of climate change and sustainability. *Environmental and Resource Economics, 72*(1), 1-4.

Ajzen, I. (1985). From Intentions to actions: A theory of planned behavior. In Kuhl, J., & J. Beckmann (Eds.), *Action control: From cognition to behavior* (pp. 11-39). Berlin, Heidelberg: Springer-Verlag.

Aldrich, D. P. (2012). *Building resilience: Social capital in post-disaster recovery*. Chicago: The University of Chicago Press.

Alexander, D. (1993). *Natural disasters*. New York: Chapman and Hall.

Andonova, L. B., M. M. Betsill, & H. Bulkeley (2009). Transnational climate governance. *Global Environmental Politics, 9*(2), 52-73.

Arnstein, S. R. (1969). A ladder of citizen participation. *Journal of the American Institute of Planners, 35*(4), 216-224.

Babaee Tirkolaee, E., A. Goli, M. Pahlevan, & R. Malekalipour Kordestanizadeh (2019). A robust bi-objective multi-trip periodic capacitated arc routing problem for urban waste collection using a multi-objective invasive weed optimization. *Waste Management & Research, 37*(11), 1089-1101.

Bamber, J. L., M. Oppenheimer, R. E. Kopp, W. P. Aspinall, & R. M. Cooke (2019). Ice sheet contributions to future sea-level rise from structured expert judgment. *Proceedings of the National Academy of Sciences, 116*(23), 11195-11200.

Baram, M. (1991). Rights and duties concerning the availability of environmental risk information to the public. In Kasperson, R. E., & P. J. M. Stallen (Eds.), *Communicating risks to the public: International perspectives* (pp.67-78). Dordrecht: Kluwer.

Beck, U. (1992). *Risk society: Towards a new modernity* (translated by Mark Ritter). London: Sage Publications.

Been, V. (1994). Locally undesirable land uses in minority neighborhoods: Disproportionate siting or market dynamics?. *Yale Law Journal, 103*(6), 1383-1422.

Bei, E., X. Wu, Y. Qiu, C. Chen, & X. Zhang (2019). A tale of two water supplies in China: Finding practical solutions to urban and rural water supply problems. *Accounts of Chemical Research, 52*(4), 867-875.

Belsley, D. A., E. Kuh, & R. E. Welsch (1980). *Regression diagnostics: Identifying influential data and sources of collinearity*. New York: John Wiley.

Bentler, P. M., & E. J. C. Wu (1993). *EQS/Windows use's guide*. Los Angeles: BMDP Statistic Software.

Bichard, E., & A. Kazmierczak (2012). Are homeowners willing to adapt to and mitigate the effects of climate change? *Climatic Change, 112*(3-4), 633-654.

Bicknell, J., D. Dodman, & D. Satterthwaite (2009). *Adapting cities to climate change: Understanding and addressing the development challenges*. London: Earthscan.

Blanthorne, C., L. A. Jones-Farmer, & E. Dreike Almer (2006). Why you should consider SEM: A guide to getting started. In Arnold, V. (Ed.), *Advances in accounting behavioral research* (pp. 179-207). Bingley: Emerald Group Publishing Limited.

Boholm, Å. (2008). New perspectives on risk communication: Uncertainty in a complex society. *Journal of Risk Research, 11*(1-2), 1-3.

Bolin, R. C., & P. A. Bolton (1986). *Race, religion, and ethnicity in disaster recovery*. Boulder, CO.: Institute of Behavioral Science, University of Colorado.

Botzen, W. J. W., J. C. J. H. Aerts, & J. C. J. M. Van den Bergh (2013). Individual preferences for reducing flood risk to near zero through elevation. *Mitigation and Adaptation Strategies for Global Change, 18*(2), 229-244.

Brooks, N. (2003). Vulnerability, risk and adaptation: A conceptual framework. *Tyndall Centre for Climate Change Research Working Paper, 38*(38), 1-16.

Bryant, B. (1995). Introduction. In Bryant, B. (Ed.), *Environmental justice: Issues, policies, and solutions* (pp.1-7). Washington, D.C.: Island Press.

Bryner, G. C. (2002). Assessing claims of environmental justice: Conceptual frameworks. In Mutz, K. M., G. C. Bryner, & D. S. Kenny (Eds.), *Justice and natural resources: Concepts, strategies, and applications* (pp. 31-56). Washington, D.C.: Island Press.

Bubeck, P., W. J. Botzen, & J. C. Aerts (2012). A review of risk perceptions and other factors that influence flood mitigation behavior. *Risk Analysis: An International Journal, 32*(9), 1481-1495.

Bulkeley, H. (2010). Cities and the governing of climate change. *Annual Review of Environment and Resources, 35*(1), 229-253.

Bulkeley, H., & K. Kern (2006). Local government and the governing of climate change in Germany and the UK. *Urban Studies, 43*(12), 2237-2259.

Bullard, R. D. (1990). *Dumping in Dixie: Race, class, and environmental quality*. Boulder: Westview.

Bullard, R. D. (1999). Dismantling environmental racism in the USA. *Local Environment, 4*(1), 5-9.

Bullard, R. D. (2001). Environmental justice in the 21st century: Race still matters. *Phylon (1960-), 49*(3/4), 151-171.

Burn, D. H. (1999). Perceptions of flood risk: A case study of the Red River Flood of 1997. *Water Resources Research, 35*(11), 3451-3458.

Burton, I., R. W. Kates, & G. F. White (1993). *The environment as hazard*. New York: Oxford University Press.

Caniglia, B. S., B. Frank, D. Delano, & B. Kerner (2014). Enhancing environmental justice research and praxis: The inclusion of human security, resilience and vulnerabilities literature. *International Journal of Innovation and Sustainable Development, 8*(4), 409-426.

Čapek, S. M. (1993). The "environmental justice" frame: A conceptual discussion and an application. *Social Problems, 40*(1), 5-24.

Cash, D. W., & S. C. Moser (2000) Linking global and local scales: Designing dynamic assessment and management processes. *Global Environmental Change, 10*(2), 109-120.

Castán Broto, V. (2019). Urban governance and the politics of climate change. *World Development, 93*, 1-15.

Chambers, R. (2006). Vulnerability, coping and policy. *IDS Bulletin, 37*(4), 33-40.

Chiwaka, E., & R. Yates (2005). *Participatory vulnerability analysis: A step-by-step guide for field staff*. London: Action Aid International.

Chou, K. T. (2008). Glocalized dioxin - regulatory science and public trust in a double risk society. *Soziale Welt, 59*(2), 181-197.

Clark, G. E., S. C. Moser, S. J. Ratick, K. Dow, W. B. Meyer, S. Emani, W. Jin, J. X. Kasperson, R. E. Kasperson, & H. E. Schwarz (1998). Assessing the vulnerability of coastal communities to extreme storms: The case of revere, MA., USA. *Mitigation and Adaptation Strategies for Global Change, 3*(1), 59-82.

Collins, T. W., S. E. Grineski, & J. Chakraborty (2018). Environmental injustice and flood risk: A conceptual model and case comparison of metropolitan Miami and Houston, USA. *Regional Environmental Change, 18*(2), 311-323.

Cooper, T. L., T. A. Bryer, & J. W. Meek (2006). Citizen-centered collaborative public management. *Public Administration Review, 66*(s1), 76-88.

Covello, V. T. (1985). Social and behavioral research on risk: Uses in risk management decision making. In Covello, V. T., J. L. Mumpower, P. J. M. Stallen, & V. R. R. Uppuluri (Eds.), *Environmental impact assessment, technology assessment, and risk analysis* (pp. 1-14). Berlin; New York: Springer-Verlag.

Covello, V. T., D. von Winterfeldt, & P. Slovic (1987). Communicating scientific information about health and environmental risks: Problems and opportunities from a social and behavioral perspective. In Covello, V. T., L. B. Lave, A. A. Moghissi, & V. R. R. Uppuluri (Eds.), *Uncertainty in risk assessment, risk management, and decision making* (pp. 221-239). New York: Plenum Press.

CRED (The Centre for Research on the Epidemiology of Disasters) (2015). EM-DAT database. Retrieved November 2, 2018, from http://www.emdat.be/database.

Cutter, S. L. (1993). *Living with risk: The geography of technological hazards*. London: Edward Arnold.

Cutter, S. L. (1996). Vulnerability to environmental hazards. *Progress in Human Geography, 20*(4), 529-539.

Cutter, S. L., B. J. Boruff, & W. L. Shirley (2003). Social vulnerability to environmental hazards. *Social Science Quarterly, 84*(2), 242-261.

Cutter, S. L., C. T. Emrich, J. T. Mitchell, B. J. Boruff, M. Gall, M. C. Schmidtlein, C. G. Burton, & G. Melton (2006). The long road home: Race, class, and recovery from Hurricane Katrina. *Environment, 48*(2), 8-20.

Cutter, S. L., J. T. Mitchell, & M. S. Scott (1997). *Handbook for conducting a GIS-based hazards assessment at the county level.* Columbia SC: Hazards Research Lab, Department of Geography, University of South Carolina.

Cvetkovich, G., & T. C. Earle (1992). Environmental hazards and the public. *Journal of Social Issues, 48*(4), 1-20.

Daggett, C. J. (1989). The role of rise communication in environmental gridlock. In Covello, V. T., D. B. McCallum, & M. T. Pavlova (Eds.), *Effective risk communication: The role and responsibility of government and nongovernment organizations* (pp. 31-36). New York: Plenum Press.

De Sherbinin, A., A. Schiller, & A. Pulsipher (2007). The vulnerability of global cities to climate hazards. *Environment and Urbanization, 19*(1), 39-64.

DeVellis, Robert F. (2012). *Scale development: Theory and applications* (3rd ed). Thousand Oaks, Calif: SAGE.

Dickson, E., J. L. Baker, D. Hoornweg, & A. Tiwari (2012). *Urban risk assessments: Understanding disaster and climate risk in cities.* Washington DC: World Bank.

Dilley, M., & T. E. Boudreau (2001). Coming to terms with vulnerability: A critique of the food security definition. *Food Policy, 26*(3), 229-247.

Dilley, M., R. S. Chen, U. Deichmann, A. L. Lerner-Lam., & M. Arnold (2005). *Natural disaster hotspots: A global risk analysis.* Washington, DC: World Bank Publications.

Dobbie, M. F., & R. R. Brown (2014). A framework for understanding risk perception, explored from the perspective of the water practitioner, *Risk Analysis, 34*(2), 294-308.

Dobson, A. (1998). *Justice and the environment: Conceptions of environmental sustainability and theories of distributive justice.* Oxford: Oxford University Press.

Dodman, D. (2009). Blaming cities for climate change? An analysis of urban greenhouse gas emissions inventories. *Environment and Urbanization, 2*(1), 185-201.

Dooley, D., R. Catalano, S. Misha, & S. Serxner (1992). Earthquake preparedness: Predictors in a community survey. *Journal of Applied Social Psychology, 22*(6), 451-470.

Dosman, D. M., W. L. Adamowicz, & S. E. Hrudey (2001). Socioeconomic determinants of health and food safety related risk perceptions. *Risk Analysis, 21*(2), 307-318.

Douglas, I., K. Alam, M. Maghenda, Y. Mcdonnell, L. Mclean, & J. Campbell (2008). Unjust waters: Climate change, flooding and the urban poor in Africa. *Environment and Urbanization, 20*(1), 187-205.

Downs, R. M. (1970) Geographic space perception: Past approaches and future prospects. In Board, C., P. Haggett, & D. R. Stoddart (Eds.), *Progress in Geography* (pp. 65-108). London: Edward Arnold.

Drabek, T. E., & W. H. Key (1984). *Conquering disaster: Family recovery and long-term consequences.* New York: Irvington.

Dwirahmadi, F., S. Rutherford, D. Phung, & C. Chu (2019). Understanding the operational concept of a flood-resilient urban community in Jakarta, Indonesia, from the perspectives of disaster risk reduction, climate change adaptation and development agencies. *International Journal of Environmental Research and Public Health, 16*(20), 3993.

Dwyer, A., C. Zoppou, O. Nielsen, S. Day, & S. Roberts (2004). *Quantifying social vulnerability: A methodology for identifying those at risk to natural hazards, Australian government.* Canberra: Geoscience Australian.

Ebert, A., N. Kerle, & A. Stein (2009). Urban social vulnerability assessment with physical proxies and spatial metrics derived from air- and spaceborne imagery and GIS data. *Natural Hazards, 48*(2), 275-294.

Eckstein, D., M. L. Hutfils, & M. Winges (2018). *Global climate risk index 2019: Who suffers most from extreme weather events? Weather-related loss events in 2017 and 1998 to 2017.* Bonn: GERMANWATCH.

Eckstein, D., V. Künzel, & L. Schäfer (2017). *Global Climate Risk Index 2018.* Bonn, Germany: Germanwatch.

Elvers, H. D., M. Gross, & H. Heinrichs (2008). The diversity of environmental justice: Towards a European approach. *European Societies, 10*(5), 835-856.

Emmons, K. M. (1997). Perspectives on environmental action: Reflection and revision through practical experience. *The Journal of Environmental Education, 29*(1), 34-44.

ESRI (2012). Products. Retrieved December 16, 2018, from http://www.esri.com/.

Fan, M. F. (2012). Justice, community knowledge and waste facility siting in Taiwan. *Public Understanding of Science, 21*(4), 418-431.

Fan, M. F., & K. T. Chou (2017). Environmental justice in a transitional and transboundary context in East Asia. In Holifield, R., J. Chakraborty, & G. Walker (Eds.), *Routledge handbook of environmental justice* (pp. 615-626). Abingdon: Routledge.

First National People of Color Environmental Leadership Summit (1991). Principles of environmental justice. Retrieved August 16, 2019, from https://www.ejnet.org/ej/principles.html.

Fishbein, M., & I. Ajzen (1975). *Belief, attitude, intention, and behavior: An introduction to theory and research*. Reading, MA: Addison-Wesley.

Fisher, E., J. Jones, & R. Von Schomberg (2006). Implementing the precautionary principle: Perspectives and prospects. In Fisher, E., J. Jones, & R. Von Schomberg (Eds.), *Implementing the precautionary principle* (pp. 1-16). Mass: Edward Elgar.

Flin, R., K. Mearns, R. Gordon, & M. Fleming (1996). Risk perception by offshore workers on UK oil and gas platforms. *Safety Science, 22*(1-3), 131-145.

Fornell, C., & D. F. Larcker (1981a). Structural equation models with unobservable variables and measurement errors: Algebra and statistics. *Journal of Marketing Research, 18*(3), 382-388.

Fornell, C., & D. F. Larcker (1981b). Evaluating structural equation models with unobservable variables and measurement error. *Journal of Marketing Research, 18*(1), 39-50.

Fraser, N. (1999). Social justice in the age of identity politics: Redistribution, recognition, and participation. In Ray, L., & A. Sayer (Eds.), *Culture and economy after the cultural turn* (pp.25-52). London: Sage.

Fraser, N. (2008). From redistribution to recognition? Dilemmas of justice in a "postsocialist" age. In Olson, K. (Ed.), *Adding insult to injury: Nancy fraser debates her critics* (pp. 11-41). London; New York: Verso.

Fukuyama, F. (2001). Social capital, civil society and development. *Third World Quarterly, 22*(1), 7-20.

Fung, A. (2006). Varieties of participation in complex governance. *Public Administration Review, 66*(s1), 66-75.

Gallopin, G. C. (2006). Linkages between vulnerability, resilience, and adaptive capacity. *Global Environment Change, 16*(3), 293-303.

Gerald, G. T., & P. C. Stern. (1996). *Environmental problems and human behavior*. Boston: Allyn and Bacon.

Global Commission on Adaptation (2019). *Adapt now: A global call for leadership on climate resilience*. Rotterdam: Global Commission on Adaptation.

Gregg, E.W., B. L. Cadwell, Y. J. Cheng, C. C. Cowie, D. E. Williams, L. Geiss, M. M. Engelgau, & F. Vinicor (2004). Trends in the prevalence and ratio of diagnosed to undiagnosed diabetes according to obesity levels in the U.S. *Diabetes Care, 27*(12),

2806-2812.

Griffin, R. J., Z. Yang, E. Ter Huurne, F. Boerner, S. Ortiz, & S. Dunwoody (2008). After the flood: Anger, attribution, and the seeking for information. *Science Communication, 29*(3), 285-315.

Grothmann, T., & A. Patt (2005). Adaptive capacity and human cognition: The process of individual adaptation to climate change. *Global Environmental Change, 15*(3), 199-213.

Grothmann, T., & F. Reusswig (2006). People at risk of flooding: Why some residents take precautionary action while others do not. *Natural Hazards, 38*(1-2), 101-120.

Gupta, J., C. Termeer, J. Klostermann, S. Meijerink, M. Van Den Brink, P. Jong, …, E. Bergsma (2010). The adaptive capacity wheel: A method to assess the inherent characteristics of institutions to enable the adaptive capacity of society. *Environmental Science & Policy, 13*(6), 459-471.

Habermas, J. (1984). *The theory of communicative action* (McCarthy, T. Trans.). Boston: Beacon Press.

Hair Jr., J. F., W. C. Black, B. J. Babin, & R. E. Anderson (2014). *Multivariate data analysis*(7th ed.). Essex: Pearson Education Limited.

Hallegatte, S., & J. Corfee-Morlot. (2011). Understanding climate change impacts, vulnerability and adaptation at city scale: An introduction. *Climatic Change, 104*(1), 1-12.

Hamilton, D. (1999). *Governing metropolitan area: Response to growth and change.* New York: Garland Publishing, Inc.

Harries, T. (2012). The anticipated emotional consequences of adaptive behavior-impacts on the take-up of household flood-protection measures. *Environment and Planning A : Economy and Space, 44*(3), 649-668.

Harrison, K., & L. M. Sundstrom (2007). The comparative politics of climate change. *Global Environmental Politics, 7*(4), 1-18.

Hayashi, H. (2019). 災害列島に住む日本人に求められる心構えとは？水の文化，(62), 6-9。

Healey, P., G. Cars, A. Madanipour, & C. De Magalhães (2002). Urban governance capacity in complex societies: Challenges of institutional adaptation. In Cars, G., P. Healey, A. Madanipour, & C. De Magalhães (Eds.), *Urban governance, institutional capacity and social milieux* (pp.204-225). Aldershot: Ashgate.

Hoffmann-Riem, H., & B. Wynne (2002). In risk assessment, one has to admit ignorance. *Nature, 416*(6877), 123.

Holifield, R. (2001). Defining environmental justice and environmental racism. *Urban Geography, 22*(1), 78-90.

Honneth, A. (1992). Integrity and disrespect: Principles of a conception of morality based on the theory of recognition. *Political Theory, 20*(2), 187-201.

Howe, P. D. (2011). Hurricane preparedness as anticipatory adaptation: A case study of community businesses. *Global Environmental Change, 21*(2), 711-720.

Hsie, M., M. Y. Wu, & C. Y. Huang (2019). Optimal urban sewer layout design using Steiner tree problems. *Engineering Optimization, 51*(11), 1980-1996.

Hunold, C., & I. M. Young (1998). Justice, democracy and hazardous siting. *Political Studies, 46*(1), 82-95.

Hunt, A., & P. Watkiss (2007). *Literature review on climate change impacts on urban city centres: Initial findings* (ENV/EPOC/ GSP(2007)10). Paris: Environment Directorate, Organisation for Economic Co-operation and Development.

Hurlbert, M., & J. Gupta (2015). The split ladder of participation: A diagnostic, strategic, and evaluation tool to assess when participation is necessary. *Environmental Science & Policy, 50*, 100-113.

ICLEI (2009). Local solutions to global challenges. Retrieved December. 21, 2018, from http://www.iclei.org/fileadmin/user_upload/documents/Global/About_ICLEI/brochures/ICLEI-China.pdf.

ICLEI (2018). Main outcomes of the world congress: ICLEI in the urban area. Retrieved October 19, 2019, from https://worldcongress2018.iclei.org/.

ICLEI (2019). What we do. Retrieved October 22, 2019, from https://www.iclei.org/en/what_we_do.html.

IEA (International Energy Agency) (2008). *World energy outlook 2008*. Paris: IEA.

IFRC (International Federation of Red Cross) (2010). IFRC annual report. Retrieved November 2, 2019, from https://media.ifrc.org/ifrc/document/ifrc-annual-report-2010/.

Ikeme, J. (2003). Equity, environmental justice and sustainability: Incomplete approaches in climate change politics. *Global Environmental Change, 13*(3), 195-206.

IPCC (2007). *Climate change 2007: Impacts, adaptation and vulnerability. contribution of working group II to the fourth assessment report of the intergovernmental panel on climate change*. New York: Cambridge University Press.

IPCC (2012). Summary for policymakers. In Field, C. B., V. Barros, T. F. Stocker, D. Qin, D. J. Dokken, K. L. Ebi, M. D. Mastrandrea, K. J. Mach, G. -K. Plattner, S. K. Allen, M. Tignor, & P. M. Midgley (Eds.), *Managing the risks of extreme events and* disasters to advance climate change adaptation, a special report of working groups I and II of the intergovernmental panel on climate change (pp. 1-19). New York: Cambridge University Press.

IPCC (2013). Summary for policymakers. In Stocker, T. F., D. Qin, G. -K. Plattner, M. Tignor, S. K. Allen, J. Boschung, A. Nauels, Y. Xia, V. Bex, & P. M. Midgley (Eds.), *Climate change 2013: The physical science basis. contribution of working group I to the fifth assessment report of the intergovernmental panel on climate change* (pp. 3-32). New York: Cambridge University Press.

IPCC (2014). Summary for policymakers. In Edenhofer, O., R. Pichs-Madruga, Y. Sokona, E. Farahani, S. Kadner, K. Seyboth, A. Adler, I. Baum, S. Brunner, P. Eickemeier, B. Kriemann, J. Savolainen, S. Schlömer, C. von Stechow, T. Zwickel, & J. C. Minx (Eds.), *Climate change 2014: Mitigation of climate change. Contribution of working group III to the fifth assessment report of the intergovernmental panel on climate change* (pp. 1-32). New York: Cambridge University Press.

IPCC (2017). Chapter outline of the working group II contribution to the IPCC sixth assessment report (AR6). Retrieved December 26, 2019, from https://www.ipcc.ch/site/assets/uploads/2018/11/AR6_WGII_outlines_P46.pdf.

IRGC (2005). *Risk governance towards an integrative approach*. Geneva: International Risk Governance Council.

IRGC (2006). *White paper on risk governance: Towards an integrative approach*. Geneva: International Risk Governance Council.

IRGC (2017). *Introduction to the IRGC risk governance framework, revised version*. Lausanne: EPFL International Risk Governance Center.

ISDR (International Strategy for Disaster Reduction) (2002). *Socio-economic aspects of water-related disaster response*. Geneva: United Nations Publication.

Ishiyama, N. (2003). Environmental justice and American Indian tribal sovereignty: Case study of a land-use conflict in Skull Valley, Utah. *Antipode, 35*(1), 119-139.

Jasanoff, S. (2010). A new climate for society. *Theory, Culture & Society, 27*(2-3), 233-253.

Jha, M. K. (2015). Liquid disaster and frigid response: Disaster and social exclusion. *International Social Work, 58*(5), 704-716.

Jia, G. L., R. G. Ma, & Z. H. Hu (2019). Review of urban transportation network design problems based on citespace. *Mathematical Problems in Engineering, 2019*, 1-22.

Jöreskog, K. G., & D. Sörbom (1989). *LISREL 7: A guide to the program and application*. Chicago: Scientific Software International.

Kahlor, L. A. (2007). An augmented risk information seeking model: The case of global warming. *Media Psychology, 10*(3), 414-435.

Kahlor, L., S. Dunwoody, R. Griffin, & K. Neuwirth (2006). Seeking and processing information about impersonal risk. *Science Communication, 28*(2), 163-194.

Kahneman, D., & A. Tversky (1982). The simulation heuristic. In Kahneman, D., P. Slovic, & A. Tversky (Eds.), *Judgment under uncertainty: Heuristics and biases* (pp. 201-208). Cambridge, MA: Cambridge University Press.

Kaiser, H. F. (1974). An index of factorial simplicity. *Psychometrika, 39*(1), 31-36.

Kasperson, J. X., R. E. Kasperson, & B. L. Turner II (2010). Vulnerability of coupled human-ecological systems to global environmental change. In Rosa, E. A., A. Diekmann, T. Dietz, & C. C. Jaeger (Eds.), *Human footprints on the global environment: Threats to sustainability* (pp. 231-294). Cambridge: MIT Press.

Keating, M. (2003). The invention of regions: Political restructuring and territorial government in Western Europe. In Brenner, N., B. Jessop, M. Jones, & G. MacLeod (Eds.), *State/Space: A reader* (pp. 256-277). Oxford: Blackwell.

Kellens, W., R. Zaalberg, & P. De Maeyer (2012). The informed society: An analysis of the public's information-seeking behavior regarding coastal flood risks. *Risk Analysis, 32*(8), 1369-1381.

Kernaghan, S., & J. Da Silva (2014). Initiating and sustaining action: Experiences building resilience to climate change in Asian cities. *Urban Climate, 7*, 47-63.

Kievik, M., & J. M. Gutteling (2011). Yes, we can: Motivate Dutch citizens to engage in self-protective behaviors with regard to flood risks. *Natural Hazards, 59*(3), 1475-1490.

Klein, R. J. T., R. J. Nicholls, & F. Thomalla (2003). Resilience to natural hazards: How useful is this concept?. *Global Environmental Change Part B: Environmental Hazards, 5*(1), 35-45.

Kousky, C., & S. H. Schneider (2003). Global climate policy: will cities lead the way? *Climate Policy, 3*(4), 359-372.

Kriegler, E., B. C. O'Neill, S. Hallegatte, T. Kram, R. Lempert, R. Moss, & T. Wilbanks (2012). The need for and use of socio-economic scenarios for climate change analysis: A new approach based on shared socio-economic pathways. *Global Environmental Change, 22*, 807-822.

Krimsky, S., & A. Plough (1988). *Environmental hazards: Communicating risks as a social process*. Dover, MA: Auburn House.

Krishnamurthy P. K., & L. Krishnamurthy (2011). Social vulnerability assessment through

GIS techniques: A case study of flood risk mapping in Mexico. In Thakur, J. K., S. K. Singh, A. Ramanathan, M. B. K. Prasad, & W. Gossel (Eds.), *Geospatial techniques for managing environmental resources* (pp 276-291). Dordrecht: Springer Netherlands.

Kroemker, D., & H. J. Mosler (2002). Human vulnerability—factors influencing the implementation of prevention and protection measures: An agent based approach. In Steininger, K. W., & H. Weck-Hannemann (Eds.), *Global environmental change in Alpine regions. impact, recognition, adaptation, and mitigation* (pp. 95-114). Edward Elgar, Cheltenham.

Krueger, R. A., & M. A. Casey (2009). *Focus group: A practical guide for applied research.* Los Angeles: SAGE.

Kuban, R. (2001). *Community-wide vulnerability and capacity assessment (CVCA).* Ottawa: Office of Critical Infrastructure Protection and Emergency Preparedness.

Kurtz, H. E. (2007). Gender and environmental justice in Louisiana: Blurring the boundaries of public and private spheres. *Gender, Place & Culture, 14*(4), 409-426.

Kwadijk, J. C. J., M. Haasnoot, J. P. M. Mulder, M. M. C. Hoogvliet, A. B. M. Jeuken, R. A. A. Van Der Krogt, ⋯, M. J. M. De Wit (2010). Using adaptation tipping points to prepare for climate change and sea level rise: A case study in the Netherlands. *Wiley Interdisciplinary Reviews: Climate Change, 1*(5), 729-740.

Lazo, J. K., J. C. Kinnell, & A. Fisher (2000). Expert and layperson perceptions of ecosystem risk. *Risk analysis, 20*(2), 179-194.

Lee, T. M., E. M. Markowitz, P. D. Howe, C. Y. Ko, & A. A. Leiserowitz (2015). Predictors of public climate change awareness and risk perception around the world. *Nature Climate Change, 5*(11), 1014-1020.

Leiss, W. (1996). Three phases in the evolution of risk communication practice. *The Annals of the American Academy of Political and Social Science, 545*(1), 85-94.

Levitas, R., C. Pantazis, E. Fahmy, D. Godron, E. Lloyd, & D. Patsios (2007). *The multi-dimensional analysis of social exclusion.* London: Department for Communities and Local Government (DCLG).

Lindell, M. K., & C. S. Prater (2002). Risk area residents' perceptions and adoption of seismic hazard adjustments. *Journal of Applied Social Psychology, 32*(11), 2377-2392.

Lindell, M. K., & D. J. Whitney (2000). Correlates of household seismic hazard adjustment adoption. *Risk Analysis, 20*(1), 13-26.

Lindell, M. K., & R. W. Perry (1992). *Behavioural foundations of community emergency planning*. Washington D.C.: Hemisphere Publishing.

Lindell, M. K., & R. W. Perry (2000). Household adjustment to earthquake hazard: A review of research. *Environment and Behavior, 32*(4), 461-501.

Lindell, M. K., & R. W. Perry (2004). *Communicating environmental risk in multiethnic communities*. Thousand Oaks, CA: Sage.

Linnerooth-Bayer, J., & A. Amendola (2000). Global change, natural disasters and loss-sharing: Issues of efficiency and equity. *The Geneva Papers on Risk and Insurance, 25*(2), 203-219.

Liu, J., T. Dietz, S. R. Carpenter, C. Folke, M. Alberti, C. L. Redman, ... William Provencher (2007). Coupled human and natural systems. *AMBIO: A Journal of the Human Environment, 36*(8), 639-649.

Low, N., & B. Gleeson (1998). *Justice, society, and nature: An exploration of political ecology*. New York: Routledg.

Lutsey, N., & D. Sperling (2008). America's bottom-up climate change mitigation policy. *Energy Policy, 36*(2), 673-685.

Lutz, R. J. (1977). An experimental investigation of causal relations among cognitions, affect, and behavioral intention. *Journal of Consumer Research, 3*(4), 197-208.

Macedo, S., Y. Alex-Assensoh, J. Berry, M. Brintnall, D. Campbell, L. Fraga, ... & K. Walsh (Ed.) (2005). *Democracy at risk: How political choices undermine citizen participation and what we can do about it*. Washington, DC: Brookings Institution Press.

Maidl, E., & M. Buchecker (2015). Raising risk preparedness by flood risk communication. *Natural Hazards and Earth System Science, 15*(7), 1577-1595.

Marske, C. E. (Ed.) (1991). *Communities of fate: Readings in the social organization of risk*. New York: University Press of America.

Marx, S. M., E. U. Weber, B. S. Orlove, A. Leiserowitz, D. H. Krantz, C. Roncoli, & J. Phillips (2007). Communication and mental processes: Experiential and analytic processing of uncertain climate information. *Global Environmental Change, 17*(1), 47-58.

Massey, D (2005). *For space*. London: Sage.

McCarthy, J. J., O. F. Canziani, N. A. Leary, D. J. Dokken, & K. S. White (Eds.) (2001). *Climate change 2001: Impacts, adaptation and vulnerability*. Cambridge, UK: Cambridge University Press.

Mehrotra, S., C. Rosenzweig, W. D. Solecki, C. E. Natenzon, A. Omojola, R. Folorunsho, & J. Gilbride (2011). Cities, disasters and climate risk. In Rosenzweig, C., W. D.

Solecki, S. A. Hammer, & S. Mehrotra (Eds.), *Climate change and cities: First assessment report of the urban climate change research network* (pp. 15-42). Cambridge: Cambridge University Press.

Messner, F., & V. Meyer (2006) Flood damage, vulnerability and risk perception: Challenges for flood damage research. In Schanze, J., E. Zeman, & J. Marsalek (Eds.), *Flood risk management: Hazards, vulnerability and mitigation measures* (pp. 149-167). Dordrecht: Springer.

Miceli, R., I. Sotgiu, & M. Settanni (2008). Disaster preparedness and perception of flood risk: A study in an alpine valley in Italy. *Journal of Environmental Psychology, 28*(2), 164-173.

Mileti, D. S. (1980). Human adjustment to the risk of environmental extremes. *Sociology and Social Research, 64*(3), 327-347.

Montgomery, M. C., & J. Chakraborty (2015). Assessing the environmental justice consequences of flood risk: A case study in Miami, Florida. *Environmental Research Letters, 10*(9), 1-11.

Murphy, C., & P. Gardoni (2008). The acceptability and the tolerability of societal risks: A capabilities-based approach. *Science and Engineering Ethics, 14*(1), 77-92.

Nagel, T. (1987). *What does it all mean?: A very short introduction to philosophy.* New York: Oxford University Press.

National Geographic News (2011). 2011 among hottest years, marked by extreme weather. Retrieved December 1, 2018, from http://news.nationalgeographic.com/news/2011/11/111130-global-warming-hottest-decade-year-2011-science-environment/.

Newman, P., T. Beatley, & H. Boyer (2009). *Resilient cities: Responding to peak oil and climate change.* Washington: Island Press.

Ngum, F., D. Alemagi, L. Dguma, P. A. Minang, A. Kehbila, & Z. Tchoundjeu (2019). Synergizing climate change mitigation and adaptation in Cameroon. *International Journal of Climate Change Strategies and Management, 11*(1), 118-136.

Nicholls, R. J., S. Hanson, C. Herweijer, N. Patmore, S. Hallegatte, C. M. Jan, J. Chateau, & R. Muir-Wood (2007). *Ranking of the world's cities most exposed to coastal flooding today and in the future.* Newark: Risk Management Solutions.

Nunan, F., & D. Satterthwaite (2001). The influence of governance on the provision of urban environmental infrastructure and services for low-income groups. *International Planning Studies, 6*(4), 409-426.

Nunnally, J. C. (1978). *Psychometric theory* (2nd ed.). New York: McGraw-Hill.

O'Neill, B. C., E. Kriegler, K. Riahi, K. L. Ebi, S. Hallegatte, T. R. Carter, R. Mathur, & D. P. Van Vuuren (2014). A new scenario framework for climate change research: The concept of shared socioeconomic pathways. *Climatic Change, 122* (3), 387-400.

Oakerson, R. J. (2004). The study of metropolitan governance. In Feiock, R. C. (Ed.), *Metropolitan governance: Conflict, competition, and cooperation* (pp. 17-45). Washington D. C.: Georgetown University Press.

OECD (2003). *Emerging systemic risks. Final report to the OECD futures project.* Paris: OECD.

Office of Environmental Justice (2019). Environmental justice. Retrieved August 12, 2019, from https://www.epa.gov/environmentaljustice.

Official Statistics Thailand (2017). Rainfall statistics at meteorological station 2003 -2015. Retrieved February, 20, 2017, from http://service.nso.go.th/nso/web/ statseries/statseries27.html?fbclid=IwAR2rN6Mx84MLrT4ux8sh7QngVqVd-4AmGbXJEg1sm0ukq5XzQAababcgZ8I.

O'Neill, E., F. Brereton, H. Shahumyan, & J. P. Clinch (2016). The impact of perceived flood exposure on flood risk perception: The role of distance. *Risk Analysis, 36*(11), 2158-2186.

Pakarnseree, R., K. Chunkao, & S. Bualert (2018). Physical characteristics of Bangkok and its urban heat island phenomenon. *Building and Environment*, 143, 561-569.

Parsons , E. A., V. R . Burkett, K . Fisher-Vanden, D. W. Keith, L. O. Mearns, H. M. Pitcher, C. E. Rosenzweig, & M. D. Webster (2007). *Global-change scenarios: Their development and use.* Washington, DC, USA: Office of Biological & Environmental Research, Department of Energy.

Patt, A. G., & C. Gwata (2002). Effective seasonal climate forecast applications: examining constraints for subsistence farmers in Zimbabwe. *Global Environmental Change, 12*(3), 185-195.

Patt, A. G. (2001). Understanding uncertainty: Forecasting seasonal climate for farmers in Zimbabwe. *Risk Decision and Policy, 6*(2), 105-119.

Pearce, L. (2000). *An integrated approach for community hazard, impact, risk and vulnerability analysis: HIRV.* Columbia: The University of British Columbia.

Pelling, M. (2003) *Natural disasters and development in a globalizing world.* London: Routledge.

Perry, R. W., & M. K. Lindell (1991). The effects of ethnicity on evacuation decision-making. *International Journal of Mass Emergencies and Disasters, 9*(1), 47-68.

Quarantelli, E. L. (1991). *Patterns of sheltering and housing in American disasters.*

Newark, DE.: University of Delaware, Disaster Research Center.

Raeesi, R., & K. G. Zografos (2019). The multi-objective Steiner pollution-routing problem on congested urban road networks. *Transportation Research: Part B, 122*, 457-485.

Rahder, B., & R. Milgrom (2004). The uncertain city: Making space(s) for difference. *Canadian Journal of Urban Research, 13*(1), 27-45.

Revi, A., D. E. Satterthwaite, F. Aragón-Durand, J. Corfee-Morlot, R. B. R. Kiunsi, M. Pelling, D. C. Roberts, & W. Solecki (2014). Urban areas. In Field, C. B., V. R. Barros, D. J. Dokken, K. J. Mach, M. D. Mastrandrea, T. E. Bilir, M. Chatterjee, K. L. Ebi, Y. O. Estrada, R. C. Genova, B. Girma, E. S. Kissel, A. N. Levy, S. MacCracken, P. R. Mastrandrea, & L. L. White (Eds.), *Climate change 2014: Impacts, adaptation, and vulnerability. Part A: Global and sectoral aspects. Contribution of working group II to the fifth assessment report of the Intergovernmental Panel on Climate Change* (pp. 535-612). New York: Cambridge University Press.

Roberts, T. J., & B. Parks (2007). *A Climate of injustice: Global inequality, north-south politics, and climate policy*. Cambridge: MIT Press.

Rodriguez, D. A., P. P. Oteiza, & N. B. Brignole (2019). An urban transportation problem solved by parallel programming with hyper-heuristics. *Engineering Optimization, 51*(11), 1965-1979.

Rogers, R. W. (1975). A protection motivation theory of fear appeals and attitude change. *Journal of Psychology, 91*(1), 93-114.

Rogers, R. W. (1983). Cognitive and psychological processes in fear appeals and attitude change: A revised theory of protection motivation, In Cacioppo, J. T., & R. E. Petty (Eds.), *Social psychophysiology: A sourcebook* (pp. 153-176). New York: Guilford.

Rollason, E., L. J. Bracken, R. J. Hardy, & A. R. G. Large (2018). Rethinking flood risk communication. *Natural Hazards Review, 92*(3), 1665-1686.

Romero-Lankao, P., & D. Dodman (2011). Cities in transition: transforming urban centers from hotbeds of GHG emissions and vulnerability to seedbeds of sustainability and resilience. *Current Opinion in Environmental Sustainability, 3*(3), 113-120.

Rondinelli, A. D., & M. A. Berry (2000). Environmental citizenship in multinational corporations: Social responsibility and sustainable development. *Environmental Management Journal, 18*(1), 70-84.

Rosenzweig, C., W. D. Solecki, S. A. Hammer, & S. Mehrotra (2011). *Climate change and cities: First assessment report of the urban climate change research network*. Cambridge: Cambridge University Press.

Rosenzweig, C., W. Solecki, S. A. Hammer, & S. Mehrotra (2010). Cities lead the way in climate-change action. *Nature. 467*(7318), 909-911.

Rossi, P. H., J. D. Wright, E. Weber-Burdin, & J. Pereira (1983). *Victims of the environment: Loss from natural hazards in the United States, 1970-1980*. New York: Plenum Press.

Rothman, D. S., & D. Chapman (1993). A critical analysis of climate change policy research. *Contemporary Economic Policy, 11*(1), 88-98.

Rundmo, T. (2002). Associations between affect and risk perception. *Journal of Risk Research, 5*(2), 119-135.

Russell, L., J. D. Goltz, & L. B. Bourque (1995). Preparedness and hazard mitigation actions before and after two earthquakes. *Environment and Behavioural, 27*(6), 744-770.

Sadd J. L., M. Pastor, R. Morello-Frosch, J. Scoggins, & B. Jesdale (2011). Playing it safe: Assessing cumulative impact and social vulnerability through an environmental justice screening method in the south coast air basin, California. *International Journal of Environmental Research and Public Health, 8*(5), 1441-1459.

Salet, W., A. Thornley, & A. M. J. Kreukels (2003). Institutional and spatial coordination in European metropolitan regions. In Salet, W., A. Thornley, & A. Kreukels (Eds.), *Metropolitan governance and spatial planning: Comparative studies of European city-regions* (pp. 3-19). London: Spon Press.

Saroar, M. M., & J. K. Routray (2012). Impacts of climatic disasters in coastal Bangladesh: Why does private adaptive capacity differ?. *Regional Environmental Change, 12*(1), 169-190.

Savadori, L., Stefania S., E. Nicotra, R. Rumiati, M. Finucane, & P. Slovic (2004). Expert and public perception of risk from biotechnology. *Risk Analysis: An International Journal, 24*(5), 1289-1299.

Schlosberg, D. (2003). The justice of environmental justice: Reconciling equity, recognition, and participation in a political movement. In Light, A., & A. De-Shalit (Eds.), *Moral and political reasoning in environmental practice* (pp. 77-106). Cambridge, MS: MIT.

Schlosberg, D. (2004). Reconceiving environmental justice: Global movements and political theories. *Environmental Politics, 13*(3), 517-540.

Schlosberg, D. (2007). *Defining environmental justice: Theories, movements and nature* (1st ed.). Oxford: Oxford University Press.

Schreurs, M. A. (2008). From the bottom up local and subnational climate change politics.

The Journal of Environment & Development, 17(4), 343-355.

Scripps Institution of Oceanography (2019). Animation of keeling curve history updated to include 2019 milestone. Retrieved August 26, 2019, from https://scripps.ucsd.edu/programs/keelingcurve/2019/06/04/animation-of-keeling-curve-history-updated-to-include-2019-milestone/.

Sheppard, B., M. Janoske, & B. Liu (2012). *Understanding risk communication theory: A guide for emergency managers and communicators*. Report to Human Factors/Behavioral Sciences Division, Science and Technology Directorate, U.S. Department of Homeland Security. College Park, MD: START.

Shih, S. S., P. H. Kuo, & J. S. Lai (2019). A nonstructural flood prevention measure for mitigation urban inundation impacts along with river flooding effects. *Journal of Environmental Management, 251*, 109553.

Silver, H. (1994). Social exclusion and social solidarity: Three paradigms. *International Labor Review, 133*(5-6), 531-578.

Sitkin, S. B., & A. L. Pablo (1992). Reconceptualizing the determinants of risk behavior. *Academy of Management Review, 17*(1), 9-38.

Sitkin, S. B., & L. R. Weingart (1995). Determinants of risky decision-making behavior: A test of the mediating role of risk perceptions and propensity. *Academy of Management Journal, 38*(6), 1573-1592.

Slovic, P. (1987). Perception of risk. *Science, 236*(4799), 280-285.

Slovic, P. (1992). Perception of risk: Reflections on the psychometric paradigm. In Krimsky, S., & D. Golding (Eds.), *Social theories of risk* (pp. 117-152). Santa Barbara, CA: Praeger.

Slovic, P. (1999). Trust, emotion, sex, politics, and science: Surveying the risk- assessment battlefield. *Risk Analysis, 19*(4), 689-701.

Slovic, P., B. Fischhoff, & S. Lichtenstein (1982). Why study risk perception? *Risk Analysis, 2*(2), 83-93.

Slovic, P., Flynn, J., & R. Gregory (1994). Stigma happens: Social problems in the siting of nuclear waste facilities. *Risk Analysis, 14*(5), 773-777.

Slovic, P., M. L. Finucane, E. Peters, & D. G. MacGregor (2004). Risk as analysis and risk as feelings: Some thoughts about affect, reason, risk, and rationality. *Risk analysis, 24*(2), 311-322.

Smit, B., & J. Wandel (2006). Adaptation, adaptive capacity and vulnerability. *Global Environmental Change, 16*(3), 282-292.

Smith, K. (2013). *Environmental hazards-assessing risk and reducing disaster* (6ᵗʰ ed.).

New York: Routledge.

Smith-Sebasto, N. J., & A. D'Costa (1995). Designing a likert-type scale to predict environmentally responsible behavior in undergraduate students: A multistep process. *The Journal of Environmental Education, 27*(1), 14-20.

Socher, M., & G. Böhme-Korn (2008). Central European floods 2002: Lessons learned in Saxony. *Journal of Flood Risk Management, 1*(2), 123-129.

Solana, M. C., & C. R. J. Kilburn (2003). Public awareness of landslide hazards: The Barranco de Tirajana, Gran Canaria, Spain. *Geomorphology, 54*(1-2), 39-48.

Steinberg, L. (2004). Risk taking in adolescence: What changes, and why? *Annals of the New York Academy of Sciences, 1021*(1), 51-58.

Stern, N. (2007). *The economics of climate change: The stern review*. Cambridge, UK: Cambridge University Press.

Suarez, P., & A. Patt (2004). Caution, cognition, and credibility: The risks of climate forecast application. *Risk Decision and Policy, 9*(1), 75-89.

Takao, K., T. Motoyoshi, T. Sato, T. Fukuzondo, K. Seo, & S. Ikeda (2004). Factors determining residents' preparedness for floods in modern megalopolises: The case of the Tokai flood disaster in Japan. *Journal of Risk Research, 7*(7-8), 775-787.

Tanner, T. (1998). Choosing the right subjects in significant life experiences research. *Environmental Education Research, 4*(4), 399-417.

Terpstra, T., M. K. Lindell, & J. M. Gutteling (2009). Does communicating (flood) risk affect (flood) risk perceptions? Results of a quasi-experimental study. *Risk Analysis: an International Journal, 29*(8), 1141-1155.

Thaler, T., & T. Hartmann (2016). Justice and flood risk management: Reflecting on different approaches to distribute and allocate flood risk management in Europe. *Natural Hazards, 83*(1), 129-147.

Thaler, T., S. Fuchs, S. Priest, & N. Doorn (2018). Social justice in the context of adaptation to climate change: Reflecting on different policy approaches to distribute and allocate flood risk management. *Regional Environmental Change, 18*(2), 305-309.

The Guardian (2019). Daintree River flooding: Hundreds cut off after deluge breaks peak record. Retrieved August 26, 2019, from https://www.theguardian.com/australia-news/2019/jan/28/daintree-river-flooding-hundreds-cut-off-after-deluge-breaks-peak-record.

The Heinz Center (2002). *Human links to coastal disasters*. Washington D.C.: The Heinz Center.

The National Commission for the Protection of Human Subjects of Biomedical and Behavioral Research (1979). The Belmont report: Ethical principles and guidelines for the protection of human subjects of research. Retrieved September 21, 2019, from https://www.hhs.gov/ohrp/regulations-and-policy/belmont-report/read-the-belmont-report/index.html.

Thomalla, F., T. Downing, E. Spanger-Siegfried, G. Han, & J. Rockström (2006). Reducing hazard vulnerability: Towards a common approach between disaster risk reduction and climate adaptation. *Disasters, 30*(1), 39-48.

Turner, R. H., J. M. Nigg, & D. Heller-Paz (1986). *Waiting for disaster: Earthquake watch in California*. Berkley, CA: University of California Press.

UN DESA (United Nations Department of Economic and Social Affairs) (2018). 2018 revision of world urbanization prospects. Retrieved November 2, 2019, from https://population.un.org/wpp/.

UNFCCC (2015). Adoption of the Paris Agreement. Retrieved December 16, 2018, from http://unfccc.int/resource/docs/2015/cop21/eng/l09.pdf.

UNFCCC (United Nations Framework Convention on Climate Change) (2007). Bali Road Map Info, Retrieved November 18, 2019, from https://unfccc.int/process/conferences/the-big-picture/milestones/bali-road-map.

UN-Habitat (2003). *Slums of the world: The face of urban poverty in the new millennium?* Kenya: UN-Habitat.

UN-Habitat (2008). *The state of world's cities 2008/2009: Harmonious Cities*, London: Earthscan.

UN-Habitat (2011). *Condominium housing in Ethiopia: The integrated housing development programme*. Nairobi: UN-Habitat.

UNISDR (United Nations International Strategy for Disaster Reduction) (2012). *Disaster risk reduction in the Americas in 2011: UNISDR regional office for the Americas annual report 2011*. Panama: UNISDR.

UNISDR (United Nations International Strategy for Disaster Reduction) (2015). *Sendai framework for disaster risk reduction 2015-2030*. Geneva: UNISDR.

United Nations (2014). World's population increasingly urban with more than half living in urban areas. Retrieved December 16, 2018, from https://www.un.org/en/development/desa/news/population/world-urbanization-prospects-2014.html.

United Nations (UN) (2015). *Transforming the world: The 2030 agenda for sustainable development*. UN: New York.

US National Research Council (1989). *Improving risk communication*. Washington DC:

National Academy Press.

Vaz, D. M., & L. Reis (2017). From city-states to global cities: The role of cities in global governance. *JANUS. NET e-journal of International Relations, 8*(2), 13-28.

Viscusi, W. K., & H. Chesson (1999). Hopes and fears: The conflicting effects of risk ambiguity. *Theory and Decision, 47*(2), 157-184.

Vogel, C., S. C. Moser, R. E. Kasperson, & G. D. Dabelko (2007). Linking vulnerability, adaptation, and resilience science to practice: Pathways, players, and partnerships. *Global Environmental Change, 17*(3-4), 349-364.

Volenzo, T., & J. Odiyo (2018). Ecological public health and participatory planning and assessment dilemmas: The case of water resources management. *International Journal of Environmental Research and Public Health, 15*(8), 1635.

Walker, G. (2010). Environmental justice, impact assessment and the politics of knowledge: The implications of assessing the social distribution of environmental outcomes. *Environmental Impact Assessment Review, 30*(5), 312-318.

Walker, G., & H. Bulkeley (2006). Geographies of environmental justice. *Geoforum, 37*(5), 655-659.

Walker, G., & K. Burningham (2011). Flood risk, vulnerability and environmental justice: Evidence and evaluation of inequality in a UK context. *Critical Social Policy, 31*(2), 216-240.

Walker, G., K. Burningham, J. Fielding, G. Smith, D. Thrush, & H. Fay (2006). *Addressing Environmental Inequalities: Flood Risk*. Bristol: Environment Agency.

Weber, E. U. (1997). Perception and expectation of climate change: Precondition for economic and technological adaptation. In Bazerman, M. H., D. M. Messick, A. E. Tenbrunsel, & K. A. Wade-Benzoni (Eds.), *Environment, ethics, and behavior: The psychology of environmental valuation and degradation* (pp. 314-341). San Francisco: New Lexington Press.

Wenz, P. (1988). *Environmental justice*. New York, NY: State University of New York.

White, G. F. (1945). *Human adjustment to floods*. Chicago: The University of Chicago.

White, G. F. (1974). *Natural hazards: Local, national, global*. New York: Oxford University Press.

Wigley, D., & K. Shrader-Frechette (1995). Consent, equity, and environmental justice: A Louisiana case study. In Westra, L., & P. S. Wenz (Eds.), *Faces of environmental racism: Confronting issues of global justice* (pp. 135-159). Lanham, MD: Rowman & Littlefield.

Wisner, B., P. M. Blaikie, T. Cannon, & I. Davis (2004). *At risk: Natural hazards, people's vulnerability and disasters*. New York: Routledge.

WMO (World Meteorological Organization) (2019). July matched, and maybe broke, the record for the hottest month since analysis began. Retrieved September 3, 2019, from https://public.wmo.int/en/media/news/july-matched-and-maybe-broke-record-hottest-month-analysis-began.

Wogalter, M. S., D. M. DeJoy, & K. R. Laughery (1999). Organizing theoretical framework: A consolidated communication-human information processing (C-HIP) model. In Wogalter, M. S., D. DeJoy, & K. R. Laughery (Eds.), *Warnings and risk communication* (pp. 13-21). London: Taylor & Francis.

Woolcock, M., & D. Narayan (2000). Social capital: Implications for development theory, research, and policy. *The World Bank Research Observer, 15*(2), 225-249.

World Bank (2011). Urban development. Retrieved August 1, 2019, from http://data.worldbank.org/topic/urban-development?display=graph.

World Economic Forum (2019). The global risks report 2019. Retrieved Nov. 11, 2019, from https://www.weforum.org/reports/the-global-risks-report-2019.

Yang, J. Z., & L. A. Kahlor (2013). What, me worry? The role of affect in information seeking and avoidance. *Science Communication, 35*(2), 189-212.

Yıldız, B., E. Olcaytu, & A. Sen (2019). The urban recharging infrastructure design problem with stochastic demands and capacitated charging stations. *Transportation Research Part B: Methodological, 119*, 22-44.

Young, I. M. (1990). *Justice and the politics of difference*. Princeton, NJ: Princeton University.

Young, I. M. (2002). *Inclusion and democracy*. Oxford: Oxford University Press.

Zerner, C. (2000). *People, plants, and justice: The politics of nature conservation*. New York : Columbia University Press.

國家圖書館出版品預行編目資料

都市水患風險治理：人文社會之面向 / 許耿銘著.
-- 初版. -- 臺北市：五南, 2020.01
　　面；　公分
　ISBN 978-957-763-848-9(平裝)
　1.防洪

443.6　　　　　　　　　　　108023228

4P79

都市水患風險治理：人文社會之面向

作　　　者 ― 許耿銘

發 行 人 ― 楊榮川

總 經 理 ― 楊士清

總 編 輯 ― 楊秀麗

副總編輯 ― 劉靜芬

責任編輯 ― 林佳瑩、黃麗玟

封面設計 ― 王麗娟

出 版 者 ― 五南圖書出版股份有限公司

地　　　址：106 台北市大安區和平東路二段339號4樓

電　　　話：(02)2705-5066　　傳　　　真：(02)2706-6100

網　　　址：http://www.wunan.com.tw

電子郵件：wunan@wunan.com.tw

劃撥帳號：０１０６８９５３

戶　　　名：五南圖書出版股份有限公司

法律顧問　林勝安律師事務所　林勝安律師

出版日期　2020 年 1 月初版一刷

定　　　價　新臺幣 450 元